烟草制品生物标志物分析技术及应用

谢复炜
赵　阁　主编
陈满堂

中国轻工业出版社

图书在版编目(CIP)数据

烟草制品生物标志物分析技术及应用/谢复炜,赵阁,陈满堂主编
. —北京:中国轻工业出版社,2023.6
ISBN 978-7-5184-4393-2

Ⅰ.①烟… Ⅱ.①谢… ②赵… ③陈… Ⅲ.①烟草制品—生物
标志化合物—生物分析 Ⅳ.①TS41

中国国家版本馆 CIP 数据核字(2023)第 048048 号

责任编辑:张 靓
文字编辑:王 婕 责任终审:许春英 封面设计:锋尚设计
版式设计:砚祥志远 责任校对:宋绿叶 责任监印:张 可

出版发行:中国轻工业出版社(北京东长安街 6 号,邮编:100740)
印 刷:三河市国英印务有限公司
经 销:各地新华书店
版 次:2023 年 6 月第 1 版第 1 次印刷
开 本:720×1000 1/16 印张:20
字 数:398 千字
书 号:ISBN 978-7-5184-4393-2 定价:88.00 元
邮购电话:010-65241695
发行电话:010-85119835 传真:85113293
网 址:http://www.chlip.com.cn
Email:club@chlip.com.cn
如发现图书残缺请与我社邮购联系调换
201246K1X101ZBW

本书编写人员

主　编　谢复炜　赵　阁　陈满堂

副主编　余晶晶　王　冰　王　昇

参　编　华辰凤　丁　丽　彭　斌

　　　　赵俊伟　尚平平　颜权平

前言

PREFACE

吸烟有害健康是社会共识。随着全球性控烟运动的不断发展及《烟草控制框架公约》的正式生效,世界卫生组织(WHO)和社会公众对卷烟的危害性更加关注。当前,国际烟草管控策略逐步呈现出由降低焦油和有害成分释放量向降低烟气健康风险的重大转变。

烟草制品的健康风险与烟草成分的暴露密切相关。作为暴露评估及潜在疾病评估的重要工具和方法,烟草制品相关生物标志物在新烟草制品(包括加热卷烟、无烟气烟草制品、电子烟等)风险评估、不同烟草制品有害成分暴露及疾病风险差异比较、新烟草制品使用对整体人群健康影响评估、烟草管制等方面呈现广泛的应用前景。世界卫生组织(WHO)烟草管制研究小组报告(945)"烟草制品管制的科学基础"中明确提出:"生物标志物能成为管制者评价烟草降低风险的有用工具。"美国食品与药物管理局(FDA)发布的新烟草制品上市前申请(PMTA)要求必须开展基于生物标志物的暴露评估和疾病风险评估。

本书重点针对烟草制品相关暴露和效应生物标志物,介绍了多种代表性生物标志物的分析方法,以及在卷烟、新型烟草制品评估中的应用。全书共分为七章。第一章对生物标志物的定义、分类以及烟草制品相关生物标志物进行了简单概述;第二章介绍了代表性烟草制品暴露生物标志物的分析技术;第三章介绍了代表性烟草制品效应生物标志物的分析技术;第四章至第七章分别介绍了烟草制品标志物在卷烟、加热卷烟、无烟气烟草制品和电子烟评估中的应用研究,并针对具体案例进行了详细解读。

书中引用了较多国内外最新研究进展,对生物标志物的分析方法和应用研究进行了较为系统的综述,希望对读者有一定的借鉴作用。

书中若有不妥之处,恳请读者指正。

编者

目 录

CONTENTS

第一章
烟草制品生物标志物

烟草及卷烟烟气中含有多种有害成分,吸烟者长期过多摄入这些有害物质,易引起肺癌、呼吸道感染、心脏病、孕期多发症等多种疾病的发生。英国皇家医学会于 1954 年、美国医政总署于 1964 年分别正式发表了"吸烟与健康"报告,自此"吸烟与健康"研究成为国际烟草行业的研究重点。随着全球性控烟运动的不断发展,特别是 2005 年世界卫生组织(WHO)主导的《烟草控制框架公约》(FCTC)正式生效后,WHO 和社会公众对卷烟的危害性更加关注,客观评价吸烟者和被动吸烟者对烟气的暴露程度以及存在的潜在危险,并引导低危害卷烟产品的研发和生产是非常必要的。

烟草制品有害成分暴露量评估方法主要包括:基于吸烟机测试的有害成分释放量评估方法,基于滤嘴分析的口腔暴露量评估方法以及基于生物标志物分析的暴露量评估方法。早期烟草暴露情况常采用卷烟主流烟气有害成分释放量进行评估。该方法是基于吸烟机按照国际标准化组织(ISO)规定模式抽吸下得到的结果,与吸烟者实际抽吸行为,如抽吸体积、频率、间隔时间、抽吸深度等存在一定差异,不能完全反映吸烟者实际的烟气暴露情况。ISO 4387:2019《卷烟 用常规分析用吸烟机测定总粒相物和焦油》中明确指出[1]:采用吸烟机测试获取的烟气释放量数据"可作为对产品危害评估的参量,不能用于人类暴露量和风险的评估"。滤嘴分析法[2]也可用于吸烟者烟气暴露量的评估,该方法是通过分析吸烟者抽吸过的滤嘴中烟气成分的截留量,再结合不同抽吸方案下得到的滤嘴平均截留效率(滤嘴对烟气成分的截留量占滤嘴和滤片中截留量总和的百分比),从而估算出吸烟者口腔的烟气暴露情况,具有最低限度侵入人体的优点。但滤嘴分析方法的关键是获得不同抽吸方式下卷烟滤嘴的平均截留效率或主流烟气量与滤嘴截留量的相关关系,这种相关关系只是通过改变吸烟机抽吸参数获得,因此也存在一些争议。流行病学问卷调查也可通过自我报告使用情况了解烟草暴露水平,如是否使用烟草制品以及使用次数和用量等,但由于吸烟者通常都倾向于低估自己吸烟的实际暴露量,所以自我报告的可信度和真实性经常受到质疑[3]。生物标志物法是通过测定人体体液中有害成分的代谢产物对暴露量进行评估,可更真实反映吸烟者的烟气暴露情况以及个体代谢水平的差异,已受到烟草管制机构和医疗机构的广泛认可[4]。WHO烟草制品管制研究小组报告(945)"烟草制品管制的科学基础"中明确提出,生物标志物能成为管制者评价烟草降低风险的有效工具。美国食品与药物管理局(FDA)在新烟草制品上市前申请(PMTA)和风险改良烟草制品(MRTP)申请中要求必须开展基于生物标志物的暴露评估。

第一节 生物标志物定义及分类

广义的生物标志物是指反映机体与环境因子(物理的、化学的或生物的)交互作用引起的所有可测定的改变,包括生化、生理、行为、免疫、细胞、遗传等多方面的变化[5]。1987年美国国家生物标志物研究委员会将生物标志物划分为3类,包括暴露生物标志物、效应生物标志物和易感性生物标志物。

一、暴露生物标志物

暴露生物标志物是反映生物体中外源性化学物质及其代谢物浓度的指标,也是外源性化学物质与特定靶细胞、靶分子或其代替物作用产物浓度的指标,包括内剂量和生物有效剂量两类标志物。内剂量标志物是指通过检测体液中某种化合物或其代谢物来指示生物体对某种化合物感受的标志物(如鱼胆汁多环芳烃代谢产物浓度指示水生环境的多环芳烃暴露水平)。生物有效剂量的标志物为靶分子或靶组织部位的接触指示剂,表示达到有毒理学意义的机体效应部位并与其作用的外源性化学物或其代谢物含量的指标。目前已明确多环芳烃、各种烷化剂、苯系物、芳香胺和霉菌毒素等100多种致癌物和诱变剂可导致脱氧核糖核酸(DNA)加合物的形成,如黄曲霉毒素-N7-鸟苷加合物、苯并[a]芘脱氧核糖核酸加合物等。

二、效应生物标志物

效应生物标志物是反映外来因素作用后,机体中可测定的生化、生理、行为或其他方面变化的指标,可以是生物机体内某一内源性成分、机体功能容量或结构的变化、功能障碍或产生疾病,包括早期生物学效应(如脱氧核糖核酸的初级损伤、蛋白质的改变以及特定蛋白质的生成,神经行为改变等)、结构和功能变化(如机体功能容量的改变、异常的基因表达等)及疾病三类标志物。

三、易感性生物标志物

易感性生物标志物是反映机体先天具有或后天获得的对暴露外源性化学物的反应能力的指标。药理学及生物遗传学研究表明人群对药物/毒物代谢存在很大的差异,脱氧核糖核酸的修复能力、细胞周期的调控和对疾病的免疫也存在差异,这就是人群对有害因素反应易感性差异的生物学基础。易感性生物标志物就是在有害因素引起一系列生物效应过程中起修饰作用(放大或缩小)的指标。例如,先天性红细胞葡萄糖-6-磷酸脱氢酶缺陷者对氧化剂、芳香族氨基和硝基化合物的氧化应激作用的抵抗力下降、红细胞溶血的易感性增高。当机体处于慢性疾病状态时对许多有害因素易感,因此机体各器官的功能指标可作为易感性生物标志物。

第二节　烟草制品生物标志物

明尼苏达大学癌症研究中心发表的综述文章中[6],认为烟草制品生物标志物有以下作用。

(1)化学暴露的评估:即某种烟草成分或代谢物的直接、间接检测,理论上可提供烟草暴露量的定量评估。

(2)毒性或生物有效剂量的评估:即可与靶组织/替代组织中的生物大分子结合/改变生物大分子作用的烟草相关成分或其代谢物的量。

(3)人体损伤或潜在伤害的评估:即烟草暴露对身体的影响,包括早期生物效应、形态、结构或功能变化、与伤害一致的临床症状等。

(4)健康状况的直接表示:定义为易感性生物标志物,可判断吸烟者是否容易患病。

在烟气生物标志物研究中,常用的为烟气暴露生物标志物及效应生物标志物,目前对于烟气的易感性生物标志物研究很少。表1-1列出了烟草制品评估中常用的生物标志物。

一、烟草制品暴露生物标志物

理想的烟气暴露生物标志物应具备以下条件:①烟气是其唯一来源,其他来源应该很少或不存在;②存在合理的半衰期,易于检测,且人体体液中的其他物质不干扰准确检测;③实验室之间具有良好重复性;④能特异性反映人体对某一有害成分的暴露量。

表 1-1　　　　　　　　　　　烟草制品常用的生物标志物

生物标志物	指标
尿样中 NNAL 及 NNAL-葡萄糖苷酸	致癌物质(NNK)摄入量②
3-氨基联苯、4-氨基联苯、其他芳香胺-Hb 加合	致癌物质(芳族胺)摄入量和代谢活性③
尿液的致突变性	致突变性物质摄入量②
外围淋巴细胞中姐妹染色体互换	DNA 损伤③
巨噬细胞	炎症④
CO①	化学物质摄入量②
烟碱①	化学物质摄入量和代谢情况②
血流介导舒张功能	内皮功能④
内皮祖细胞	内皮功能④
纤维蛋白原	高凝状态④
同型半胱氨酸	高凝状态④
白细胞数量	炎症④
C-反应蛋白	炎症④
可溶性血管细胞黏附分子-1	炎症④

注:①该指标同时也在烟气有害成分释放量研究中使用。
②内剂量暴露生物标志物。
③生物有效剂量暴露生物标志物。
④效应生物标志物。

当前并不存在能够满足评估烟草/烟气暴露程度所有要求的理想暴露生物标志物,但许多生物标志物在应用时仍具有较好的评估价值。目前研究中常用的烟气暴露生物标志物有以下几种。

(一) 烟碱及其生物标志物

烟碱是烟草中的主要生物碱,占烟草总生物碱的 90% 以上[7],是形成烟瘾的主要物质之一。人体吸入烟草烟气后,烟碱经口腔、喉部、气管以及肺泡的细胞壁进入血液循环系统,再经肝脏代谢,形成多种代谢产物,之后通过尿液、唾液、汗液等分泌物排出体外。烟碱主要代谢途径及代谢产物如图 1-1 所示。烟碱通过氧化一部分生成可替宁,一部分生成烟碱氮氧化物、降烟碱、烟碱糖苷。可替宁又可进一步代谢为反-3′-羟基可替宁、可替宁氮氧化物、可替宁糖苷。反-3′-羟基可替宁可被糖基化而生成反-3′-羟基可替宁糖苷[7-9]。

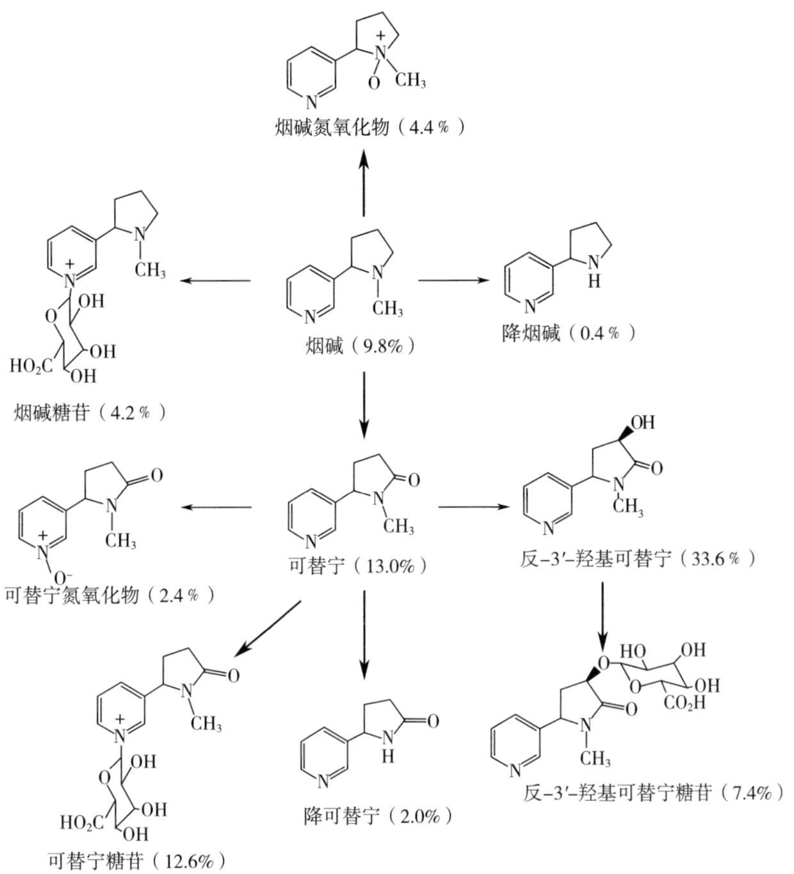

烟碱氮氧化物（4.4%）

烟碱糖苷（4.2%）

烟碱（9.8%）

降烟碱（0.4%）

可替宁氮氧化物（2.4%）

可替宁（13.0%）

反-3'-羟基可替宁（33.6%）

可替宁糖苷（12.6%）

降可替宁（2.0%）

反-3'-羟基可替宁糖苷（7.4%）

图1-1　烟碱主要代谢途径和代谢产物

血液、尿液或唾液中都可以检测到烟碱，但由于它的半衰期约为2h，当吸完最后一支烟或暴露于卷烟烟气后，烟碱浓度很快发生变化，且尿液中烟碱的含量也会受到尿液pH影响，不适于作为烟气暴露生物标志物[10]。

血液、唾液和尿液中的可替宁，半衰期为16~18h[8]。研究表明，血液、唾液和尿液中检测的可替宁与烟碱摄入量有较高的相关性，其含量与每日吸烟支数也存在剂量效应关系，更适合作为烟碱暴露生物标志物，其在烟草制品的暴露评估中较为广泛[11-13]。不过血液和尿液中的可替宁会受到一些因素如怀孕、性别、基因差异以及疾病等的影响，烟碱摄入量与可替宁浓度之间的相关性存在个体差异[14-16]，且基于其半衰期，它只可以作为短期内烟碱摄入的生物标志物，而不能用于检测烟碱长期暴露程度[17]。以往研究曾提议将头发中的烟碱和可替宁作为评估烟气烟碱长期暴露的生物标志物[18]。随着头发的生长，烟碱和可替宁都进入头发，因此头发中可替宁含量的检测可用于评估吸烟者烟碱暴露较长一段时间的情况。

总烟碱代谢物是尿液中烟碱、可替宁和其他代谢产物相对于烟碱的当量浓度的总量，被认为是评估烟碱摄入的金标准。与可替宁不同，总烟碱代谢物不受影响烟碱代谢的因素的影响，并且和烟草其他的暴露生物标志物如单羟基多环芳烃和4-(甲基亚硝胺)-1-(3-吡啶)-1-丁醇（NNAL）等具有很强的相关性[19]。

（二）烟草特有亚硝胺及其生物标志物

烟草特有亚硝胺（TSNAs）为烟草生物碱在调制、燃烧过程中产生的，具有致癌性。目前研究最多的烟草特有亚硝胺为 N'-亚硝基去甲基烟碱（NNN）、4-(甲基亚硝基)-1-(3-吡啶)-1-丁酮（NNK）、N'-亚硝基新烟草碱（NAT）和 N'-亚硝基假木贼碱（NAB）。

NNK 致癌性最强，在细胞色素 P450 酶和谷胱甘肽转硫酶的调控下，主要通过羰基化还原生成 NNAL，吡啶氮氧化反应生成相应的吡啶氮氧化物（图1-2）。NNK 代谢过程中，主要代谢产物为 NNAL，NNAL 通过羟基和葡萄糖苷酸结合形成解毒产物，随尿液排出。NNAL 体内清除速度相对缓慢。长的半衰期（10~45d）使得即使在烟气暴露几周后还可以检测到 NNAL，而当烟草特有亚硝胺暴露量发生改变时，NNAL 含量要花费几周时间才能达到一个新的不变含量[20]。NNAL 与 NNAL-葡萄糖苷酸的总量称为总 NNAL，是 NNK 的暴露生物标志物。尿样中总 NNAL 的分析主要是对样品进行酶解后，采用气相色谱-热能分析仪（GC-TEA）、气相色谱-质谱（GC-MS）和液相色谱-串联质谱（LC-MS/MS）等技术进行检测[21~23]。文献报道的吸烟者尿样中总 NNAL 的量为 477~6790pmol/d[24]。暴露于环境烟草烟雾（ETS）中的非吸烟者尿样中总 NNAL 的含量约为吸烟者的 1%~5%[20]。还有研究证实，尿样中总 NNAL 的量和可替宁、烟碱总代谢物的含量有很好的相关性[25]，这些研究证实了总 NNAL 是评估 NNK 暴露量的有效生物标志物。

NNN 是降烟碱亚硝化反应形成的，具有较强致癌性，其代谢途径如图1-2所示。卷烟主流烟气中 NNN 的含量为 6.5~258ng/支。NNN 的代谢主要是通过 2′ 和 5′ 的羟基化，随后代谢成酮酸和羟酸。目前仅有少量文献报道了 NNN 暴露生物标志物的分析，相比于总 NNAL，总 NNN 的含量较低。吸烟者和非吸烟者尿液中的总 NNN 存在显著差异，且总 NNN 的含量与抽吸支数和尿液中总可替宁的含量正相关。无烟草烟气制品使用者的体液中也可检测出总 NNN，这可能是由于这些产品中的降烟碱代谢形成的。Stepanov 等[26] 采用 GC-TEA 技术分析了 NNN 和 NNN-葡萄糖苷酸的含量，吸烟者尿样中 NNN 和 NNN-葡萄糖苷酸的平均含量为 0.086pmol/肌酸酐和 0.046pmol/肌酸酐，无烟气烟草制品使用者尿样中 NNN 和 NNN-葡萄糖苷酸的平均含量为 0.25pmol/肌酸酐和 0.39pmol/肌酸酐。

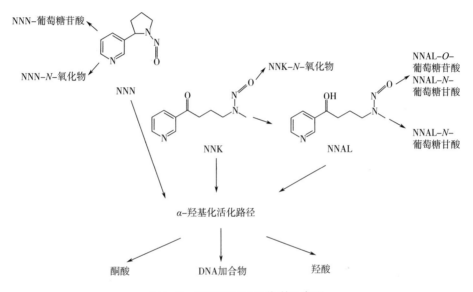

图 1-2　NNN 和 NNK 代谢示意图

NAB 和 NAT 在卷烟主流烟气中的含量分别为 2.4～7.7ng/支和 18.3～53.3ng/支，这两种化合物的代谢研究很少。Stepanov 等[26] 分析了吸烟者和非吸烟者尿样中 NAT 和 NAB 的含量，研究表明，吸烟者尿样中的平均含量为 0.19pmol/肌酸酐，非吸烟者的则为 0.04pmol/肌酸酐。

由于烟草特有亚硝胺主要存在于烟草制品中，因此这些化合物的生物标志物作为卷烟烟气暴露状态的评估指标，具有较好的应用价值。

（三）多环芳烃及其生物标志物

多环芳烃（PAHs）由有机物不完全燃烧产生，食物（如烤肉）及环境中（如柴油机和汽油排气装置与烹饪和供暖系统用的生物燃料）也存在多环芳烃，因此必须控制多环芳烃暴露的职业来源（如炼焦炉、沥青、铝熔炉）、食物来源（尤其是烤肉）等，才能对烟气暴露量进行较为准确的评估。吸烟者尿液中能检测到几种多环芳烃的代谢物，包括芘、菲、萘酚和芴的单羟基化代谢物等。

1-羟基芘（1-OHPyr）是芘的代谢产物，它作为多环芳烃感受的代表性生物标志物在许多环境和职业研究中都有报道。尿样中 1-羟基芘及其葡萄糖苷酸可采用酶解后液相色谱荧光检测。Scherer 等[27] 研究表明吸烟者尿样中 1-羟基芘的含量是非吸烟者的两倍多，而感受于环境烟草烟雾的非吸烟者尿样中 1-羟基芘的含量却没有明显变化。Joseph 等[28] 研究发现当吸烟者抽吸卷烟超过 20 支/d 后，1-羟基芘的含量达到稳定值，因此不适于区分吸烟支数较多的吸烟者。

多环芳烃中研究最广泛的是苯并［a］芘［B(a)P］，它在烟气中含量很低，但致癌性较强。3-羟基苯并［a］芘［3-OHB(a)P］是它的代谢物，由于它在体液中的浓度比 1-羟基芘低很多，所以一直没被作为多环芳烃的代表性标志物。近年来随着分析手段的不断进步，3-羟基苯并［a］芘作为一种生物标志物也受到了越来越多的重视。Lafontaine 等[29] 采用荧光检测 3-羟基苯并［a］芘，可以用来区分吸烟者和非吸烟者，但是由于 3-羟基苯并［a］芘含量很低，大部分非吸烟者及少量吸烟者的尿样中 3-羟基苯并［a］芘都低于检测限。Neal 等[30] 研究发现血液中苯并［a］芘浓度和吸烟状态有较弱的相关性。

环境中广泛存在的多环芳烃使得 1-羟基芘和 3-羟基苯并［a］芘作为烟草烟气暴露生物标志物存在一定的局限性，目前对多环芳烃生物标志物的研究主要是围绕芘和苯并［a］芘展开，单纯采用一两种代谢物评价多环芳烃烟气暴露的影响是不准确的，还需要更多的其他生物标志物综合评价个体的烟气中多环芳烃暴露状态。

（四）一氧化碳及其生物标志物

CO 是有机化合物不完全燃烧的产物。卷烟主流烟气中也存在 CO，其释放量与滤嘴通风和卷烟纸透气度相关，约为 $0.5 \sim 13mg/$支。人体呼出气体中的 CO 浓度（CO_{ex}）可作为 CO 生物标志物评价吸烟状态，但呼出 CO 的半衰期很短，在提取样品过程中，易受到周围环境气体中 CO 如汽车尾气和燃烧产物等的影响，限制了它在个体吸烟状态评价中的应用。CO 在人体内可迅速被血液吸收形成碳氧血红蛋白（COHb），血液中的 COHb 常用作评定烟气暴露程度的生物标志物，但其半衰期也较短，一般为 3~4h，主要取决于通气量和体力活动[31,32]。呼出 CO 和体内的 COHb 相关，大概为 COHb（%）= 0.6 + 0.3CO_{ex}（mg/m³）。

早期的研究结果表明，吸烟者血液中 COHb 的含量为 4%~7%，对应的呼出 CO 浓度为 20~30mg/m³，非吸烟者血液中 COHb 的含量为 1%~2%，对应的呼出 CO 浓度为 4~7mg/m³。重度吸烟者血液中的 COHb 含量大于 12%，呼出 CO 大于 50mg/m³。Stevens 和 Jarbis 等[33,34] 采用人体呼出气体中的 CO 浓度作为一种生物标志物评价吸烟状态。

（五）氰化氢及其生物标志物

卷烟烟气中含有氰化氢（HCN），其在体内代谢后产生硫氰酸盐（SCN），在血浆、唾液或尿液中都可以检测到，是早期评价吸烟状况的一种重要生物标志物。硫氰酸盐通过肾排泄物，逐渐排出体外，半衰期较长，为 7~14d，作为烟气暴露状态的指针，检测方法越来越多并广泛用于流行病学研究。Pojer 等[35] 采用血液中 SCN 浓度作为区分吸烟者和非吸烟者的有效化学指示剂。但烟气中的 HCN 并非 SCN 产生的唯一来源，所以作为烟气暴露生物标志物存在一定的局限性。

（六）挥发性羰基化合物及其生物标志物

卷烟烟气中存在大量的羰基化合物，包括甲醛、乙醛、丙烯醛、巴豆醛等，它们在环境中也大量存在。目前，由于甲醛、乙醛目前尚未成为有效的生物标志物，对挥发性羰基化合物生物标志物的研究主要以丙烯醛和巴豆醛为主。

巯基尿酸类代谢物是哺乳类动物体内亲电子物质代谢的最终产物。丙烯醛的两种巯基尿酸类代谢物 3-羟基丙基巯基尿酸（HPMA）和 2-羧基-乙基巯基尿酸（CEMA）可以作为丙烯醛暴露的生物标志物，但是这两种化合物并非只来自丙烯醛的代谢，烯丙醇、甲酸烯丙酯、乙酸烯丙酯等代谢都可产生 HPMA 和 CEMA。但吸烟能显著影响人体对丙烯醛的暴露量，有研究表明吸烟者尿样中 HPMA 的含量是非吸烟者的 3.5 倍[36]。

巴豆醛的代谢产物为 3-羟基甲基丙基巯基尿酸（HMPMA）和 2-羧基-1-甲基乙基巯基尿酸（CMEMA）。相比于丙烯醛，巴豆醛的代谢物的研究较少。Scherer 等[37] 采用 LC-MS/MS 方法分析 HMPMA 和 CMEMA，相比于 CMEMA，HMPMA 更能反映吸烟者和非吸烟者的差异，更适于作为巴豆醛的生物标志物。此外，巴豆醛的 $1, N^2$-丙基脱氧鸟苷加合物也可用于评估巴豆醛的暴露量，吸烟者牙龈组织中的加合物含量明显高于非吸烟者的，但加合物的含量和抽吸卷烟支数没有明显的相关性[38]。

挥发性羰基化合物的广泛存在使得临床研究中需要对环境进行严格控制，但是高灵敏度的 LC-MS/MS 方法可以用于测定空白比对样品中巯基尿酸的浓度，研究已证明吸烟者尿样中 HPMA 和 HMPMA 的浓度显著高于非吸烟者的[36,37]，并且二者浓度与吸烟者每天抽吸卷烟支数呈显著相关性，因此 HP-MA 和 HMPMA 作为烟气暴露生物标志物有较好的应用前景。

（七）挥发性有机化合物

1. 1,3-丁二烯

1,3-丁二烯（BD）是人体致癌物，在环境、汽车尾气、卷烟烟气中广泛存在。1,3-丁二烯的两种主要代谢产物丁烯醇巯基尿酸（MHBMA）和丁烯二醇巯基尿酸（DHBMA）与吸入 1,3-丁二烯的含量有一定的相关性。因此，它们是监控生物暴露于 1,3-丁二烯中的生物标志物。

和其他巯基尿酸类代谢物一样，DHBMA 和 MHBMA 的半衰期为 5~10h[39]。已经有很多文献报道了 GC-MS 法测定这两种代谢物，但 MHBMA 的灵敏度较低[40]。Urban 等[41] 采用 LC-MS/MS 方法对 DHBMA 和 MHBMA 进行测定，灵敏度较高，24h 尿样分析结果表明，吸烟者尿样中 MHBMA 的含量明显高于非吸烟者，DHBMA 的含量则无明显差异，且吸烟者尿样中 DHBMA 与 DHBMA+MHBMA 的比值显著低于非吸烟者。

2. 苯

苯存在于卷烟主流烟气气相物中，是一种公认的人体致癌物，在体内代谢较为复杂（图 1-3）。体液中苯巯基尿酸（SPMA）和黏糠酸（t, t-MA）已经被作为苯感受的有效标志物。Melikian 等[42] 报道吸烟者尿样中 t, t-MA 的浓度是非吸烟者的 2~3 倍，且 t, t-MA 和尿样中可替宁的浓度有一定相关性。但由于饮食会对 t, t-MA 的测定产生干扰（食物防腐剂山梨酸的代谢产物也是 t, t-MA），t, t-MA 作为生物标志物不具有特异性。尿液中的 SPMA 被认为是更有效的标志物。有研究表明，吸烟者尿液中 SPMA 的含量（1.71μmol/mol 肌苷酸）显著高于非吸烟者的（0.94μmol/mol 肌苷酸），而 t, t-MA 的含量却没有显著差异[43]。其他文献也证实吸烟者尿液中 SPMA 的含量显著高于非吸烟者的[44]。

（八）芳香胺

烟草和烟气中的芳香胺可能是烟叶中的蛋白质和氨基酸在催化酶或微生物存在下降解脱羧或在吸烟过程中热解脱羧的产物。由于很多芳香胺具有致癌性，吸烟者对这类化合物的感受情况引起了人们的广泛关注。

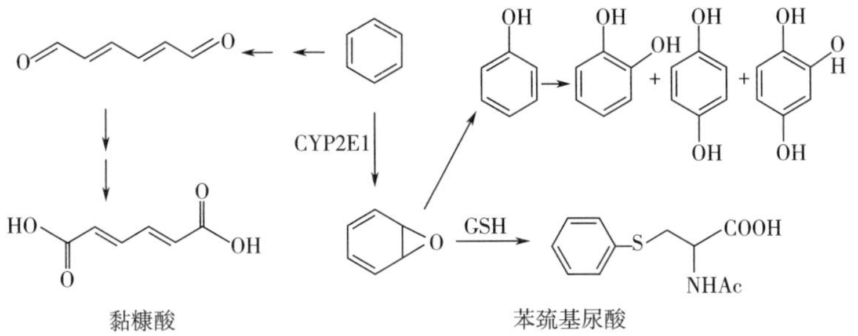

图1-3 苯的主要代谢途径和代谢产物

Grimmer 等[45] 采用 GC-MS 法测定了吸烟者和非吸烟者尿样中 1-氨基萘、2-氨基萘、3-氨基联苯和 4-氨基联苯，结果表明：吸烟者尿样中 4 种化合物的总量是非吸烟者的 2 倍，但这种差别主要是 1-氨基萘造成的，其他化合物的含量没有显著差异。Riedel 等[46] 采用 GC-MS 法检测了吸烟者和非吸烟者尿样中的 o-甲苯胺、2-氨基萘和 4-氨基联苯，并对其他一些烟气生物标志物如烟碱及其代谢物、唾液中的可替宁和呼出的 CO 进行了分析。结果表明：吸烟者尿样中芳香胺的含量明显高于非吸烟者，且芳香胺的浓度和吸烟支数、烟碱代谢物、可替宁和 CO 有一定的相关性。由于芳香胺的半衰期较短（如 4-氨基联苯为 15h），这些化合物适宜作为短期的烟气暴露生物标志物。相比而言，芳香胺的蛋白质加合物半衰期较长（7~12 周），已被作为致癌物质的生物标志物。吸烟者体内这些标志物的含量高于非吸烟者[47]。还有研究表明：女性吸烟患膀胱癌的风险高于同等吸烟程度的男性，与此相对应的是女性吸烟者的 3-氨基联苯血红蛋白加合物和 4-氨基联苯血红蛋白加合物的含量高于男性吸烟者[48]。这些加合物的含量也会随被动吸烟暴露量的增加而增加[49]。

此外，Talaska 等[50] 采用 ^{32}P 后标记方法分析了吸烟者和非吸烟者尿样中的 DNA 加合物，证实至少有四种加合物和吸烟有关，但仍需进一步研究。

（九）重金属

铅和镉等广泛存在于环境中，由于烟草在生长过程中会吸收土壤中的重金属，其仍是主要的重金属暴露源之一[51]。文献开展的流行病学横断面研究中，与非吸烟者相比，吸烟者体内镉和铅的生物标志物显著升高[52-54]。血液中的镉在吸烟者和非吸烟者之间存在显著差异，但尿液中的镉与每日抽吸支数不存在剂量–反应关系。这可能是由于尿液中的镉（11~30 年）的半衰期比血液中长（7~16 年）[54-56]。因此，尿液中的镉可作为累积的、长期的烟草暴露的生物标志物。美国整体人口中尿液中的镉浓度逐渐降低，部分原因可能是吸烟率降低、戒烟率升高和二手烟暴露减少[57]。

镉和铅作为生物标志物与一些健康效应有关。美国健康与营养调查（NHANES）开展的横断面研究、前瞻性研究以及印第安人纵向队列研究[57-59]中发现，尿液中的镉和血液中的镉与心血管疾病死亡率和发病率存在一定相关性。血液中的铅与儿童的不良神经发育影响有关，但安全水平尚未确定[60]。血液、尿液和其他生物样本中测得的铅也与心血管效应有关。前瞻性规范性老龄化研究观察到血液和髌骨铅水平与致命性和非致命性缺血性心脏病之间存在显著相关性[61]。通过生物标志物、环境测量（空气中铅含量）或间接测量铅暴露研究的文献综述发现，铅会引发高血压，证据虽然不够充分，但研究结果提示铅可能会引起心血管疾病[62]。

（十）尿液的致突变性

沙门氏菌突变实验表明吸烟者的尿液具有致突变性。该测试利用在无或有代谢活化系统中能否恢复精选的鼠伤寒沙门菌的原状评估了尿样提取物的活性。尿液的致突变性反映了对总致癌物质的暴露程度。研究表明尿液的致突变性和吸烟量有关，当吸烟者抽吸卷烟减少时，尿液的致突变性就会减少[63]。

二、烟气效应生物标志物

效应生物标志物是生物体受到严重损害之前，在不同生物学水平（分子、细胞、个体等）上因受环境污染物影响而异常化的信号指标。它可以对严重毒性伤害提供早期警报。许多效应生物标志物已经作为流行病学研究中风险评价因素，一些流行病学研究也表明停止或减少吸烟会使这些标志物的含量下降，从而证实了卷烟烟气暴露剂量和响应情况的相关性。效应生物标志物对卷烟烟气并不是特异性的，但可以区分吸烟者和非吸烟者，且含量会随着停止或减少烟气暴露而下降，这表明它们作为损伤和风险的生物标志物，具有潜在的应用价值。

（一）8-羟基脱氧鸟苷

8-羟基脱氧鸟苷（8-OHdG）是羟自由基、超氧自由基、单线态氧等活性氧自由基攻击 DNA 分子中的鸟嘌呤碱基第 8 位碳原子而产生的一种氧化性加合物。氧化性 DNA 损伤在生物体细胞老化、死亡等过程中起着重要作用，而自由基被认为是引起 DNA 损伤的主要原因，这是由于活性氧自由基能够直接与 DNA 进行反应，导致 DNA 链断裂、碱基修饰和 DNA 蛋白交联等氧化性 DNA 损伤。研究表明，糖尿病、癌症以及心血管疾病的发病和疾病发展都与氧化损伤密切相关，均检测到体内 8-羟基脱氧鸟苷含量的升高。此外，8-羟基脱氧鸟苷在体内稳定存在，不受饮食等因素影响，且不能由细胞外的脱氧鸟苷通过非细胞损伤途径形成，半衰期也较其他氧化损伤产物的半衰期长，已成为 DNA 氧化损伤中最常采用的生物标志物。因此，建立准确、可靠的 8-羟基脱氧鸟苷的分析方法用于体内 8-羟基脱氧鸟苷含量的测定，不仅可以评估机体受到氧化损伤的程度，还能够辅助相关疾病的诊断或反映相关疾病的进程。

研究表明，8-羟基脱氧鸟苷水平与许多人类疾病，包括心血管疾病、神经系统疾病、肾及肝疾病等有一定的相关性。1984 年，Kasai 和 Nishimura[64] 首次发现 8-羟基脱氧鸟苷与氧化应激损伤存在密切的联系，并进一步探究了 8-羟基脱氧鸟苷对癌症发生可能的生物学作用。Di Minno 等[65] 对 8-羟基脱氧鸟苷水平与心血管疾病之间的关系进行了 Meta 分析，纳入 14 个研究，包括 810 例心血管疾病患者和 1106 例对照组，发现心血管疾病患者的 8-羟基脱氧鸟苷水平显著高于对照组，年龄、高血压和男性性别显著影响 8-羟基脱氧鸟苷水平。Di Minno 等[66] 进一步对 446 位心衰患者和 140 位健康对照者血液以及尿液中 8-羟基脱氧鸟苷水平进行了分析，发现心衰患者体内 8-羟基脱氧鸟苷水平明显高于健康人群，且 8-羟基脱氧鸟苷水平与心功能分级呈正相关。唐毅等[67] 检测了 100 例肝癌患者的尿样中 8-羟基脱氧鸟苷水平，发现肝癌患者尿 8-羟基脱氧鸟苷水平显著高于健康人群，表明 DNA 氧化损伤与肝癌发生发展具有密切的关系，测定尿 8-羟基脱氧鸟苷水平有助于肝癌的诊治。Barbagallo 等[68] 报道显示阿尔茨海默病患者尿样中 8-羟基脱氧鸟苷水平较正常人群明显升高，阿尔茨海默病患者在服用一种由木瓜发酵制备而成的具有抗氧化性质的食物后，8-羟基脱氧鸟苷水平显著降低。多个研究结果表明 8-羟基脱氧鸟苷在神经退行性疾病亨廷顿病患者尾状核、顶叶皮质以及血清中均呈现高表达趋势[69-71]。Zuo 等[72] 研究发现丙二醛、8-羟基脱氧鸟苷以及 NO 在多囊卵巢综合征患者中均出现明显的上调。多项研究[73,74] 发现妊娠糖尿病患者 8-羟基脱氧鸟苷水平要明显高于正常人群以及妊娠高血压患者，提示 8-羟基脱氧鸟苷血清水平与妊娠糖尿病可能有一定相关性。吴孟水等[75] 通过观察不同时期糖尿病肾病患者血清 8-羟基脱氧鸟苷的水平发现，2型糖尿病患者 8-羟基脱氧鸟苷浓度显著高于健康对照组，而糖尿病肾病患者 8-羟基脱氧鸟苷浓度显著高于单纯 2 型糖尿病患者（$P<0.01$），Logistic 回归分析显示 8-羟基脱氧鸟苷是糖尿病肾病发生的独立危险因素，表明血清 8-羟基脱氧鸟苷水平可以反映糖尿病肾病严重程度。王艳华等[76] 对低水平焦炉逸散物接触与焦炉作业工人尿中 8-羟基脱氧鸟苷的剂量-效应关系进行研究，发现接触组人群尿中 8-羟基脱氧鸟苷水平高于对照组（$P<0.01$），且焦炉逸散物接触水平与尿中 8-羟基脱氧鸟苷水平呈剂量-效应关系。

谢聪等[77] 测定了 65 例正常人（吸烟和非吸烟者分别为 21 例和 44 例）和 61 例直肠癌患者（吸烟和非吸烟者分别为 17 例和 44 例）尿液中 8-羟基脱氧鸟苷的浓度水平。结果显示，吸烟正常人和吸烟结直肠癌患者的尿液 8-羟基脱氧鸟苷浓度水平分别显著高于非吸烟正常人和非吸烟结直肠癌患者；非吸烟结直肠癌患者和吸烟结直肠癌患者尿液 8-羟基脱氧鸟苷浓度水平分别显著高于非吸烟正常人和吸烟正常人。这表明吸烟作为一个风险因子，可能会促进 DNA 氧化损伤，进而诱导结直肠癌的发生。孟紫强等[78] 发现吸烟者比不吸烟者淋巴细胞 DNA 中的 8-羟基脱氧鸟苷水平显著增高，且 8-羟基脱氧鸟苷的含量与每天吸烟支数呈正相关。吴凡等[79] 研究发现吸烟者尿液中 8-羟基脱氧鸟苷含量与吸烟水平呈正相关，吸烟者吸烟程度越大，其尿液中的 8-羟基脱氧鸟苷含量越高，因此，吸烟者尿液中 8-羟基脱氧鸟苷含量与吸烟水平相关，通过 8-羟基脱氧鸟苷的测定可初步判断人体卷烟烟气暴露水平。Chung 等[80] 应用多因素 Logistic 回归分析对尿路上皮癌的危险进行了估计，发现尿路上皮癌组尿肌酐和 8-羟基脱氧鸟苷水平高于对照组。张红杰等[81] 探讨了吸烟与多环芳烃暴露对焦炉作业工人尿中 8-羟基脱氧鸟苷的影响及剂量-反应关系，结果表明吸烟和多环芳烃暴露对焦炉作业工人尿中 8-羟基脱氧鸟苷含量有交互作用。El-Khawanky 等[82] 研究了吸烟的血液学效应及其诱导 DNA 损伤和特异性 RUNX1-RUNX1T1 基因易位的能力，结果表明吸烟者组血浆 8-羟基脱氧鸟苷浓度显著升高（$P\leqslant0.001$），8-羟基脱氧鸟苷与血红蛋白浓度显著相关。此外，在有明显外周血白细胞骨髓增生异常的吸烟者组中，29.2%的吸烟者检出易位（8；21），发生率为8.3%。

（二）F_2-异前列腺素

F_2-异前列腺素（F_2-isoprostanes）是活性氧自由基攻击细胞膜脂质花生四烯酸，发生脂质过氧化反应后产生的一系列类似于前列腺素 F_2 的化合物，由 Morrow 等[83] 于1990年发现，其形成机制如图1-4所示。F_2-异前列腺素具有如下特征：

（1）F_2-异前列腺素是脂质过氧化反应的特异性产物，其形成过程不依赖环氧化酶的催化，化学性质和含量都较稳定。

（2）F_2-异前列腺素在体内形成，在所有正常个体的体液（血液、尿液、胆汁、心包液、脑脊液和气管分泌物等）和组织（大脑、肝脏和脉管系统等）中都可被检测。

（3）在一些氧化损伤的动物模型中，F_2-异前列腺素的含量水平显著升高。

（4）F_2-异前列腺素的含量水平不受饮食中脂质和药物等因素的影响。

（5）在抗氧化剂的剂量探索试验中，F_2-异前列腺素的含量水平可以反映个体对药物的敏感性。

以上特征使得 F_2-异前列腺素被认为是一种评估体内氧化应激状态和脂质过氧化反应的可靠生物标志物。根据活性氧自由基作用于花生四烯酸位点的不同，F_2-异前列腺素有64种同分异构体，其中8-异前列腺素 $F_{2\alpha}$（8-iso-$PGF_{2\alpha}$）是目前研究最多、最具代表性的一种同分异构体。

F_2-异前列腺素作为一种评估机体氧化应激状态和脂质过氧化反应的可靠生物标记物，监测其水平对于疾病诊断、病情评估以及疗效评估具有重要价值。研究表明，F_2-异前列腺素水平与许多人类疾病（包括代谢系统疾病、心血管疾病、肺部疾病、神经系统疾病、肾及肝疾病等）自由基和氧化损伤有一定的相关性。Davi 等[84,85] 发现在患有1型糖尿病的儿童和青少年中，尿液中 F_2-异前列腺素显著升高发生在疾病的早期阶段，提示脂质过氧化水平的增高发生在疾病的早期阶段，且这种氧化应激标志物能鉴别糖尿病的发生。此外，2型糖尿病病人尿液中的 F_2-异前列腺素也显著增加，且检测到尿液中的 F_2-异前列腺素与葡萄糖显著相关，表明脂质过氧化与葡萄糖代谢调节密切相关。Keaney 等[86] 在对3000个肥胖病人尿液中的 F_2-异前列腺素进行研究后，发现增加的体重指数（BMI）与增加的氧化应激密切相关。研究表明，脂质过氧化水平加剧是产生动脉粥样硬化和炎症性血管损伤的重要机制。Shishehbor 等[87] 发现在用血管造影技术确定的冠心病患者中，F_2-异前列腺素水平比对照组显著增高 [（9.4±5）mmol/mol AA 对比（6.2±3）mmol/mol AA，$P<0.001$]。Praticò 等[88] 在动脉粥样硬化病人的研究中也发现动脉粥样硬化斑块中的 F_2-异前列腺素水平比对照组组显著增高 [（1.31~3.45）pmol/mmol 磷脂对比（0.045~0.115）pmol/mmol 磷脂]。Vassalle 等[89] 发现冠心病患者血浆 F_2-异前列腺素水平显著增高，其增高水平与该病的病变范围和严重程度有关。Samitas 等[90] 发现哮喘患者呼出气冷凝液中 F_2-异前列腺素水平明显高于健康对照组，且与哮喘的严重程度呈正相关，该结果表明呼出气冷凝液 F_2-异前列腺素可以作为一个反映患者病情的有效生物标记物；同时他们还发现这些患者呼出气冷凝液中 F_2-异前列腺素水平与半胱氨酰白三烯水平呈正相关，这种相关提示了氧化应激与气道炎症之间存在一定的联系。Pratico 等[91] 发现在阿尔茨海默病患者大脑的前额叶和颞叶中，F_2-异前列腺素水平显著增加，进而反映出阿尔茨海默病患者中增高的脂质过氧化水平。之后，Montine 等[92] 也发现阿尔茨海默病患者的脑脊液中的 F_2-异前列腺素水平显著增高且具有相关性，表明脑脊液中的 F_2-异前列腺素按照同样的机制形成，更重要的是证明了脂质过氧化参与阿尔茨海默病的早期病理过程。

Harman 等[93] 发现吸烟者尿样中 F_2-异前列腺素的浓度高于戒烟者和非吸烟者，说明 F_2-异前列腺素能反映对烟气的氧化应激能力。Reilly 等[94] 报道吸烟者尿中 8-异前列腺素 $F_{2\alpha}$ 的平均值为（145.5±24.9）pmol/mmol 肌酐，高于非吸烟者的（63.7±5）pmol/mmol 肌酐，重度吸烟者戒烟 2 周后，尿中 8-异前列腺素 $F_{2\alpha}$ 水平降至（114.6±27.1）pmol/mmol 肌酐。对日本受试者进行的一项为期 90d 的研究发现，与继续使用薄荷醇香烟的人相比，从薄荷醇香烟改用薄荷加热烟，尿中 8-异前列腺素 $F_{2\alpha}$ 浓度降低 12.7%[95]。刘中生和费路[96] 报道了非吸烟组和轻、中、重度吸烟组血清 8-异前列腺素 $F_{2\alpha}$ 水平分别为（106.3±37.6）pg/mL 和（215.9±97.1）pg/mL、（378.2±136.3）pg/mL、（544.0±227.4）pg/mL，各组间差异均具有显著性（$P<0.05$），且吸烟者血清 8-异前列腺素 $F_{2\alpha}$ 水平与吸烟指数呈正相关（$R^2=0.342$，$P<0.05$）。后期回访发现部分吸烟组患者戒烟后血清中 8-异前列腺素 $F_{2\alpha}$ 水平明显低于戒烟前（$P<0.05$）。管维平等[97] 研究表明，吸烟的脑梗死患者尿液中 8-异

前列腺素 $F_{2\alpha}$ 浓度高于对照组，提示吸烟可能增加 LDL-C 过氧化程度，导致体内脂质过氧化物的水平升高，增加机体的氧化压力。

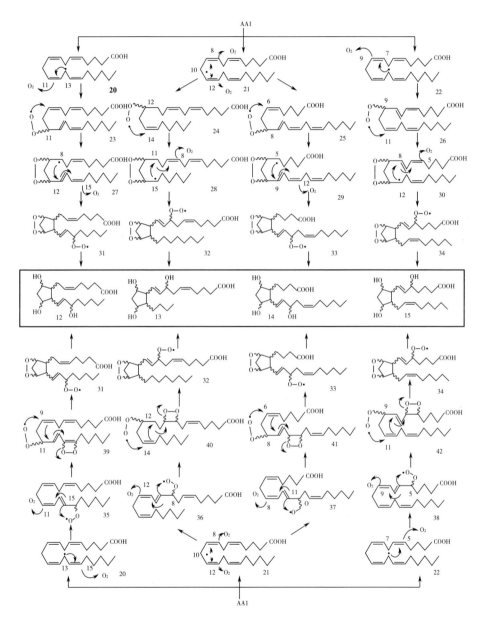

图 1-4 F_2-异前列腺素的形成机制[98]

（三）C-反应蛋白

C-反应蛋白（CRP）是一种能与肺炎链球菌细胞壁 C 多糖反应的急性蛋白，由肝细胞合成，广泛分布于人体体液中，如胸腹水、心包液、关节液、血液等处。导致 C-反应蛋白增加的主要途径如图 1-5 所示。正常人血清中 C-反应蛋白含量极低，一般不高于 $5\mu g/mL$，最多不超过 $10\mu g/mL$。当人体出现症状如感染和组织损伤时，细胞因子白细胞介素-6（IL-6）会刺激肝细胞合成大量的 C-反应蛋白，其血浓度可达正常浓度的数十倍到数千倍甚至更高，病人康复后迅速恢复正常。自从 C-反应蛋白在急性感染者血液中被发现后，因其能够反映感染性疾病的动态变化，已被临床上广泛应用于炎症的辅助诊断。

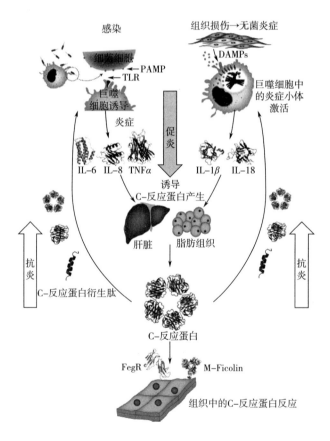

图 1-5　导致 C-反应蛋白增加的主要途径[99]

C-反应蛋白可用于预测呼吸道疾病[100,101]和各种癌症,如肺癌[102~104]、宫颈癌[105]、乳腺癌[106]、胃癌[107]、结肠癌[108]和前列腺癌[109]。目前,人们一致认为 C-反应蛋白是急慢性炎症过程的指标,而不直接参与心血管疾病、慢性阻塞性肺病或癌症的病理生理过程。任秀红等[110]探讨肺癌患者 C-反应蛋白与肿瘤标记物相关性时认为二者对肺癌患者评估病情、判断预后有临床意义。Zhou 等[111]运用 meta 分析 C-反应蛋白、IL-6 和肺癌风险之间相关流行病因素时认为,C-反应蛋白与增加肺癌发病风险相关(特别是男性)。Chaturvedi 等[112]和 Xu 等[113]都评估了血清 C-反应蛋白和 C-反应蛋白单核苷酸多态性与肺癌患病风险,他们一致认为 C-反应蛋白浓度增加与肺癌发病风险相关。McKeown 等[114]报道 C-反应蛋白水平提升增加癌症风险,提示预后不良。林艳丽等[115]也指出在肺癌治疗过程中,发现 C-反应蛋白先于肿瘤血清标志物下降,C-反应蛋白能更早反映对药物的有效性和敏感性,若与 CYFRA21-1 和 NSE 联检,有利于肺癌患者的病情观察。唐名拓和赵仁峰[105]研究了血清 C-反应蛋白在 HR-HPV 感染的宫颈病变患者中的表达水平,结果表明宫颈癌组和癌前病变组的血清 C-反应蛋白浓度高于健康对照组,C-反应蛋白有望成为宫颈癌的肿瘤标志物,筛查出 HR-HPV 感染的宫颈病变患者中的高危人群。刘大林等[106]研究发现乳腺癌患者在手术治疗前血浆 leptin 和血清 CA15-3、IL-8、hs-CRP 水平非常显著地高于正常人组($P<0.01$),手术治疗后 3 个月则与正常人组比较无显著性差异($P>0.05$),这表明血浆 leptin 和血清 CA15-3、IL-8、hs-CRP 水平的变化在乳腺癌的发生和发展中相互作用,观察其浓度的变化对探讨乳腺癌的发病机理、预防和治疗均有重要的临床价值。叶永生等[107]研究发现胃癌患者术前 C-反应蛋白阳性患者的淋巴结转移率(68.2%)高于阴性患者(8.2%)($P<0.05$),阳性患者术后血清 C-反应蛋白于术后第 5 天明显增多,而在术后第 10 天时多数患者血清 C-反应蛋白降至阴性水平,这表明 C-反应蛋白结合临床可作为胃癌淋巴转移的疗效判断及观察预后的一个良好的指标。

Tonstad 和 Cowan[116]发现吸烟者的 C-反应蛋白水平为 2.53mg/L,而非吸烟者的 C-反应蛋白水平为 1.35mg/L($P<0.0001$),戒烟后 5 年内水平下降,但需要 20 多年才能恢复到从不吸烟者的水平。Wannamethee 等[117]研究发现非吸烟者 C-反应蛋白水平为 1.13mg/L,而即使是轻度吸烟者也有 1.87mg/L($P<0.001$)。陈泓颖等[118]探讨了吸烟对冠心病患者血清炎症因子

白细胞介素-6、基质金属蛋白酶-9、C-反应蛋白的影响以及上述炎症因子水平与吸烟量的相关性，结果表明吸烟能够显著提高冠心病患者血清炎症因子白细胞介素-6、基质金属蛋白酶-9 和 C-反应蛋白水平，且吸烟量与上述指标水平呈显著正相关。Fredriksson 等[119] 对 40 例牙周炎患者和 43 例正常对照组进行了血细胞和急性期蛋白的检测，结果发现牙周炎患者外周血 C-反应蛋白水平比非牙周炎明显增高。牙周组织炎症时，在牙周袋内各种致病微生物长期的刺激下，宿主组织可不断地产生 C-反应蛋白，从而促进机体的炎症反应[120]。Doi 等[121] 研究发现，在将所有重度牙周炎患牙拔除后，其 C-反应蛋白水平可出现明显的降低。安银地等[122] 研究发现在牙周基础治疗后 4 周，2 组患者龈沟液中 C-反应蛋白的浓度及牙周临床检查指数均较治疗前明显降低（$P<0.05$），但吸烟组降低的量小于非吸烟组（$P<0.05$）。由此可见，牙周组织感染可导致 C-反应蛋白水平的升高，C-反应蛋白水平的增加又可反映牙周组织的炎症程度。马军等[123] 研究了吸烟与男性急性冠状动脉综合征患者血浆高敏 C-反应蛋白水平的关系，研究结果表明不同吸烟情况与男性急性冠状动脉综合征患者血浆高敏 C-反应蛋白水平密切相关，吸烟能导致高敏 C-反应蛋白水平升高，而戒烟能很大程度地改善高敏 C-反应蛋白水平。汪清和张瑾[124] 探讨了血清高敏 C-反应蛋白对吸烟人群食管癌发病的影响，结果表明血清高敏 C-反应蛋白的水平与吸烟人群食管癌的患病风险密切相关，血清高敏 C-反应蛋白的水平对筛查吸烟人群食管癌高危人群具有潜在的应用价值。黄鹤飞等[125] 研究发现吸烟能导致高血压患者血小板聚集率和 C-反应蛋白明显升高，且与吸烟指数显著正相关，可能是导致高血压患者发生动脉粥样硬化和血栓性事件的机制之一。拱忠影等[126] 研究发现吸烟可导致颈动脉粥样硬化患者血清高敏 C-反应蛋白水平增高，其可能与斑块的稳定性及缺血性脑卒中的复发密切相关。陆新虹和胡欣[127] 研究发现吸烟的糖尿病患者发生下肢血管病变的可能性增大，其臂指数越低，C-反应蛋白越高，说明吸烟对血管炎症有明显促进作用，促进了动脉粥样硬化的发展。王刚等[128] 采用大型前瞻性队列研究方法，探讨了吸烟人群的高敏 C-反应蛋白和上消化道癌发病的相关性，结果表明基线高敏 C-反应蛋白水平升高可能增加上消化道癌发病风险。牛艳慧等[129] 研究发现吸烟能引发炎性反应，使 C-反应蛋白水平明显上升，最终导致肺纤维化的形成。马盛余和帅杰[130] 研究发现吸烟人群血浆 C-反应蛋白含量明显高于未吸烟人群，戒烟后恢复至未吸烟组水平。

（四）纤维蛋白原

纤维蛋白原是由各种脊椎动物肝细胞合成、分泌的一种糖蛋白，半衰期为 3~4d，其中 80%存在于血浆中，正常血浆中纤维蛋白原的含量为 2~4g/L。纤维蛋白原具有生理和病理双重作用，其最重要的生理功能在于凝血，阻止损伤后的血液流失；其病理作用在于血浆纤维蛋白原水平升高是动脉粥样硬化和血栓栓塞并发症的独立危险因素，可导致组织器官缺血性疾病的发生。

纤维蛋白原是血液循环中重要的凝血/炎症因子，在炎症状态下可被显著上调。流行病学研究已经明确纤维蛋白原水平的升高与心血管疾病发病率的增加独立相关[131,132]。研究表明，纤维蛋白原的水平不仅与缺血性心脏病、心房颤动[133,134]、心源性猝死[135] 等心血管疾病的临床诊断和预后相关，还与心血管疾病的危险因素（如糖尿病、高脂血症等）存在相关性[136-138]。Di Giovine 等[139] 的研究表明，血浆纤维蛋白原水平与心血管疾病高危因素糖尿病显著相关，糖尿病患者的血浆纤维蛋白原水平显著高于非糖尿病患者。Meade[133] 研究显示，纤维蛋白原的水平与冠状动脉疾病的严重程度相关，高纤维蛋白原水平是血栓形成的有力证据。一项前瞻性研究显示，纤维蛋白原水平与缺血性心脏病的发病率存在独立相关性[140]。纤维蛋白原水平还与心肌梗死、脑血管疾病以及下肢动脉疾病中缺血发作、复发及进展相关[141]。有长期随访数据的大规模前瞻性研究结果提示即使是在基线入选时健康的研究对象，循环中纤维蛋白原的水平与未来亚临床性心血管疾病的发病存在明显相关[142,143]，且纤维蛋白原可预测未来动脉粥样硬化性疾病的严重程度和心源性死亡的风险[144,145]。据纤维蛋白原研究合作组报道，血浆纤维蛋白原的水平每升高 1g/L，未来不良心血管事件的发生风险将会增加 1 倍[146]。栗静等[147] 探讨了血清纤维蛋白原、C-反应蛋白及同型半胱氨酸水平与大动脉粥样硬化型卒中患者颈动脉易损性斑块的关系，结果表明血清纤维蛋白原、同型半胱氨酸水平可能是预测大动脉粥样硬化型卒中患者颈动脉斑块易损性的生物学指标。李云程等[148] 发现 2 型糖尿病合并血管并发症患者的血糖波动幅度大，纤维蛋白原升高，可能增加糖尿病合并血管并发症的风险。

流行病学研究表明吸烟是已知的最强的影响纤维蛋白原浓度的环境因素，并且与纤维蛋白原的增高有显著关联。付洪海[149] 报道吸烟者血浆中纤维蛋白原的平均值为（4.64±1.13）g/L，高于非吸烟者的（3.01±0.76）g/L。夏曙光等[150] 发现吸烟者和戒烟者血清中 D-二聚体、C-反应蛋白、纤维蛋白原浓度均明显高于非吸烟者。刘聪辉等[151] 发现吸烟者血浆中纤维蛋白原水平明显高于非吸烟者，并进一步发现吸烟与纤维蛋白原 Bβ-249C/T 基因多态性及慢性阻塞性肺疾病存在一定关联性。王淑娟等[152] 也发现吸烟可能与纤维蛋白原 Bβ-249 基因型相互作用而使血浆纤维蛋白原水平升高，并可能影响 Bβ-854 基因型表达而使血浆纤维蛋白原分子活性功能增强。杨建峰和郝新生[153] 探讨了吸烟对纤维蛋白原、血脂水平的影响，结果表明吸烟与非吸烟组间纤维蛋白原、血脂均有显著性差异，吸烟组纤维蛋白原、血脂均高于对照组，高密度脂蛋白低于对照组。刘克泉[154] 研究发现健康人与缺血性脑卒中组吸烟者和不吸烟者的纤维蛋白原水平组间比较均有显著差异（P<0.01）。顾国龙[155] 研究发现吸烟组纤维蛋白原含量明显高于未吸烟组，其中高分子组分纤维蛋白原（HMW，MW340000）水平与未吸烟组无显著性差异（P>0.05）；低分子组分纤维蛋白原（LMW，MW300000）和低分子'组分纤维蛋白原（LMW'，MW280000）含量与未吸烟组有显著性差异（P<0.01）。方玉荣等[156] 研究发现吸烟者血浆中血浆Ⅷ因子相关抗原和纤维蛋白原的含量均有不同程度的增加，与对照组相比差异显著（P<0.01 及 P<0.02），这提示吸烟导致血液凝固性升高，可能是吸烟引起心血管损害的重要机制之一。

（五）低密度脂蛋白胆固醇（LDL-C）

冠心病是多种危险因素所致的慢性疾病，血浆胆固醇尤其是低密度脂蛋白胆固醇（LDL-C）升高是冠心病发生、发展的必备条件[157]。大量的流行病学调查资料都一致表明，人群中血浆胆固醇浓度与冠心病的发病率和死亡率呈明显的线性关系。从 20 世纪 60 年代开始，全世界范围进行了许多有关降胆固醇防治冠心病的研究。初步的结果表明，血浆胆固醇降低 1%，冠心病事件发生的危险性即可降低 2%。但是，由于缺乏强有效降低 LDL-C 的药物，当时的临床试验尚无法作出决定性结论。20 世纪 90 年代采用新一代的强效降低 LDL-C 的药物，进行了一系列的临床试验，取得了巨大的成就，确定了降LDL-C 在冠心病防治中的重要地位。无论采取任何药物或措施，只要能使血浆胆固醇或 LDL-C 水平下降，就可明显减少冠心病发生率和死亡率。

目前有新的研究显示低密度脂蛋白在体内经过氧化修饰后能够促进血管壁形成粥样硬化，是动脉硬化发生发展的关键因素[158]。低密度脂蛋白在动脉内膜下发生氧化形成轻度修饰的低密度脂蛋白（mmLDL），它能促进内皮细胞产生单核细胞黏附因子，单核细胞在此因子作用下黏附在内皮细胞周围后逐渐进入内皮下，并在巨噬细胞群落刺激因子的作用下转变成巨噬细胞，巨噬细胞与活性氧一起作用于轻度修饰的低密度脂蛋白，使其最终成为氧化型低密度脂蛋白（Ox-LDL）。

LDL-C 是富含胆固醇及其酯的脂蛋白，用密度超速离心法或非变性聚丙乙烯酰胺凝胶电泳法可将 LDL-C 分成许多亚组分。其中有重要临床意义的主要有 3 种，分别是低密度、较大颗粒 LDL-C（直径>26.2nm）的 A 型，高密度、较小颗粒 LDL-C（直径<25.5nm）的 B 型以及二者均不占优势的中间密度 LDL-C。其中 B 型占优势或其血浆水平升高，可导致心脑血管疾病的发生。近年来大量流行病学及临床研究[159]表明，小而密低密度脂蛋白（sLDL-C）与动脉粥样硬化（AS）和冠心病的发生、发展和病变程度密切相关。sLDL-C 亚组分比密度较低的较大颗粒更具有致动脉硬化性，可能存在以下机制[160]：

（1）LDL-C 颗粒变小而其数目增多，更容易侵入动脉壁，一旦进入后，更容易与细胞壁上的氨基葡聚糖结合，黏附于细胞上，使得胆固醇在动脉壁沉积。

（2）sLDL-C 易与动脉壁上糖蛋白结合，黏附于动脉壁上，使得胆固醇在动脉壁沉积。

（3）sLDL-C 比正常大小的 LDL-C 在血浆中有更长的潴留时间。由于 sLDL-C 中的载脂蛋白 B100（apoB100）的空间构象不易与血浆 LDL-C 受体结合，故经血浆 LDL-C 受体途径清除的缓慢而与类固醇受体（SR）的相互作用增加，促进泡沫细胞的形成和动脉粥样硬化的发生。

（4）sLDL-C 颗粒更易被氧化及被巨噬细胞摄取而形成泡沫细胞，这可能与其在血浆中的潴留时间较长和/或其核内抗氧化剂的含量减少有关，也可能由于 sLDL-C 表面磷脂中的非饱和脂肪酸的表面定位被改变，致使颗粒对氧化作用更易感。

（5）sLDL-C 颗粒还可以调节动脉壁细胞中的其他生化反应，包括内皮功能紊乱、纤维蛋白溶酶抑制因子-1 产生增加、内皮细胞的血栓素分泌增加以及平滑肌内的钙离子大量增加。

多个病例对照研究和前瞻性研究均证明吸烟是冠心病的重要危险因素，吸烟可通过多种机制促进动脉粥样硬化（AS）的发生，其中与吸烟相伴随的脂代谢变化起着重要的作用。陆丕能等[161]为确定吸烟量与冠心病的关系，对 355 例冠状动脉造影的患者（A 组为无冠心病患者 142 例，B 组为冠心病患者 213 例）以性别、年龄、体重指数、空腹血糖、总胆固醇、甘油三酯、高密度脂蛋白胆固醇、低密度脂蛋白胆固醇、纤维蛋白原、吸烟等级、冠心病家族史、高血压病等多重危险因素以及冠状动脉严重程度评分进行多变量分析。研究结论为，吸烟与冠心病独立相关，吸烟量越大、年限越长，冠心病的相对危险度越高。单因素分析结果表明：冠心病的 OR 值 95% 可信区间（CI）：吸烟与不吸烟比较为 1.629~2.598（$P<0.05$）；吸烟 3 级时与不吸烟比较为 1.260~3.907（$P<0.01$）。多元 logistic 回归分析显示：吸烟等级、性别、纤维蛋白原、空腹血糖和冠心病相关年龄与冠心病基本相关。各吸烟级别分别进行多元 logistic 回归分析显示：与不吸烟组比较，吸烟 1 级时与冠心病无关（$R^2=0.948$，$P=0.959$）；吸烟 3 级的冠心病风险 OR 为 3.519（$P=0.003$，95%CI：1.538~8.053）；吸烟 2 级以上（2+3）与 2 级以下（0+1）比较 OR 为 2.094（$P=0.027$）；3 级与 3 级以下（0+1+2）比较 OR 为 3.463（$P=0.002$）。其中 0=不吸烟，1=≤100 支年，100 支年<2≤200 支年，3=>200 支年。支年为支/（d×吸烟年限），是吸烟指数的指标，国际公认。

丁昱[162] 在中国华东农村地区开展了中老年人群吸烟状态与血脂的相关性分析，研究表明现在吸烟者（61.3±7.5）和曾经吸烟者（62.3±7.3）的年龄高于不吸烟者（59.7±7.5）；现在吸烟者（23.7±3.5）和曾经吸烟者（24.7±3.5）的体质指数低于不吸烟者（25.1±3.7）；吸烟者的低密度脂蛋白（3.30±0.96）低于不吸烟者（3.43±0.98）。女性现在吸烟者的低密度脂蛋白（$\beta=2.58$，SE=0.42，$P<0.001$）高于从不吸烟者；女性曾吸烟者的低密度脂蛋白（$\beta=1.90$，SE=0.69，$P=0.006$）也高于从不吸烟者，差异具有统计学意义。

钟毓瑜等[163] 探讨了吸烟对中年男性人群血中载脂蛋白（Apo）及氧化低密度脂蛋白（Ox-LDL）的影响。在健康体检人群中抽取 35~55 岁中年男性 178 例，按吸烟史分为吸烟组与非吸烟组：其中吸烟组 92 例，非吸烟组 86 例。采用流行病学问卷调查表的形式，详细调查吸烟、运动及饮食史，比较吸烟组与非吸烟组间血脂、载脂蛋白和氧化低密度脂蛋白水平差异。采用非参数检验的 M-W 法进行比较，结果表明吸烟组的 Ox-LDL 高于非吸烟组，ApoA1（载脂蛋白 A1）低于非吸烟组，有显著性差异（$P<0.05$）；ApoB（载脂蛋白 B）水平无显著性差异。

HDL-C 及 Apo-A1 提示了吸烟能导致动脉粥样硬化的机制[164]，可能为吸烟者肝酯酶活性增强使脂肪组织释放甘油三酯及游离脂肪酸增多，后者涌入肝脏，可刺激肝脏大量合成甘油三酯和极低密度脂蛋白胆固醇（VLDL-C）。

同时吸烟导致胰岛素抵抗而引起脂蛋白酯酶活性降低使甘油三酯分解减少，最终使血甘油三酯增加。HDL-C 的主要载脂蛋白为 ApoA1，它部分来自 VLDL-C 的分解，当肝脏内 VLDL-C 合成增加时，ApoA1 分解必然增加，导致 HDL-C 水平下降。

吸烟可改变 LDL-C 的生物特性，增加 Ox-LDL 生成。其机制可能是 LDL-C 氧化的过程是由自由基如氧自由基、羟自由基等介导的，而吸烟是诱发体内活性氧生成的一种来源。烟草燃烧产生的烟气中含有许多氧化剂和促氧化剂，当机体长期受到烟气中的有害物质的刺激而无法代偿时会导致自由基产生过多，及机体抗氧化防御作用损伤而致脂质过氧化物增多。加之体内超氧化物歧化酶（SOD）消耗增加，导致血液中 SOD 不足进而抑制和影响体内 SOD 等抗氧化物对自由基的清除，造成组织细胞发生脂质过氧化作用等一系列损害效应[165]。吸烟还可以引起血液黏稠度增加，降低红细胞的变形能力、增加血小板的聚集性、提高 LDL-C 的氧化易感性，使 Ox-LDL 生成增加。

（六）氧化固醇

氧化固醇是胆固醇的氧化衍生物，由细胞色素 P450 家族酶介导的酶促反应或涉及活性氧和氮类物质的非酶反应生成。氧化反应促进羟基、酮基、高氧基、羰基或环氧基添加到胆固醇主干上，主要是在侧链的 C4~C7 位、C24、C25 和 C27 位[166]，如图 1-6 所示。这一过程产生了一大类不同的氧化固醇，

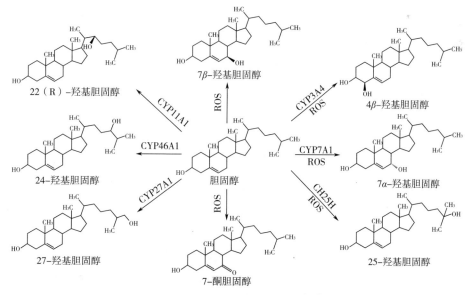

图 1-6 常见氧化固醇的结构[166]

可以在细胞中发挥着多种调节作用，也可以参与多种病理生理过程，如炎性疾病、动脉粥样硬化、神经疾病和癌症[167]。

氧化固醇包括羟胆固醇、酮胆固醇及环氧胆固醇三大类。理化性质和生物学功能与胆固醇明显不同，致病性比胆固醇强。近年来研究发现[168]，具有致动脉粥样硬化（AS）的氧化型低密度脂蛋白（Ox-LDL）和带负电性的低密度脂蛋白（LDL-C）及氧化型高密度脂蛋白（Ox-HDL）中含有大量的氧化固醇。这些氧化型脂蛋白的毒性作用可能主要来源于氧化固醇，故认为氧化固醇可能是致动脉粥样硬化的病因。

氧化固醇在哺乳动物体内的生理作用被广泛研究，它可降低内皮细胞存活率，损伤细胞的基本功能，增加内皮细胞通透性，破坏内皮细胞的屏障功能如增加对白蛋白通透及细胞内蛋白的漏出等，降低内皮细胞的吞噬作用[169]。在正常人和动物血清、血浆及动脉组织中存在低浓度的氧化固醇。Carpenter 等[170] 研究证实，在动脉粥样硬化斑块中，存在大量的氧化固醇。在不同时期，氧化固醇的量不同，早中期的粥样硬化病变中，27-羟胆固醇的量较少；晚期粥样斑块中，27-羟胆固醇是其主要的氧化固醇，且27-羟胆固醇/胆固醇的比值随着粥样硬化病变的加重而增加。氧化固醇的具体成分在不同的部位分布不同：在人的冠状动脉和颈动脉粥样斑块中，氧化固醇的总量基本相当；但在人冠状动脉粥样斑块中，27-羟胆固醇和7β-胆固醇分别占总氧化固醇的38%和20%，在人颈动脉粥样斑块中，则为66%和5%。Bo Ziedén 等[171] 比较了老年男性瑞典人和立陶宛人，结果表明，后者血浆7β-羟胆固醇的浓度远高于前者。在传统的心血管危险因素一致的情况下，立陶宛人的心脏病发生率是前者的4倍。

氧化固醇的致病机制可能与以下因素有关[172]：

（1）氧化固醇可抑制腺苷进入 DNA，减少细胞 DNA 的合成。增加细胞膜的通透性，降低膜脂的流动性，改变膜蛋白的构象，促进钙离子内流，抑制细胞膜磷脂的合成，从而导致血管内皮细胞及平滑肌细胞的损伤、功能紊乱。

（2）抑制胆固醇酯的水解，减少细胞内游离胆固醇的外移，抑制低密度脂蛋白受体的表达，促进泡沫细胞的形成。

（3）影响血小板的功能，促进血栓形成。

Yasunobu 等[173] 检测了冠状动脉造影病人的血清 25-羟胆固醇、27-羟胆固醇、7β-羟胆固醇及抗 Ox-LDL 自身抗体，发现冠状动脉狭窄组的浓度明显高于正常组。已知吸烟与氧化应激密切相关，对 LDL-C 敏感性的影响已在前文讨论过，然而正常情况下可能无法生产足够数量 Ox-LDL 来诱导自身抗体的生成。氮氧化物可防止烷基过氧化物介导的反应细胞毒性与血管内皮生长因子增加内皮细胞对氧化应激的抵抗力。研究结果表明冠状动脉狭窄组内吸烟者自身抗体的浓度明显高于非吸烟者，而冠状动脉正常组内无此现象。相对于正常组，在冠状动脉狭窄组内吸烟更可能增加低密度脂蛋白对氧化的敏感性。此外，事实上许多不稳定型心绞痛患者同时也是吸烟者（P = 0.0899）。这些结果提示有冠心病（CAD）病史的患者应避免吸烟以减少氧化损伤。

目前电子烟已经成为传统香烟的替代品而被广泛使用，然而电子烟高温加热也会产生有致癌物。Cardenia 等[174] 为了评估电子烟气溶胶对大鼠脑脂质谱的影响，电子烟组的 20 只雄性 Sprague-Dawley 大鼠每天暴露于电子烟气溶胶中 11 轮，每天消耗 1mL 的烟液，每周 5d。4 周后处死 10 只大鼠，8 周后再处死剩余 10 只大鼠。研究中分析了大鼠脑脂质组分中总脂肪酸、固醇和氧化固醇。将电子烟组的结果与对照组（未暴露）的结果进行比较。结果表明，8 周后饱和脂肪酸显著增加至 7.35mg/g，而多不饱和脂肪酸则下降到 3.17mg/g。电子烟气溶胶暴露致使棕榈酸（3.43mg/g）和硬脂酸（3.82mg/g）增加，同时花生四烯酸（1.32mg/g）和二十二碳六烯酸（1.00mg/g）显著减少。8 周的实验中大鼠出现动脉粥样硬化和血栓形成。电子烟气溶胶降低了除三醇和 24(S)-羟基胆固醇 [24(S)-HC] 外的氧化固醇（19.55μg/g）。主成分分析（PCA）结果表明证明氧化甾醇 [三醇和(24(S)-HC) 除外] 与7-脱氢胆固醇（7-DHC）呈负相关。电子烟气溶胶对大鼠大脑的脂质和胆固醇发生了影响，这可能促进一些神经退行性疾病的发生。

（七）同型半胱氨酸（Homocysteine，Hcy）

同型半胱氨酸是一种含硫氨基酸，为甲硫氨酸代谢过程中的重要中间产物。目前认为高 Hcy 血症是体内叶酸和维生素 B_{12} 缺乏的敏感指标，高 Hcy 血症可能是缺血性脑卒中的独立危险因素之一。研究显示脑血管疾病患者与正常对照相比具有更高的 Hcy 水平，病例对照及队列研究表明，高 Hcy 血症的患者发生脑卒中的风险将增加两倍，Hcy 含量水平对于脑卒中的防治有重要意义。Hcy 作为心脑血管疾病的生物标志物，已成为医院日常监测的重要指标。

同型半胱氨酸代谢过程是理解其与 B 族维生素相互作用机制的基础[175]。

Hcy 是非必需非蛋白源性含硫氨基酸，食源性必需氨基酸甲硫氨酸转甲基合成是人体 Hcy 生成的唯一途径。其生成包含三步酶催化步骤：S-腺苷-L-甲硫氨酸（SAM）合成酶/L-甲硫氨酸腺苷转移酶，甲基转移酶和 S-腺苷-L-同型半胱氨酸（SAH）水解酶。S-腺苷-L-甲硫氨酸合成酶激活甲硫氨酸与 ATP 反应生成 S-腺苷-L-甲硫氨酸。S-腺苷-L-甲硫氨酸作为甲基供体广泛参与细胞内生物合成（肌酸、肾上腺素、肉毒碱、磷脂、蛋白质、核酸和多胺类）和遗传调节如核与线粒体 DNA 甲基化、染色体重组、RNA 编辑、非编码 RNA、microRNA 和组蛋白转录后修饰。S-腺苷-L-同型半胱氨酸是 S-腺苷-L-甲硫氨酸转甲基反应的产物。高 S-腺苷-L-甲硫氨酸浓度引起的基因高甲基化水平很可能与癌症相关。S-腺苷-L-同型半胱氨酸经 S-腺苷-L-同型半胱氨酸水解酶生成 Hcy。S-腺苷-L-甲硫氨酸合成减少导致甲基化功能失调（如低甲基化）是高同型半胱氨酸血症负效应相关血管病和维持脑结构完整性的重要神经递质和蛋白质合成受损的神经退行性疾病的重要发病机制。

如图 1-7 所示，Hcy 在肝脏内通过三条途径代谢：S-腺苷-L-同型半胱氨酸水解酶逆向反应再合成 S-腺苷-L-同型半胱氨酸；不依赖叶酸/维生素 B_{12} 再甲基化生成甲硫氨酸途径；转硫生成胱硫醚。第一条途径依赖 B 族维生素，依赖维生素 B_{12} 的甲硫氨酸合成酶催化以 N-5-甲基四氢叶酸形式存在的叶酸

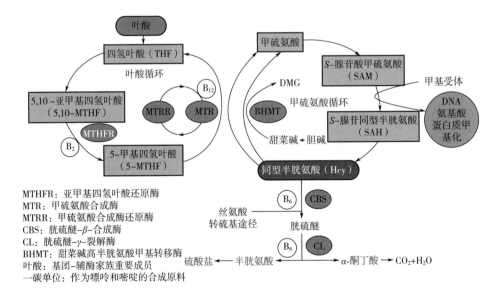

MTHFR：亚甲基四氢叶酸还原酶
MTR：甲硫氨酸合成酶
MTRR：甲硫氨酸合成酶还原酶
CBS：胱硫醚-β-合成酶
CL：胱硫醚-γ-裂解酶
BHMT：甜菜碱高半胱氨酸甲基转移酶
叶酸：基团-辅酶家族重要成员
一碳单位：作为嘌呤和嘧啶的合成原料

图 1-7 Hcy 在人体内的代谢途径

转甲基给 Hcy。因此，叶酸和维生素 B_{12} 状态在细胞和循环水平的 Hcy 平衡中起重要作用。叶酸依赖的 Hcy 再甲基化过程中充足的 N-5-甲基四氢叶酸供应也是代谢的重要组成部分。N-5,10-亚甲基四氢叶酸还原酶（MTHFR）催化 N-5,10-亚甲基四氢叶酸合成 N-5-甲基四氢叶酸。此反应需要 NADPH 参与，S-腺苷-L-甲硫氨酸和 S-腺苷-L-同型半胱氨酸分别作为负性和正性调节因素调节此反应。第二条途径是由甜菜碱-同型半胱氨酸 S-甲基转移酶（BHMT）利用胆碱合成甜菜碱作为甲基供体。此途径存在于肝、肾及晶状体，而叶酸/维生素 B_{12} 依赖的途径存在于所有组织中。不依赖叶酸的甲硫氨酸再甲基化合成途径中 BHMT 的调节与表达是影响血浆 Hcy 浓度及临床表现的重要因素。Hcy 的最后一条处理途径是转硫生成半胱氨酸。第一步反应是 Hcy 与丝氨酸聚合生成胱硫醚，然后水解生成半胱氨酸（Cys）和 α-酮丁酸。两步反应的催化剂胱硫醚 β-合成酶（CBS）和胱硫醚 γ-裂解酶（CSE）均需要维生素 B_6 作为辅酶参与。转硫途径参与甲硫氨酸分解代谢并使硫原子从甲硫氨酸转移至丝氨酸生成半胱氨酸。

韩琳等[176]在脑卒中高危人群中，对影响 Hcy 水平的危险因素进行分析。对 Hcy 的相关因素分析结果表明在脑卒中高危人群中有无高血压、糖尿病病史、高龄和体育锻炼对 Hcy 无明显影响，而性别、吸烟、饮酒与 Hcy 关系密切，三者是 Hcy 的危险因素。该研究显示脑卒中高危人群 Hcy 水平存在性别差异，雌激素与 Hcy 水平呈负相关，雌激素水平高的女性 Hcy 水平低于男性；吸烟、饮酒等因素也可引起 Hcy 增高。Deepa 等[177]研究发现吸烟组 Hcy 明显高于非吸烟组，且吸烟指数（支/d×吸烟年限）与 Hcy 浓度呈正相关，其原理可能是吸烟直接或间接影响叶酸及 B 族维生素的吸收，导致 Hcy 代谢酶的活性降低，使 Hcy 浓度增高。

Sobczak[178]为评估烟草烟雾对血浆中同型半胱氨酸浓度的影响，选择了 168 名年龄在 18~60 岁的健康男性进行试验。根据个人问卷和血浆可替宁浓度确定检查组的烟草烟气暴露情况将志愿者三组：非吸烟者（对照组，53人）、被动吸烟者（48 人）和主动吸烟者（67 人）。三组的血浆可替宁浓度平均水平为 4.3ng/mL、18.3ng/mL 和 115ng/mL。确定了被动吸烟者和非吸烟者血浆同型半胱氨酸浓度的显著差异（$P=0.019$）（分别为 10.4 μmol/L 和 9.2 μmol/L）。与对照组相比，主动吸烟者血浆中同型半胱氨酸浓度的差异更高，分别为 12.2 μmol/L 和 9.2 μmol/L，$P<0.001$。血浆中同型半胱氨酸浓度

与血浆中可替宁浓度呈显著正相关，被动吸烟者的 Pearson 相关系数（r）为 0.341，主动吸烟者为 0.678。结果表明，被动吸烟与主动吸烟一样具有毒性，这尤其表现为被动吸烟者和主动吸烟者血浆中致动脉粥样硬化的同型半胱氨酸浓度都有增加。

（八）呼出气一氧化氮（FeNO）

呼出气一氧化氮（Fractional Exhaled Nitric Oxide，FeNO）主要由呼吸道上皮细胞产生，此细胞分布自大气道至远端的肺组织，由于上皮细胞分布情况的不同，导致 FeNO 的浓度也有差异。大气道分布有最多的上皮细胞，因此产生的 NO 浓度最大。呼出气一氧化氮测定可以直接反映气道炎症，且具有无创、可重复性好、快速、患者依存性好等优点，与支气管黏膜活检、诱导痰嗜酸性粒细胞以及气道高反应性水平高度相当，近年来得到了广泛的重视。

哮喘是一种由多种细胞成分及细胞因子所参与的，以大气道受累为主的炎症；而慢性阻塞性肺病（COPD）却是一种以小气道受累为主的炎症。由于这两种疾病主要受累的气道不同（大气道和小气道），呼吸道上皮细胞的分布及其所产生的一氧化氮的浓度也会不同，因此哮喘患者的 FeNO 水平明显高于慢性阻塞性肺病患者。此外，哮喘患者的 FeNO 水平高于慢性阻塞性肺病患者，还存在其他很多复杂因素的作用。比如临床上可以经常看到合并有过敏性鼻炎的哮喘患者，有研究发现，像这种哮喘与过敏性鼻炎并存的情况在患者中有较高的发病率，而这部分患者的 FeNO 的测定值往往较高。正常情况下，NO 浓度较低且以气态较稳定的形式存在，并且通过扩散的方式进入到周围的细胞当中。既往研究发现哮喘的 NO 产生主要是因为诱导型一氧化氮合酶（Inducibie Nitric Oxide Synthase，iNOS）的激活释放。正常情况下鼻部 FeNO 的含量是口腔中含量的 100 多倍，所以支气管哮喘合并过敏性鼻炎的患者，其 FeNO 的测定值较高。

Dinh-Xuan 等[179] 发现呼出气一氧化氮（FeNO）与气道炎症显著相关，认为可以把 FeNO 增高看作是气道嗜酸性炎症的有力证据。Pijnenburg 等[180] 研究者发现，哮喘急性发作时 FeNO 会明显增高。欧洲呼吸病学会（ERS）于 1997 年在国际上率先制订了《一氧化氮呼气测定指南》，随后不断进行修改。2009 年 7 月，美国胸科协会/欧洲呼吸病协会（ATS/ERS）在其官方联合声明中，再次阐述呼出一氧化氮在哮喘临床试验中的应用价值。美国胸科学会（ATS）于 2011 年 5 月颁布了《FeNO 临床应用指南》，指南中强调了呼出气一氧化氮与嗜酸粒细胞性气道炎症的相关性，指出在嗜酸细胞性哮喘、职业暴露及长期接触过敏原的患者呼出一氧化氮升高明显。在哮喘诊断、病情变化、治疗的监测、病情的评估预后方面也缺少不了 FeNO 的监测，临床中通常把 FeNO≥25 µg/m³ 作为气道炎症存在及可疑哮喘的证据。

NO 是一个重要的生物活性分子，自研究者在 1987 年首次发现内皮舒张因子本质是 NO 以来，人们逐渐认识到 NO 在体内多个系统生理调节中起不可或缺的作用，比如中枢神经、心血管和消化系统[181]。一方面 NO 可以如图 1-8 所示，激活鸟苷酸环化酶，增加环鸟苷酸（cGMP）的数量，使细胞内游离的钙离子减少，从而缓解气道痉挛，舒张支气管；还可以通过超氧化作用合成硝酸根离子，产生抗炎杀菌的效果。另一方面 NO 可介导细胞毒性作用和引发炎症介质释放，使得血管的通透性增加，黏液堆积，气道重塑从而引发气道的损伤。

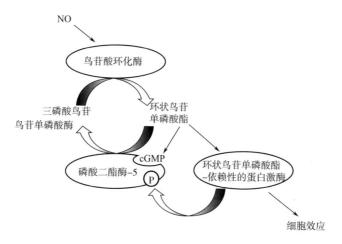

图 1-8　血小板 NO/cGMP 信号级联反应中的反馈抑制

ATS 的一份研究报告[182] 表明：影响 FeNO 值的因素包括患者的年龄、性别、是否有吸烟史和过敏史、患者的体重等。卷烟烟气气溶胶中含有的一些化学成分不仅会损伤患者呼吸道内的上皮细胞，使纤毛原本的清除作用减弱，导致气道正常的净化能力下降，还会促使杯状细胞及黏液腺肥大增生，增加了黏液的生成，形成黏液栓，而黏液栓的出现不仅可以阻塞气道，还可以加速气道重塑的进程；与此同时，烟气气溶胶能够促使含有毒性的氧自由基数量生成增多，这些自由基可对中性粒细胞释放水解酶产生一定的诱导作用，最终导致肺的弹性纤维遭到破坏，加速了患者肺气肿的发生发展；此外，吸烟对于 FeNO 在慢性气道炎症中的检测会产生一定的干扰作用，Malerba 等[183] 在其研究结果中提到，吸烟会掩盖慢性阻塞性肺病进展时 FeNO 值的增高，对疾病的自然病程及预后均会产生不利的影响。

平淼文[184] 以 206 例处于慢性气道炎症稳定期的患者为研究对象，针对吸烟对慢性气道炎症 FeNO 表达影响进行了相关研究。根据患者长期慢性咳嗽、咳痰、喘息、特应性病史及肺功能特点，分为慢性阻塞性肺病（Chronic Obstructive Pulmonary Disease，COPD）组 124 例、哮喘-慢性阻塞性肺病重叠综合征（Asthma and Chronic Obstructive Pulmonary Disease Overlap Syndrome，ACOS）组 37 例、哮喘组 45 例。在健康查体的人群中抽取 40 例样本作为健康对照组。然后根据研究对象的吸烟情况，将上述人群划分为吸烟者与不吸烟者。比较各组间的 FeNO 值和肺功能指标，同时比较各组内吸烟、不吸烟者的 FeNO 值；并将每组吸烟者的吸烟指数及各组的第一秒用力呼气量（Forced Expiratory Volume in first Second，FEV1）与 FeNO 值进行相关性分析。研究结果表明，COPD 组、ACOS 组吸烟者 FeNO 值均明显低于不吸烟者，哮喘组、对照组吸烟者与不吸烟者 FeNO 值无显著性差异（$P>0.05$）；COPD 组吸烟指数与 FeNO 值呈明显负相关（$R^2 = -0.294$，$P<0.01$），其他组吸烟指数与 FeNO 值则无明显相关关系。吸烟能够使慢性阻塞性肺病及哮喘-慢性阻塞性肺病重叠综合征患者的 FeNO 值降低，因此评估慢性阻塞性肺病吸烟患者的 FeNO 基准值（即截点 $25\mu g/m^3$）应酌情降低。

三、易感性生物标志物

烟气易感性生物标志物研究较少，如前所述，易感因素可以对有害因素引起一系列生物效应过程起修饰作用（放大或缩小），这些因素包括年龄、性别、健康状态以及遗传因素等。吸烟行为受基因如多巴胺受体、单胺氧化酶和细胞色素 2A6 的影响[185]，而细胞色素 2A6 由于参与了烟碱、可替宁和烟草特有亚硝胺的代谢过程，对体液中这些物质的生物标志物有一定的影响[186]。酶的多态性影响多种致癌物的代谢活化过程和解毒过程。许多文献报道了参与烟气有害成分代谢过程的酶的多态性对暴露生物标志物的影响，如：尿样中的 1-羟基芘、肺部苯并[a]芘的 DNA 加合物、1,3-丁二烯和丙烯醛的巯基尿酸类代谢物等[187-190]。此外，酶的多态性对细胞终点、脱氧核糖核酸修复能力等易感性生物标志物也有影响[191,192]。但是单酶多态性对吸烟者和非吸烟者生物标志物浓度的影响较小，多个酶综合起来，它们的多态性可能会对生物标志物的浓度产生较大的改变。

第三节　烟草制品生物标志物的应用前景

烟草制品生物标志物在提高烟气有害成分暴露量评估准确性、分析吸烟引起的潜在的危险如炎症、内皮损伤等及评价低危害卷烟方面都发挥了一定的积极作用，并得到了烟草制品管控机构包括 WHO 和 FDA 的认可。

WHO 研究小组对生物标志物的使用情况，特别是在烟草制品监管方面的使用情况进行了综述，得出结论，在支持烟草制品有害成分暴露降低、考察不同产品依赖性以及在评估特定监管变化对普通人群有害成分暴露的影响时，应开展暴露生物标志物研究[4]。2009 年 6 月美国发布《家庭吸烟预防与烟草控制法案》（FSPTCA），授权 FDA 监管烟草制品。《家庭吸烟预防与烟草控制法案》提出了"MRTP"概念，即以减少商业销售的烟草制品带来的危害或烟草相关疾病风险，可销售、分销供消费者使用的任何烟草制品[193]。该法案还指导 FDA 与美国医学研究院（IOM）协商，制定关于设计和进行 MRTP 科学研究的规则和指南。IOM 在总结以往烟草制品风险评估研究结果的基础上，于 2012 年提出了 MRTP 的风险评估框架，即"MRTP 研究的科学标准"[194]。该科学标准提出了评估产品对个体和群体的健康效应所须开展的研究类型及研究设计方法。其中在讨论减害烟草制品健康效应研究中，内容包括生物标志物研究；此外，2011 年 9 月 FDA 发布了 PMTA 导则[195]，对于新烟草制品或现有烟草制品改良产品的推出，需要向 FDA 提交 PMTA。PMTA 明确提出，在审批上市前，FDA 需要评估该烟草制品对吸烟者和公众健康的影响，制造商必须提供科学数据用以证明该产品对吸烟者和公众健康有利。该导则关于科学研究与分析的内容中，成年人群研究同样涵盖生物标志物的分析。

由此可见，生物标志物的研究和应用在以后相当长时间内都将引起人们的广泛关注。不过同时值得注意的是：烟气一些暴露生物标志物的来源并非只是烟草烟气，部分情况下环境中存在的干扰会影响生物标志物的测定结果，影响判断的准确性，并且根据现有对烟草烟气的认识及其烟气致病机理研究，烟气暴露生物标志物在评价烟气危害性以及预测与烟草有关的损伤或疾病方面还需要进一步的研究。效应生物标志物与疾病的发生、发展密切相关，但受到多种因素的影响，在烟草制品评估方面不具有特异性。将暴露和效应生物标志物结合起来用于评价烟草制品风险评估和管制措施制定将是较长一段时间的发展趋势。

参考文献

[1] Cigarettes—Determination of total and nicotine—free dry particulate matter using a routine analytical smoking machine：ISO 4387：2019 ［S/OL］.

[2] Pauly J L, O'Connor R J, Paszkiewicz M, et al. Cigarette filter—based assays as proxies for toxicant exposure and smoking behavior—A literature review ［J］. Cancer Epidemiology, Biomarkers and Prevention, 2009, 18 (12)：3321-3333.

[3] Jarvis M J, Tunstall—Pedoe H, Feyerabend C, et al. Comparison of tests used to distinguish smokers from nonsmokers ［J］. American Journal of Public Health, 1987, 77 (11)：1435-1438.

[4] World Health Organization The scientific basis of tobacco product regulation：Report of a WHO study group ［R］. Geneva：WHO, 2007.

[5] Walker C H, Hopkin S P, Sibly R M, et al. Principles of Ecotoxicity ［M］. London：Taylor&Francis Ltd, 1996.

[6] Hatsukami D K, Benowitz N L, Rennard S I, et al. Biomarkers to assess the utility of potential reduced exposure tobacco products ［J］. Nicotine & Tobacco Research, 2006, 8：600-622.

[7] Byrd G D, Chang K M, Greene J M, et al. Evidence for urinary excretion of glucuronide conjugates of nicotine, cotinine and trans-3'-hydroxycotinine in smokers ［J］. DrugMetabolism and Disposition, 1992, 20：192-197.

[8] Benowitz N L, Jacob P, Fong I, et al. Nicotine metabolic profile in man：Comparison of cigarette smoking and transdermal nicotine ［J］. Journal of Pharmacology and Experimental Therapeutics, 1994, 26：296-303.

[9] Hecht S S, Carmella S G, Murphy S E. Effects of watercress consumption on urinary metabolites of nicotine in smokers ［J］. Cancer Epidemiology, Biomarkers and Prevention, 1999, 8：907-913.

[10] Benowitz N L, Jacob P Ⅲ. Nicotine and cotinine elimination pharmacokinetics in smokers and nonsmokers ［J］. Clinical Pharmacology and Therapeutics, 1993, 53：316-323.

[11] Shin H S, Kim J G, Shin Y J, et al. Sensitive and simple method for the determination of nicotine and cotinine in human urine, plasma and saliva by gas chromatography-mass spec-

trometry [J]. Journal of Chromatography B, 2002, 769: 177-183.

[12] Henningfield J E, London E D, Benowitz N L. Arterial-venous differences in plasma concentrations of nicotine after cigarette smoking [J]. Journal of the American Medical Association, 1990, 26: 2049-2050.

[13] Vartiainen E, Seppälä T, Lillsunde P, et al. Validation of self reported smoking by serum cotinine measurement in a community-based study [J]. Journal of Epidemiology and Community Health, 2002, 56: 167-170.

[14] Triker A R. Biomarkers derived from nicotine and its metabolites: A review [J]. Beiträge zur Tabakforschung International/Contributions to Tobacco Research, 2006, 22: 147-175.

[15] Perez-Stable E J, Benowitz N L, Marin G. Is serum cotinine a better measure of cigarette smoking than self-report? [J]. Preventive Medicine, 1995, 24: 171-179.

[16] Benowitz N L. Cotinine as a biomarker of environmental tobacco smoke exposure [J]. Epidemiologic Reviews, 1996, 18: 188-204.

[17] Boffetta P, Clark S, Shen M, et al. Serum cotinine level as predictor of lung cancer risk [J]. Cancer Epidemiology, Biomarkers and Prevention, 2006, 15: 1184-1188.

[18] Scherer G. Biomonitoring of inhaled complex mixtures-Ambient air, diesel exhaust and cigarette smoke [J]. Experimental and Toxicologic Pathology, 2005, 57 (1): 75-110.

[19] Benowitz N L. Biomarkers of environmental tobacco smoke exposure [J]. Environmental Health Perspectives, 1999, 107: 349-355.

[20] Hecht SS, Murphy S E, Carmella S G, et al. Effects of reduced cigarette smoking on the uptake of a tobacco-specific lung carcinogen [J]. Journal of the National Cancer Institute, 2004, 96 (2): 107-115.

[21] Benowitz N L, Jacob P, Bernert J T, et al. Carcinogen exposure during short-term switching from regular to "light" cigarettes [J]. Cancer Epidemiology, Biomarkers and Prevention, 2005, 14 (6): 1376-1383.

[22] Bernert J T, Jain R B, Pirkle J L, et al. Urinary tobacco-specific nitrosamines and 4-aminobiphenyl hemoglobin adducts measured in smokers of either regular or light cigarettes [J]. Nicotine & Tobacco Research, 2005, 7 (5): 729-738.

[23] Pan J W, Song Q, Shi HH, et al. Development, validation and transfer of a hydrophilic interaction liquid chromatography/tandem mass spectrometric method for the analysis of the tobacco-specific nitrosamine metabolite NNAL in human plasma at low picogram per milliliter concentrations [J]. Rapid Communications in Mass Spectrometry, 2004, 18 (21): 2549-2557.

[24] Hecht S. S, Carmella S G, Chen M, et al. Quantitation of urinary metabolites of a tobacco-specific lung carcinogen after smoking cessation [J]. Cancer Research, 1999, 59

(3)：590-596.

[25] Meger M, Meger-Kossien I, Riedel K, et al. Biomonitoring of environmental tobacco smoke (ETS) -related exposure to 4- (methylnitrosamino) -1- (3-pyridyl) -1-butanone (NNK) [J]. Biomarkers, 2000, 5 (1)：33-45.

[26] Stepanov I, Hecht S. S. Tobacco-specific nitrosamines and their pyridine-N-glucuronides in the urine of smokers and smokeless tobacco users [J]. Cancer Epidemiology, Biomarkers and Prevention, 2005, 14 (4)：885-891.

[27] Scherer G, Frank S, Riedel K, et al. Biomonitoring of exposure to polycyclic aromatic hydrocarbons of nonoccupationally exposed persons [J]. Cancer Epidemiology, Biomarkers and Prevention, 2000, 9 (4)：373-380.

[28] Joseph A M, Hecht S. S, Murphy S E, et al. Relationships between cigarette consumption and biomarkers of tobacco toxin exposure [J]. Cancer Epidemiology, Biomarkers and Prevention, 2005, 14 (12)：2963-2968.

[29] Lafontaine M, Champmartin C, Simon P, et al. 3-Hydroxybenzo [a] pyrene in the urine of smokers and non-smokers [J]. Toxicology Letters, 2006, 162 (2-3)：181-185.

[30] Neal M S, Zhu J, Foster W G. Quantification of benzo [a] pyrene and other PAHs in the serum and follicular fluid of smokers versus non-smokers [J]. Reproductive Toxicology, 2008, 25 (1)：100-106.

[31] Cohen S I, Perkins N M, Ury H K, et al. Carbon monoxide uptake in cigarette smoking [J]. Archives of Environmental Health, 1971, 22：55-60.

[32] Frederiksen L W, Martin J E. Carbon monoxide and smoking behavior [J]. Addiction, 1979, 4：21-30.

[33] Stevens K R, Munoz L R. Cigarette smoking：Evidence to guide measurement [J]. Research in Nursing & Health, 2004, 27：281-292.

[34] Jarbis M J, Russell M A H. Expired air carbon monoxide：A simple breath test of tobacco smoke intake [J]. British Medical Journal, 1980, 281：484-485.

[35] Pojer R, Whitfield J B, Poulos V, et al. Carboxyhemoglobin, cotinine, and thiocyanate assay compared for distinguishing smokers from non-smokers [J]. Clinical Chemistry, 1984, 30 (8)：1377-1380.

[36] Mascher D G, Mascher H J, Scherer G, et al. High-performance liquid chromatographic-tandem mass spectrometric determination of 3-hydroxypropyl mercapturic acid in human urine [J]. Journal of Chromatography B, 2001, 750 (1)：163-169.

[37] Scherer G, Urban M, Hagedorn H W, et al. Determination of two mercapturic acids related to crotonaldehyde in human urine：Influence of smoking [J]. Human & Experimental Toxicology, 2007, 26 (1)：37-47.

[38] Nath R G, Ocando J E, Guttenplan J B, et al. N$_2$-propanode oxyguanosine adducts: Potential new biomarkers of smoking-induced DNA damage in human oral tissue [J]. Cancer Research, 1998, 58 (4): 581-584.

[39] VanWelie R T, van Dijck R G, Vermeulen N P, et al. Mercapturic acids, protein adducts, and DNA adducts as biomarkers of electrophilic chemicals [J]. Critical Reviews in Toxicology, 1992, 22 (5-6): 271-306.

[40] Sapkota A, Halden R U, Dominici F, et al. Urinary biomarkers of 1, 3-butadiene in environmental settings using liquid chromatography isotope dilution tandem mass spectrometry [J]. Chemico-Biological Interactions, 2006, 160 (1): 70-79.

[41] Urban M, Gilch G, Schepers G, et al. Determination of the major mercapturic acids of 1, 3-butadiene in human and rat urine using liquid chromatography with tandem mass spectrometry [J]. Journal of Chromatography B, 2003, 796 (1): 131-140.

[42] Melikian A A, Prahalad A K, Hoffmann D. Urinary trans, trans-muconic acid as an indicator of exposure to benzene in cigarette smokers [J]. Cancer Epidemiology, Biomarkers and Prevention, 1993, 2 (1): 47-51.

[43] Boogaard P J, vanSittert N J. Suitability of S-phenyl mercapturic acid and trans-trans-muconic acid as biomarkers for exposure to low concentrations of benzene [J]. Environmental Health Perspectives, 1996, 104 (Suppl 6): 1151-1157.

[44] Scherer G, Urban M, Engl J Hagedorn, et al. Influence of smoking charcoal filter tipped cigarettes on various biomarkers of exposure [J]. Inhalation Toxicology, 2006, 18 (10): 821-829.

[45] Grimmer G, Dettbarn G, Seidel A, et al. Detection of carcinogenic aromatic amines in the urine of non-smokers [J]. The Science of the Total Environment, 2000, 247 (1): 81-90.

[46] Riedel K, Scherer G, Engl J, et al. Determination of three carcinogenic aromatic amines in urine of smokers and nonsmokers [J]. Journal of Analytical Toxicology, 2006, 30 (3): 187-195.

[47] Phillips D H. Smoking-related DNA and protein adducts in human tissues [J]. Carcinogenesis, 2002, 23: 1979-2004.

[48] Castelao J E, Yuan J M, Skipper P L, et al. Gender- and smoking-related bladder cancer risk [J]. Journal of the National Cancer Institute, 2001, 93: 538-545.

[49] Hammond S K, Coghlin J, Gann P H, et al. Relationship between environmental tobacco smoke exposure and carcinogen-hemoglobin adduct levels in non-smokers [J]. Journal of the National Cancer Institute, 1993, 85: 474-478.

[50] Talaska G, Schamer M, Sipper P. Detection of carcinogen DNA adducts inexfoliated urothelial cells of cigarette smokers: Association with smoking hemoglobin adducts and uri-

nary mutagenicity [J]. Cancer Epidemiology, Biomarkers and Prevention, 1991, 1: 61–66.

[51] U. S. Department of Health and Human Services. Howtobacco smoke causes disease: The biology and behavioral basis for smoking−attributable disease: A report of the surgeon general [R]. Atlanta GA2010.

[52] Marano K M, Naufal Z S, Kathman S J, et al. Cadmium exposure and tobacco consumption: Biomarkers and risk assessment [J]. Regulatory Toxicology and Pharmacology, 2012, 64: 243–252.

[53] Jones M R, Apelberg B J, Tellez−Plaza M, et al. Menthol cigarettes, race/ethnicity, and biomarkers of tobacco use in U. S. adults: The 1999−2010 National Health and Nutrition Examination Survey (NHANES) [J]. Cancer Epidemiology, Biomarkers and Prevention, 2013, 22: 224–232.

[54] Tellez−Plaza M, Navas−Acien A, Crainiceanu C M, et al. Cadmium exposure and hypertension in the 1999 ~ 2004 national health and nutrition examination survey (NHANES) [J]. Environmental Health Perspectives, 2008, 116: 51–56.

[55] Jarup L, Rogenfelt A, Elinder C G, et al. Biological half−time of cadmium in the blood of workers after cessation of exposure [J]. Scandinavian Journal of Work, Environment & Health, 1983, 9: 327–331.

[56] Amzal B, Julin B, Vahter M, et al. Population toxicokinetic modeling of cadmium for health risk assessment [J]. Environmental Health Perspectives, 2009, 117: 1293–1301.

[57] Tellez−Plaza M, Navas−Acien A, Menke A, et al. Cadmium exposure and all−cause and cardiovascular mortality in the U. S. general population [J]. Environmental Health Perspectives, 2012, 120: 1017–1022.

[58] Tellez−Plaza M, Navas−Acien A, Caldwell K L, et al. Reduction in cadmium exposure in the United States population, 1988 – 2008: The contribution of declining smoking rates [J]. Environmental Health Perspectives, 2012, 120: 204–209.

[59] Tellez−Plaza M, Navas−Acien A, Crainiceanu C M, et al. Cadmium and peripheral arterial disease: Gender differences in the 1999−2004 US national health and nutrition examination survey [J]. American Journal of Epidemiology, 2010, 172: 671–681.

[60] National Research Council. Humanbiomonitoring for environmental chemicals [M]. Washington, DC: The National Academies Press, 2006.

[61] Jain N B, Potula V, Schwartz J, et al. Lead levels and ischemic heart disease in a prospective study of middle−aged and elderly men: The VA normative aging study [J]. Environmental Health Perspectives, 2007, 115: 871–875.

[62] Navas−Acien A, Guallar E, Silbergeld E K, et al. Lead exposure and cardiovascular disease—A systematic review [J]. Environmental Health Perspectives, 2007, 115: 472–

482.

[63] Benowitz N L, Jacob P, Yu L, et al. Reduced tar, nicotine, and carbon monoxide exposure while smoking ultralow, but not low-yield cigarettes [J]. Journal of the American Medical Association, 1986, 256: 241-246.

[64] Kasai H, Nishimura S. Hydroxylation of deoxyguanosine at the C-8 position by ascorbic acid and other reducing agents [J]. Nucleic Acids Research, 1984, 12 (4): 2137-2145.

[65] Di Minno A, Turnu L, Porro B, et al. 8-Hydroxy-2-deoxyguanosine levels and cardiovascular disease: A systematic review and meta-analysis of the literature [J]. Antioxidants & Redox Signaling, 2016, 24 (10): 548-555.

[66] Di Minno A, Turnu L, Porro B, et al. 8-Hydroxy-2-deoxyguanosine levels and heart failure: A systematic review and meta-analysis of the literature [J]. Nutrition, Metabolism and Cardiovascular Diseases, 2017, 27 (3): 201-208.

[67] 唐毅, 李辛平, 唐振勇, 等. 原发性肝癌患者尿8-羟基脱氧鸟苷水平的观察 [J]. 中国实验诊断学, 2013, 17 (10): 1804-1806.

[68] Barbagallo M, Marotta F, Dominguez L J. Oxidative stress in patients with Alzheimer's disease: Effect of extracts of fermented papaya powder [J]. Mediators of Inflammation, 2015: 624801.

[69] Killoran A, Biglan K M. 8-OHdG: Its (limited) potential as a biomarker for Huntington's disease [J]. Biomarkers in Medicine, 2012, 6 (6): 777-780.

[70] Browne S E, Bowling A C, Macgarvey U, et al. Oxidative damage and metabolic dysfunction in Huntington's disease: Selective vulnerability of the basal ganglia [J]. Annals of Neurology, 1997, 41 (5): 646-653.

[71] Hersch S, Gevorkian S, Marder K, et al. Creatine in Huntington disease is safe, tolerable, bioavailable in brain and reduces serum 8OH2′dG [J]. Neurology, 2006, 66 (2): 250-252.

[72] Zuo T, Zhu M, Xu W. Roles of oxidative stress in polycystic ovary syndrome and cancers [J]. Oxidative Medicine and Cellular Longevity, 2016: 8589318.

[73] Toljic M, Egic A, Munjas J, et al. Increased oxidative stress and cytokinesis-block micronucleus cytome assay parameters in pregnant women with gestational diabetes mellitus and gestational arterial hypertension [J]. Reproductive Toxicology, 2017, 71: 55-62.

[74] 邱月, 安莉莎, 曹小芳, 等. 8-羟基脱氧鸟苷高特异性 ELISA 检测方法的建立及其用于妊娠糖尿病的对比研究 [J]. 中国计划生育学杂志, 2019, 27 (7): 851-853, 857.

[75] 吴孟水, 李贞贞, 宁翠利, 等. 8-羟基脱氧鸟苷水平与2型糖尿病肾脏病的相关性及危险因素分析 [J]. 疑难病杂志, 2016, 15 (5): 460-464.

［76］ 王艳华，刘仲，赵红伟，等. 低水平焦炉逸散物对接触人群尿中 8-羟基脱氧鸟苷影响分析［J］. 中国职业医学，2015，42（3）：245-250.

［77］ 谢聪，丁培丽，郭成，等. 超高效液相色谱-串联质谱法测定人尿中 8-羟基脱氧鸟苷的含量——对吸烟与结直肠癌相关性的探讨［J］. 期刊论文，2018，54（1）：44-47.

［78］ 孟紫强，张连珍. 吸烟诱发人血淋巴细胞 DNA 氧化损伤的研究［J］. 癌变. 畸变. 突变，2001，13（3）：186-188.

［79］ 吴凡，李惠杰，杨光宇，等. 高效液相色谱-串联质谱法快速测定吸烟者尿液中 8-羟基脱氧鸟苷和 8-羟基鸟苷［J］. 理化检验（化学分册），2021，57（2）：127-131.

［80］ Chung C-J, Hsu H-T, Chang C-H, et al. Relationships among cigarette smoking, urinary biomarkers, and urothelial carcinoma risk: A case-control study［J］. Environmental Science and Pollution Research, 2020, 27（34）: 43177-43185.

［81］ 张红杰，张慧涛，王武斌，等. 吸烟对焦炉工尿中 8-羟基脱氧鸟苷含量的影响［J］. 中华劳动卫生职业病杂志，2017，35（4）：265-268.

［82］ El-Khawanky M M, Solaiman A M, Abdel-Wahab B A. Oxidative DNA damage and RUNX1-RUNX1T1 translocation induced by cigarette smoking as a potential risk factor for leukemogenesis［J］. The Egyptian Journal of Haematology, 2018, 43（3）: 125.

［83］ Morrow J D, Hill K E, Burk R F, et al. A series of prostaglandin F_2-like compounds are produced in vivo in humans by a non-cyclooxygenase, free radical-catalyzed mechanism［J］. Proceedings of the National Academy of Sciences, 1990, 87（23）: 9383-9387.

［84］ Davi G, Ciabattoni G, Consoli A, et al. In vivo formation of 8-iso-prostaglandin $F_{2\alpha}$ and platelet activation in diabetes mellitus: Effects of improved metabolic control and vitamin E supplementation［J］. Circulation, 1999, 99: 224-229.

［85］ Davì G, Chiarelli F, Santilli F, et al. Enhanced lipid peroxidation and platelet activation in the early phase of type 1 diabetes mellitus: Role of interleukin-6 and disease duration［J］. Circulation, 2003, 107（25）: 3199-3203.

［86］ Keaney Jr J F, Larson M G, Vasan R S, et al. Obesity and systemic oxidative stress: Clinical correlates of oxidative stress in the framingham study［J］. Arteriosclerosis, Thrombosis, and Vascular Biology, 2003, 23（3）: 434-439.

［87］ Shishehbor M H, Zhang R, Medina H, et al. Systemic elevations of free radical oxidation products of arachidonic acid are associated with angiographic evidence of coronary artery disease［J］. Free Radical Biology and Medicine, 2006, 41（11）: 1678-1683.

［88］ Praticò D, Iuliano L, Mauriello A, et al. Localization of distinct F_2-isoprostanes in human atherosclerotic lesions［J］. The Journal of Clinical Investigation, 1997, 100（8）: 2028-2034.

［89］Vassalle C, Botto N, Andreassi M G, et al. Evidence for enhanced 8-isoprostane plasma levels, as index of oxidative stressin vivo, in patients with coronary artery disease ［J］. Coronary Artery Disease, 2003, 14（3）: 213-218.

［90］Samitas K, Chorianopoulos D, Vittorakis S, et al. Exhaled cysteinyl-leukotrienes and 8-isoprostane in patients with asthma and their relation to clinical severity ［J］. Respiratory Medicine, 2009, 103（5）: 750-756.

［91］Pratico D, Lee V M-Y, Trojanowski J Q, et al. Increased F_2-isoprostanes in Alzheimer's disease: Evidence for enhanced lipid peroxidation in vivo ［J］. The FASEB Journal, 1998, 12（15）: 1777-1783.

［92］Montine T, Markesbery W, Morrow J, et al. Cerebrospinal fluid F_2-isoprostane levels are increased in Alzheimer's disease ［J］. Annals of Neurology, 1998, 44（3）: 410-413.

［93］Harman S M, Liang L, Tsitouras P D, et al. Urinary excretion of three nucleic acid oxidation adducts and isoprostane $F_{2\alpha}$ measured by liquid chromatography-mass spectrometry in smokers, ex-smokers, and nonsmokers ［J］. Free Radical Biology and Medicine, 2003, 35（10）: 1301-1309.

［94］Reilly M, Delanty N, Lawson J A, et al. Modulation of oxidant stress in vivo in chronic cigarette smokers ［J］. Circulation, 1996, 94（1）: 19-25.

［95］Lüdicke F, Picavet P, Baker G, et al. Effects of switching to the menthol tobacco heating system 2.2, smoking abstinence, or continued cigarette smoking on clinically relevant risk markers: A randomized, controlled, open-label, multicenter study in sequential confinement and ambulatory settings（Part 2）［J］. Nicotine and Tobacco Research, 2018, 20（2）: 173-182.

［96］刘中生, 费路. 吸烟与8-异构前列腺素 $F_{2\alpha}$ 的相关性研究 ［J］. 中南医学科学杂志, 2011, 39（3）: 312-313, 323.

［97］管维平, 匡培根, 于生元, 等. 吸烟对脑梗死患者尿液中8-异前列腺素 $F_{2\alpha}$ 含量的影响 ［J］. 解放军医学杂志, 2007, 32（10）: 1061-1062.

［98］Rokach J, Kim S, Bellone S, et al. Total synthesis of isoprostanes: Discovery and quantitation in biological systems ［J］. Chemistry and Physics of Lipids, 2004, 128（1-2）: 35-56.

［99］Vashist S K, Venkatesh A, Schneider E M, et al. Bioanalytical advances in assays for C-reactive protein ［J］. Biotechnology Advances, 2016, 34（3）: 272-290.

［100］Danesh J, Wheeler J G, Hirschfield G M, et al. C-reactive protein and other circulating markers of inflammation in the prediction of coronary heart disease ［J］. New England Journal of Medicine, 2004, 350（14）: 1387-1397.

［101］Lowe G D, Pepys M B. C-reactive protein and cardiovascular disease: Weighing the evidence ［J］. Current Atherosclerosis Reports, 2006, 8（5）: 421-428.

[102] Kawada T. Relationships between the smoking status and plasma fibrinogen, white blood cell count and serum C-reactive protein in Japanese workers [J]. Diabetes & Metabolic Syndrome, 2015, 9 (3): 180-182.

[103] Deng Z C, Zhao P, Cao C, et al. C-reactive protein as a prognostic marker in chronic obstructive pulmonary disease [J]. Experimental and Therapeutic Medicine, 2014, 7 (2): 443-446.

[104] Zhang F, Ying L, Jin J, et al. The C-reactive protein/albumin ratio predicts long-term outcomes of patients with operable non-small cell lung cancer [J]. Oncotarget, 2017, 8 (5): 8835-8842.

[105] 唐名拓, 赵仁峰. 高危 HPV 感染的宫颈病变患者 CRP 表达研究 [J]. 海南医学院学报, 2012, 18 (12): 1782-1784.

[106] 刘大林, 南云广, 刘敬西, 等. 乳腺癌患者手术治疗前后血浆 leptin 和血清 CA15-3、IL-8、hs-CRP 检测的临床意义 [J]. 放射免疫学杂志, 2012, 25 (3): 257-258.

[107] 叶永生, 袁远程, 潘清文, 等. 血清 C 反应蛋白检测在胃癌淋巴转移中的临床意义 [J]. 中国医药导报, 2010, 7 (6): 60-61.

[108] Tsilidis K K, Branchini C, Guallar E, et al. C-reactive protein and colorectal cancer risk: A systematic review of prospective studies [J]. International Journal of Cancer, 2008, 123 (5): 1133-1140.

[109] Kim Y, Jeon Y, Lee H, et al. The prostate cancer patient had higher C-reactive protein than BPH patient [J]. Korean Journal of Urology, 2013, 54 (2): 85-88.

[110] 任秀红, 董文川, 刘平平. 晚期非小细胞肺癌患者 CRP 与肿瘤标记物的对比分析 [J]. 华南国防医学杂志, 2005, 19 (5): 16-18.

[111] Zhou B, Liu J, Wang ZM, et al. C-reactive protein, interleukin 6 and lung cancer risk: A meta-analysis [J]. Plos One, 2012, 7 (8): 43075.

[112] Chaturvedi A K, Caporaso N E, Katki H A, et al. C-reactive protein and risk of lung cancer [J]. Journal of Clinical Oncology, 2010, 28 (16): 2719-2726.

[113] Xu M, Zhu M, Du Y, et al. Serum C-reactive protein and risk of lung cancer: A case-control study [J]. Medical Oncology, 2013, 30 (1): 319.

[114] McKeown D, Brown D, Kelly A, et al. The relationship between circulating concentrations of C-reactive protein, inflammatory cytokines and cytokine receptors in patients with non-small-cell lung cancer [J]. British Journal of Cancer, 2004, 91 (12): 1993-1995.

[115] 林艳丽, 盛传奕, 张川, 等. CRP、CYFRA21-1 和 NSE 检测在肺癌患者中的临床应用 [J]. 放射免疫学杂志, 2012, 25 (4): 416-417.

[116] Tonstad S, Cowan J L. C - reactive protein as a predictor of disease in smokers and for-

mer smokers: A review [J]. International Journal of Clinical Practice, 2009, 63 (11): 1634-1641.

[117] Wannamethee S G, Lowe G D, Shaper A G, et al. Associations between cigarette smoking, pipe/cigar smoking, and smoking cessation, and haemostatic and inflammatory markers for cardiovascular disease [J]. European Heart Journal, 2005, 26 (17): 1765-1773.

[118] 陈泓颖, 高光敏, 牛红霞, 等. 吸烟对冠心病患者血清白细胞介素-6、基质金属蛋白酶-9、C反应蛋白的影响 [J]. 中国老年学杂志, 2017, 37 (13): 3213-3215.

[119] Fredriksson M I, Figueredo C M, Gustafsson A, et al. Effect of periodontitis and smoking on blood leukocytes and acute-phase proteins [J]. Journal of Periodontology, 1999, 70 (11): 1355-1360.

[120] Paraskevas S, Huizinga J D, Loos B G. A systematic review and meta-analyses on C-reactive protein in relation to periodontitis [J]. Journal of Clinical Periodontology, 2008, 35 (4): 277-290.

[121] Doi Y, Kiyohara Y, Kubo M, et al. Elevated C-reactive protein is a predictor of the development of diabetes in a general Japanese population: The hisayama study [J]. Diabetes Care, 2005, 28 (10): 2497-2500.

[122] 安银地, 张莉, 张正, 等. 吸烟对牙周基础治疗前后龈沟液中C反应蛋白水平的影响 [J]. 实用口腔医学杂志, 2014, 30 (2): 254-256.

[123] 马军, 彭毅, 樊光辉. 吸烟与男性急性冠状动脉综合征患者高敏C反应蛋白、脂蛋白 (a) 及血脂水平的关系 [J]. 中国心血管杂志, 2017, 22 (5): 337-342.

[124] 汪清, 张瑾. 血清高敏C反应蛋白对吸烟人群食管癌发病的影响研究 [J]. 中国预防医学杂志, 2019, 20 (3): 230-232.

[125] 黄鹤飞, 陈爱民, 刘春霞, 等. 吸烟对高血压患者血小板聚集率和超敏C-反应蛋白的影响 [J]. 心脑血管病防治, 2013, 13 (3): 210-213.

[126] 拱忠影, 杨洋, 汪志云, 等. 吸烟与颈动脉粥样硬化患者血清高敏C反应蛋白水平的相关性研究 [J]. 中华老年心脑血管病杂志, 2018, 20 (2): 133-136.

[127] 陆新虹, 胡欣. 糖尿病吸烟者踝臂指数与C反应蛋白相关性的研究 [J]. 中国社区医师, 2009, 11 (16): 154.

[128] 王刚, 吕章艳, 冯小双, 等. 基线高敏C-反应蛋白与吸烟人群上消化道癌发病风险的前瞻性队列研究 [J]. 中华疾病控制杂志, 2018, 22 (2): 109-112.

[129] 牛艳慧, 郭玉曼, 王亮. 吸烟及非吸烟肺纤维化患者C-反应蛋白的变化 [J]. 河北医药, 2011, 33 (14): 2101-2102.

[130] 马盛余, 帅杰. 吸烟人群血浆C-反应蛋白含量分析 [J]. 四川省卫生管理干部学院学报, 2002, 21 (2): 127.

[131] Danesh J, Collins R, Appleby P, et al. Association of fibrinogen, C-reactive protein,

albumin, or leukocyte count with coronary heart disease: Meta-analyses of prospective studies [J]. The Journal of American Medical Association, 1998, 279 (18): 1477-1482.

[132] Collaboration E R F. C-reactive protein, fibrinogen, and cardiovascular disease prediction [J]. New England Journal of Medicine, 2012, 367 (14): 1310-1320.

[133] Meade T. Fibrinogen inischaemic heart disease [J]. European Heart Journal, 1995, 16: 31-35.

[134] Feng D, D'Agostino R B, Silbershatz H, et al. Hemostatic state and atrial fibrillation (the framingham offspring study) [J]. The American Journal of Cardiology, 2001, 87 (2): 168-171.

[135] Kunutsor S K, Kurl S, Zaccardi F, et al. Baseline and long-term fibrinogen levels and risk of sudden cardiac death: A new prospective study and meta-analysis [J]. Atherosclerosis, 2016, 245: 171-180.

[136] Alessandri C, Basili S, Vieri M, et al. Relationship between blood fibrinogen and plasma lipoproteins in patients with hypercholesterolemia [J]. Minerva Medica, 1994, 85 (6): 287-292.

[137] Hijazi Z, Oldgren J, Siegbahn A, et al. Biomarkers in atrial fibrillation: A clinical review [J]. European Heart Journal, 2013, 34 (20): 1475-1480.

[138] Ang L, Mahmud E. Elevated serum fibrinogen: An independent link between diabetes mellitus, impaired on-clopidogrel platelet inhibition, and major adverse cardiac events after percutaneous coronary intervention [J]. Journal of the American College of Cardiology, 2015, 65 (16): 1713-1714.

[139] DiGiovine G, Verdoia M, Barbieri L, et al. Impact of diabetes on fibrinogen levels and its relationship with platelet reactivity and coronary artery disease: A single-centre study [J]. Diabetes Research and Clinical Practice, 2015, 109 (3): 541-550.

[140] Tsuda Y, Satoh K, Kitadai M, et al. Effects of pravastatin sodium and simvastatin on plasma fibrinogen level and blood rheology in type II hyperlipoproteinemia [J]. Atherosclerosis, 1996, 122 (2): 225-233.

[141] Hosomi N, Nagai Y, Kohriyama T, et al. The Japan Statin Treatment Against Recurrent Stroke (J-STARS): A multicenter, randomized, open-label, parallel-group study [J]. EBioMedicine, 2015, 2 (9): 1071-1078.

[142] Green D, Foiles N, Chan C, et al. Elevated fibrinogen levels and subsequent subclinical atherosclerosis: The CARDIA Study [J]. Atherosclerosis, 2009, 202 (2): 623-631.

[143] Paramo J A, Beloqui O, Roncal C, et al. Validation of plasma fibrinogen as a marker of carotid atherosclerosis in subjects free of clinical cardiovascular disease [J]. Haematologica, 2004, 89 (10): 1226-1231.

［144］De Luca G，Verdoia M，Cassetti E，et al. High fibrinogen level is an independent pre-
dictor of presence and extent of coronary artery disease among Italian population ［J］. Jour-
nal of Thrombosis and Thrombolysis，2011，31（4）：458-463.

［145］Ndrepepa G，Braun S，King L，et al. Relation of fibrinogen level with cardiovascular e-
vents in patients with coronary artery disease ［J］. The American Journal of Cardiology，
2013，111（6）：804-810.

［146］Collaboration F S. Plasma fibrinogen level and the risk of major cardiovascular diseases
and nonvascular mortality：An individual participant meta-analysis ［J］. The Journal of
American Medical Association，2005，294（14）：1799-1809.

［147］栗静，田婷，石正洪，等. 纤维蛋白原、C反应蛋白及同型半胱氨酸与大动脉粥样
硬化型卒中患者颈动脉易损性斑块的相关性分析 ［J］. 解放军医学杂志，2017，42
（1）：41-46.

［148］李云程，应长江，李伟. 2型糖尿病合并血管并发症患者纤维蛋白原水平的变化及
其与血糖波动的相关性研究 ［J］. 中国糖尿病杂志，2018，26（10）：830-834.

［149］付洪海. 吸烟对血浆纤维蛋白原浓度的影响 ［J］. 齐齐哈尔医学院学报，2013，34
（4）：536-538.

［150］夏曙光，杨玉香，张桂新. 吸烟对中老年人群血清D-二聚体和纤维蛋白原及C-反
应蛋白的影响和临床意义 ［J］. 中国慢性病预防与控制，2013，21（2）：224-225.

［151］刘聪辉，戈艳蕾，李丽蕊，等. 慢性阻塞性肺疾病吸烟病人纤维蛋白原Bβ-249C/T
基因多态性 ［J］. 蚌埠医学院学报，2020，45（2）：201-204.

［152］王淑娟，许亚茹，元小冬，等. 唐山市汉族退休男性吸烟与纤维蛋白原临床指标及
其Bβ链基因多态性的相关性 ［J］. 中国慢性病预防与控制，2012，20（2）：153-
157.

［153］杨建峰，郝新生. 吸烟对纤维蛋白原、血脂水平影响的探讨 ［J］. 黑龙江医药科
学，2001，24（6）：27.

［154］刘克泉. 吸烟对血浆纤维蛋白原水平的影响（附444例分析） ［J］. 老年学杂志，
1989，9（1）：32-33，62.

［155］顾国龙. 吸烟者纤维蛋白原亚组分测定的意义 ［J］. 广西医科大学学报，2001，18
（3）：422-423.

［156］方玉荣，徐玉林，刘德平. 吸烟者血浆Ⅷ因子相关抗原和纤维蛋白原水平检测
［J］. 蚌埠医学院学报，1990，15（2）：92-94.

［157］赵水平. 降低低密度脂蛋白胆固醇在冠心病防治中的重要性 ［J］. 中华全科医师杂
志，2005，4（2）：72-74.

［158］王兴波. 不同类型心绞痛患者低密度脂蛋白及氧化型低密度脂蛋白的比较研究
［J］. 中国现代医生，2014，52（11）：24-26.

［159］陈富荣，章怡祎，张娜等. 低密度脂蛋白胆固醇与动脉粥样硬化相关性的研究进展

［J］. 现代中西医结合杂志，2010，19（10）：1294-1297.

［160］秦彦文，王绿娅. 小而密低密度脂蛋白的研究进展［J］. 中国临床药理学与治疗学，2004，9（4）：370-373.

［161］陆丕能，孙宁玲，陆錾等. 吸烟量与冠心病关系的病例对照研究［J］. 中华流行病学杂志，2002，23（4）：297-300.

［162］丁昱. 中国华东农村地区中老年人群吸烟状态与血脂的相关性分析［D］. 合肥：安徽医科大学，2015.

［163］钟毓瑜，马静，陈志锦，等. 吸烟与中年男性血脂及氧化低密度脂蛋白的关系［J］. 广东医学，2005，26（9）：1268-1270.

［164］Austin M A, King M C, Vranizan K M, et al. Atherogenic lipoprotein phenotype. A proposed genetic marker for coronary heart disease risk［J］. Circulation, 1990, 82 (2)：495-506.

［165］Kocyigit A E O, Gur S. Effects of tobacco smoking on plasma selenium, zinc, copper and iron concentrations and related antioxidative enzyme activities［J］. Clinical Biochemistry, 2001, 34 (8)：629-633.

［166］Kloudova A, Guengerich F P, Soucek P. The role of oxysterols in human cancer［J］. Trends in Endocrinology & Metabolism, 2017, 28 (7)：485-496.

［167］楚师成，高学军，薛宝函，等. 氧甾醇在肺部疾病中的作用及研究进展［J］. 临床肺科杂志，2020，25（8）：1273-1276.

［168］Salonen J T, Nyyssönen K, Salonen R, et al. Lipoprotein oxidation and progression of carotid atherosclerosis［J］. Circulation, 1997, 95 (4)：840.

［169］汪铁兵. 3β, 5α, 6β-三羟胆固醇对小鼠肝线粒体的氧化损伤及相关机理研究［D］. 武汉：华中科技大学，2006.

［170］Carpenter K L H, Taylor S E, van der Veen C, et al. Lipids andoxidised lipids in human atherosclerotic lesions at different stages of development［J］. Biochimica et Biophysica Acta（BBA）-Lipids and Lipid Metabolism, 1995, 1256 (2)：141-150.

［171］Ziedén B, Kaminskas A, Kristenson M, et al. Increased plasma 7β-hydroxycholesterol concentrations in a population with a high risk for cardiovascular disease［J］. Arteriosclerosis, Thrombosis, and Vascular Biology, 1999, 19 (4)：967-971.

［172］杨大春. 氧化甾醇与动脉粥样硬化研究进展［J］. 国外医学：生理病理科学与临床分册，2002，22（2）：188-190.

［173］Yasunobu Y, Hayashi K, Shingu T, et al. Coronary atherosclerosis and oxidative stress as reflected by autoantibodies against oxidized low-density lipoprotein and oxysterols［J］. Atherosclerosis, 2001, 155 (2)：445-453.

［174］Cardenia V, Vivarelli F, Cirillo S, et al. The effect of electronic-cigarettes aerosol on rat brain lipid profile［J］. Biochimie, 2018, 153：99-108.

［175］吴冠会. 基于叶酸、维生素 B_{12} 水平差异的同型半胱氨酸与脑梗死关系变异研究［D］. 苏州：苏州大学，2017.

［176］韩琳，熊海，万洋，等. 脑卒中高危人群同型半胱氨酸水平及影响因素分析［J］. 成都医学院学报，2015，10（1）：53-55.

［177］Singh D. Effect of cigarette smoking on serum homocysteine and vitamin B_{12} level in male population of Udaipur［J］. Biochemistry & Analytical Biochemistry，2016，5（2）：4-6.

［178］Sobczak A，Szołtysek-Bołdys I，Grela W，et al. The influence of tobacco smoke on homocysteine level in plasma of healthy males［J］. Przeglad Lekarski，2007，64（10）：679-684.

［179］Dinh-Xuan A T，Annesi-Maesano I，Berger P，et al. Contribution of exhaled nitric oxide measurement in airway inflammation assessment in asthma. A position paper from the French Speaking Respiratory Society［J］. Revue des Maladies Respiratoires，2015，32（2）：193-215.

［180］Pijnenburg M，Jongste J. Exhaled nitric oxide in childhood asthma：A review［J］. Clinical & Experimental Allergy，2008，38（2）：246-259.

［181］Friebe A，Koesling D. Regulation of nitric oxide-sensitive guanylyl cyclase［J］. Circulation Research，2003，93（2）：96-105.

［182］Silkoff P E，Hunt J F. ATS workshop proceedings：Exhaled nitric oxide and nitric oxide oxidative metabolism in exhaled breath condensate：Executive summary［J］. American Journal of Respiratory and Critical Care Medicine，2006，173（7）：811.

［183］Malerba M，Radaeli A，Olivini A，et al. Exhaled nitric oxide as a biomarker in COPD and related comorbidities［J］. BioMed Research International，2014，2014（2014）：271918.

［184］平淼文. 吸烟对慢性气道炎症指标 FeNO 表达的影响［D］. 天津：天津医科大学，2016.

［185］Ito H，Hamajima N，Matsuo K，et al. Monoamine oxidase polymorphisms and smoking behavior in Japanese［J］. Pharmacogenetics，2003，13：73-79.

［186］Carter B，Long T，Cliciripini P. A meta-analytic review of the CYP2A6 genotype and smoking behavior［J］. Nicotine & Tobacco Research，2004，6：221-227.

［187］Sorensen M，Skov H，Autrup H，et al. Urban benzene exposure and oxidative DNA damage：influence of genetic polymorphisms in metabolism genes［J］. The Science of the Total Environment，2003，309：69-80.

［188］Lee K H，Cho S H，Hong Y C，et al. Urinary PAH metabolites influenced by genetic polymorphisms of GSTM1 in male hospital incinerator workers［J］. Journal of Occupational Health，2003，45：168-171.

［189］Norppa H. Genetic susceptibility，biomarker response and cancer［J］. Mutation Research, 2003, 544: 339-348.

[190] Scherer G, Krause G, Mascher D, et al. Biological monitoring of the tobacco smoke-related exposure to acrolein [C]. Proceedings of the American Association for Cancer research earch. 91st Annual meeting, April 1-5, 2000.

[191] Norppa H. Cytogenetic biomarkers and genetic polymorphisms [J]. Toxicology Letters, 2004, 149: 309-334.

[192] Neumann A S, Sturgis E M, Wei Q. Nucleotide excision repair as a marker for susceptibility to tobacco-related cancers: A review of molecular epidemiological studies [J]. Molecular Carcinogenesis, 2005, 42: 65-92.

[193] US Congress. Family smoking prevention and tobacco control act (FSPTCA) [Z]. Public Law No. 807: 111-31 (June 22nd, 2009) [2020-05-11].

[194] US IOM. Scientific standards for studies on modified risk tobacco products [M]. Washington, DC: The National Academies Press, 2012.

[195] US FDA. Draft guidance for industry: Applications for premarket review of new tobacco products [EB/OL]. (2011-09) [2020-05-11]. https://www. fda. gov/media/81821/download.

第二章
烟草制品暴露生物标志物分析技术

暴露生物标志物是反映生物体中外源性化学物质及其代谢物浓度的指标，也是外源性化学物质与特定靶细胞、靶分子或其代替物作用产物浓度的指标。目前，烟碱、烟草特有亚硝胺、多环芳烃类、芳香胺类化合物的代谢物及巯基尿酸类代谢物被认为是最有代表性的烟气生物标志物，可以较为准确地反映烟气的暴露情况，因此国内外重点关注这五类生物标志物。本章主要对文献中报道的这些生物标志物的分析方法进行综述。

第一节　烟碱生物标志物分析技术

烟碱是烟草中的主要生物碱，卷烟抽吸时，烟草中的烟碱约有40%直接转移到卷烟主流烟气和侧流烟气中[1]。人体吸入烟气后，烟碱经口腔、喉部、气管以及肺泡的细胞壁进入血液循环系统，再经肝脏代谢，形成多种代谢产物[2]。烟碱在体内可代谢成多种物质，主要代谢产物有可替宁、反-3′-羟基可替宁、可替宁氮氧化物、可替宁糖苷、烟碱氮氧化物、降烟碱、烟碱糖苷等。另外，尿液中还含有其他几种烟碱的代谢产物，但它们的含量不足烟碱在尿液中代谢总量的10%[3]。烟碱在体内的半衰期较短，通常为2.3h（1.2~2.8h）；而可替宁和反-3′-羟基可替宁的半衰期则分别可达17.5h（8.1~29.3h）和6.6h（4.6~8.3h），烟碱糖苷、可替宁糖苷和反-3′-羟基可替宁糖苷的平均半衰期分别为9.1h、21.5h和23.0h[4-6]。烟碱及其代谢物作为衡量烟草对人体健康的影响程度，区别吸烟者、被动吸烟者及非吸烟者的生物标志物，已受到生物医学、环境科学、烟草与健康研究的广泛重视。

烟碱及其主要暴露生物标志物常用的分析方法包括比色法（Colorimetric assays）、免疫分析法（Immunoassays）、气相色谱法（Gas Chromatography，GC）和高效液相色谱法（High-Performance Iiquid Chromatography，HPLC）。常见的生物介质包括血清/血浆、唾液或尿液。传统上，尿液是首选基质，因为可替宁在尿液中的浓度远高于血清/血浆。但随着高灵敏度仪器（如质谱仪，Mass Spectrometry，MS）的推广，唾液和血浆/血清中烟碱生物标志物分析方法也逐步发展。由于唾液更易于收集和观察，且唾液与血浆中可替宁浓度的相关性良好（$R^2 > 0.99$），研究人员经常首选唾液作为样本。但唾液、血浆或尿液中可替宁的半衰期较短，只能反映最近烟草暴露情况，评估长期暴露烟草基质则选择头发、脚指甲、胎粪等。

一、烟碱生物标志物分析前处理技术

（一）水解

烟碱主要通过 P450 酶系统代谢为 6 种主要代谢物：可替宁、反-3′-羟基可替宁、降可替宁、降烟碱、可替宁氮氧化物和烟碱氮氧化物（图 2-1）。烟碱、可替宁和反-3′-羟基可替宁可形成大量结合物（主要是葡萄糖醛酸苷），并通过尿液排出体外。个体"游离态"（非结合态）和"总形态"（游离态和结合态之和）的烟碱代谢物分析可提供代谢信息，如葡萄糖醛酸化的个体或种族差异等。在分析烟碱代谢物总形态时，可使用 β-葡糖醛酸糖苷酶酶解或碱水解，使结合态代谢物转化为游离态，再分析其总量。游离态代谢物的分析，则不需要酶解或水解。

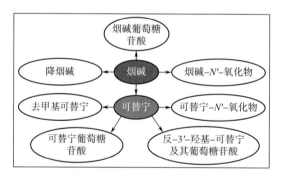

图 2-1　烟碱的六种主要代谢物

2008 年，Gray 等[7] 建立了同时定量胎粪中烟碱、可替宁、反-3′-羟基可替宁、去甲基烟碱和去甲基可替宁的 HPLC-MS/MS 方法。样品前处理过程包括均质、酶水解和固相萃取。分析方法的线性范围为 1.25/（5）~500ng/g，该方法适用于对子宫内烟草暴露进行评估。Kannan 等[8] 建立了尿液中烟碱和其 15 种代谢物的同位素稀释 HPLC-MS/MS 法，采用 β-葡糖醛酸糖苷酶对样品进行水解，可用于尿液中游离态、结合态代谢物及总量分析。McGuffey

等[9] 建立了吸烟者尿液中的烟碱、6 种烟碱代谢物和 2 种微量烟草生物碱的同位素稀释 HPLC-MS/MS 法，使用丙酮预沉淀可能干扰分析的基质成分（内源性蛋白质、盐、磷脂和外源性酶），方法回收率为 76%～99%，RSD 为 2%～9%，分析时间仅为 13.5min。Rabuñal 等[10] 用碱水解尿液，利用 LC-MS/MS 分析了胎粪中烟碱、可替宁、3-羟基可替宁的含量，研究了子宫内烟草暴露对胎儿的影响。实验时，通过超声波将胎粪 [（0.25±0.02）g] 与甲醇均质 30min，60℃下用 3mol/L 氢氧化钾（KOH）水解 30min。采用碱水解法时，温度比酶水解法高，但时间较短。实验发现：若胎粪结果阳性，则婴儿低出生体重的可能性增大；胎粪分析是比母亲访谈更可靠的产前烟草暴露评估方法。

（二）衍生

在利用气相色谱法对烟碱生物标志物进行分析时，通常需要将样品进行硅烷化衍生。硅烷化试剂能置换羟基、氨基等官能团上的活性氢，形成烷基硅烷基产物，化合物极性降低，形成的硅烷化衍生物更容易挥发，可实现更有效的分离，目标物热稳定性也得以加强。常用的硅烷化试剂包括 N,O-双（三甲基硅烷基）三氟乙酰胺 [N,O-Bis（trimethylsilyl）trifluoroacetamide，BSTFA]、三甲基氯硅烷 [Chlorotrimethylsilane，TMCS]、N-甲基-N-（三甲基硅烷）三氟乙酰胺 [N-methyl-N-（trimethylsilyl）trifluoroacetamide，MSTFA]。

1999 年，Ji 等[11] 采用 GC-MS 分析了受试者尿液中可替宁和 3′-羟基可替宁的含量。样品采用 β-葡糖醛酸糖苷酶水解，有机溶剂萃取，BSTFA 衍生。3′-羟基可替宁和可替宁的定量限分别为 50μg/L 和 20μg/L，日间精密度（RSD）分别小于 11% 和 10%。研究结果显示，3′-羟基可替宁是烟碱的主要代谢产物，稳定状态下占烟碱总摄入量的 20%，而烟碱和可替宁分别占 8% 和 17%。Kim[12] 采用 BSTFA+1%TMCS 衍生，GC-MS 法分析了烟碱、可替宁、去甲基可替宁、3′-羟基可替宁，回收率为 67%～115%，日内精密度为 1.6%～5.7%，日间精密度为 4.3%～10.2%。Fonseca[13] 等以 MSTFA+5% TMCS 为衍生化试剂，气相色谱-串接质谱（GC-MS/MS）为检测手段对烟碱生物标志物进行了分析，回收率在 89%～92%，样品用量仅为 0.2mL。Dayanne 等[14] 建立了胎粪中烟碱、可卡因及其代谢物快速分析的 GC-MS 方法，采用 MSTFA 为衍生试剂，方法定量限为 10～20ng/g，回收率为 92%～106%，日内、日间精密度分别为 4%～12% 和 6%～12%。

（三）常规液液萃取（Liquid Liquid Extraction，LLE）

液液萃取是一种经典、常用的净化方式，利用待测物在有机相和水相之间分配比的差异进行多次分配，从而达到分离和纯化的目的。

Toraño 等[15] 用二氯甲烷（Dichloromethane，DCM）对受试者尿液、唾液、头发中的烟碱、可替宁、硫氰酸盐进行提取，结合 GC-MS 对样品进行分析。头发样本量为 20mg，尿液或唾液量为 800μL，二氯甲烷萃取液用量为 100μL。Man 等[16] 采用氯仿对尿样中烟碱和可替宁进行萃取，样品离心、干燥后，采用 GC-MS 分析，检测限达 0.2ng/mL，回收率为 93% 和 100.4%，该方法可用于主动吸烟和环境烟草烟雾暴露的常规评估和监测。Pérez-Ortuño 等[17] 用二氯甲烷对受试者尿液、唾液、头发中的烟碱、可替宁进行萃取，并结合超高效液相色谱串联质谱（Ultra High Performance Liquid Chromatography Tandem Mass Spectrometry，UPLC-MS/MS）进行分析。尿液、唾液样本经二氯甲烷涡旋萃取离心后直接进样分析；头发样品则需先经过二氯甲烷超声清洗以除去表面沉积物，80℃下水解 30min 后再用二氯甲烷萃取离心，然后进样分析。Papaseit 等[18] 采用氯仿/异丙醇的混合溶液对吸烟者及电子烟使用者唾液和血浆中的烟碱、可替宁和反-3'-羟基可替宁进行提取，结合 HPLC-MS/MS 对样品进行分析。吸烟者及电子烟使用者唾液中烟碱含量分别为 1~1396μg/L 及 0.3~860μg/L，可替宁含量分别为 52.8~110μg/L 及 33.8~947.7μg/L，反-3'-羟基可替宁含量分别为 12.4~23.5μg/L 及 8.5~24.4μg/L。

（四）单滴微萃取（Single-Drop Microextraction，SDME）

除耗时、烦琐和低灵敏度外，液液萃取通常需要使用大量有毒有机溶剂。单滴微萃取是一种简单、高效、低成本、溶剂用量小、样品净化能力强的样品萃取方法。方法原理是基于一滴有机溶剂悬浮于微探针末端，并对水溶液中目标物进行萃取。通过被动扩散提取的含有分析物的液滴直接注入 GC、HPLC 或毛细管电泳（Capillary Electrophoresis，CE）系统。与传统液液萃取相比，溶剂消耗减少 99%，且在仪器分析前无需蒸发溶剂和复溶分析物。单滴微萃取的不同模式已用于各种分析，如直接浸入单滴微萃取（Direct Immersion Single-Drop Microextraction，DI-SDME）和顶空单滴微萃取（Headspace Single-Drop Microextraction，HS-SDME）（图 2-2）。大多数情况下，单滴微萃取涉及两相萃取系统，其中分析物从水样中萃取至有机相。也可以进行三相萃取，其中分析物从水样中萃取至有机相，然后"反萃取"至单独的水相。

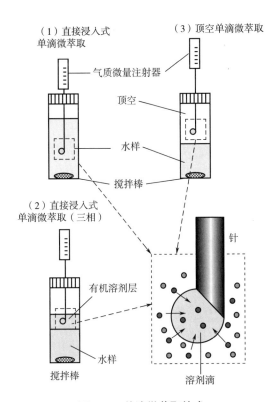

图 2-2　单滴微萃取技术

2010 年，Kardani 等[19] 利用单滴微萃取技术，结合气相色谱-氢火焰离子化检测（Gas Chromatography Hydrogen Flame Ionization，GC-FID），分析了尿液和唾液中烟碱、新烟碱和可替宁。通过比较氯仿、三氯乙烯、二氯甲烷、乙酸丁酯、苯和甲苯的萃取效率，确定氯仿为萃取溶剂，萃取碱性溶液稀释后样本中的目标物。方法检出限为 0.33~0.45mg/L，平均相对回收率为 71.2%~111.0%，RSD 为 2.3%~10.0%。

（五）分散液液微萃取（Dispersive Liquid-Liquid Microextraction，DLLME）

分散液液微萃取是一种基于液液萃取的快速、方便、有机溶剂消耗较小的绿色萃取方式。一般用注射器将合适的萃取剂和分散剂混合物快速注入水相，使样品在分散剂的作用下与极小体积的萃取剂液滴接触，形成乳浊液，经离心或破乳后将溶质从水相转移到萃取剂中，从而实现样品成分富集。根据萃取剂的性质，分散液液微萃取可分为常规分散液液微萃取（normal DLLME，n-DLLME）、离子液体分散液液微萃取（ionic liquid DLLME，IL-

DLLME）、低密度溶剂分散液液微萃取（low-density solvent DLLME，LDS-DLLME）和悬浮固化分散液液微萃取（DLLME based on solidification of floating organic droplet，DLLME-SFOD）。根据辅助分散方法，分散液液微萃取还可分为超声辅助分散液液微萃取（ultrasound-assisted DLLME，UA-DLLME）、空气辅助分散液液微萃取（air-assisted DLLME，AA-DLLME），以及涡旋辅助分散液液微萃取（vortes assisted DLLME，VA-DLLME）等。分散液液微萃取的分类如图 2-3 所示。2014 年，Wang 等[20] 以悬浮固化分散液液微萃取为前处理法方法，采用高效液相色谱和紫外检测（High Pressure Liquid Chromatography-Ultraviolet Detector，HPLC-UVD），建立了尿液中烟碱和可替宁的测定方法，使用十一烯醇和氯仿的二元混合溶液作为提取溶剂，显著提高了可替宁提取效率，两种分析物检测限为 0.002mg/mL，回收率为 78.0%～105.0% 和 72.0%～86.7%，相对标准偏差（Relative Standard Deviation，RSD）分别为 6.02%～7.28% 和 2.94%～8.43%。2017 年，Wang 等[21] 采用溶剂破乳-分散液液微萃取结合亲水作用色谱-串联质谱法测定人尿中烟碱和可替宁。实验中

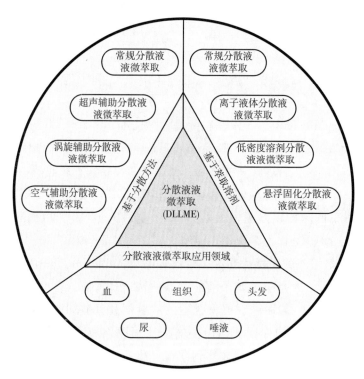

图 2-3　分散液液微萃取的分类及在生物样品中的应用

以 100mL 三氯甲烷为萃取溶剂，1000mL 甲醇为分散溶剂进行微萃取，选择 800mL 丙酮作为破乳溶剂，以便于样品溶液和萃取剂之间的相分离。烟碱和可替宁的方法检出限分别为 0.0025μg/L 和 0.0020μg/L。

（六）固相萃取（Solid Phase Extraction，SPE）

固相萃取是由柱液相色谱和液固萃取技术相结合发展而来的，是一个柱色谱分离的过程，适用于复杂基质的样品前处理。图 2-4 为固相萃取的操作步骤。当复杂的样品溶液通过吸附剂时，吸附剂会通过极性相互作用、疏水相互作用、离子交换等选择性地保留目标化合物和少量与目标化合物性质相近的干扰物，其他组分则透过吸附剂流出柱，通过使用另一种洗脱能力较强的溶剂体系选择性地把目标物洗脱下来，从而实现对复杂样品的分离、纯化和富集。

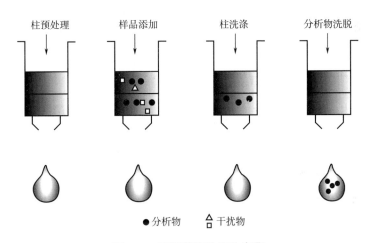

图 2-4　固相萃取的操作步骤

（七）常规固相萃取

在烟碱生物标志物的分析中，常用的固相萃取柱有美国联合技术总公司（UTC）生产的 DAU 柱，沃特世公司生产的 MCX 柱及 HLB 小柱。

UCT 公司生产的 CLEAN SCREEN® 系列固相萃取产品，性能可靠，重复性好，应用广泛。CLEAN SCREEN® DAU 是一种共聚吸附剂，以硅胶为基质，表面聚合有独特的疏水和离子交换官能团，混合模式特性为提取酸、碱和中性化合物提供了较大选择空间，被广泛应用于唾液、血液及其他生物基质中烟碱生物标志物的分析。Gray 等[7] 采用 DAU 小柱对胎粪样品进行净化处理，结合 HPLC-MS/MS 对烟碱生物标志物进行了分析。Shakleya 等[22] 采用 DAU 小柱，结合 HPLC-MS/MS 对唾液样品中烟碱、可替宁、反-3′-羟基可替宁及降可替宁进行分析。方法回收率大于 91%，基质效应小于 29%，适合于区分主动、被动吸烟者及评价环境烟气烟碱暴露情况。Shakleya 等[23] 采用类似的处理条件，对血浆中烟碱暴露标志物进行了分析，所有分析物的平均日内、日间分析回收率为 101.9%~116.8%，日内、日间 RSD 小于 11%，适用于区分主动、被动吸烟者和环境烟气暴露评估。

MCX 是反相和强阳离子交换复合模式 "水可浸润型" 聚合物吸附剂，具有阳离子交换和反相两种吸附模式，且具有良好的水可浸润性。其基质洁净，在 pH 为 0~14 范围内无机溶剂和有机溶剂中均稳定，比表面积高，交换容量大，对碱性化合物具有高度选择性和灵敏度。HLB 吸附剂保留机理为反相，通过一个 "特殊的极性捕获基团" 增加对极性物质的保留，可提供较好的水浸润性，适用范围广，是酸性、中性和碱性化合物的通用吸附剂，吸附容量高，具有高而稳定的回收率重现性和良好的稳定性。这两种固相萃取小柱均适用于各种基质中烟碱生物标志物的分析。Miller 等[24] 将 HLB 和 MCX 联合应用于血浆、尿液的净化，采用 HPLC-MS/MS 分析了三种基质中的烟碱及其八种代谢物。Da Fonseca 等[25] 采用 MCX 柱对唾液进行净化，结合 GC-MS/MS 分析烟碱生物标志物。

（八）固相微萃取（Solid-Phase Microextraction，SPME）

尽管液液萃取和固相萃取应用广泛，但在复杂基质下开展体内分析、分析代谢物结合和游离态时仍存在局限性。样品制备的主要目的是消除基质中的干扰化合物，理想情况下，固相微萃取具备样品制备简单、快速、选择性好、溶剂消耗少、价格低廉、易于自动化、适合小型化的特点，发展迅速。

2010 年，Lafay 等[26] 基于填充吸附剂微萃取技术（Microextraction in Packed Sorbent）建立了一种简便、快速、灵敏、不消耗溶剂的尿中可替宁测定方法。实验使用 SGE Analytical Science 公司提供的 250μL 注射器进行微萃取吸附剂填充，考察了平均粒径为 45μm，孔径为 60Å 不同吸附剂（C_2、C_8、C_{18}、二氧化硅等）的萃取效果，选择 C_8 为微萃取吸附剂，乙腈为洗脱溶剂对尿样进行前处理，方法检出限为 0.8ng/mL，适于吸烟者及烟气暴露非吸烟者尿液中的可替宁分析。2014 年，Bordin 等[14] 应用商品化的装有吸附净化剂的一次性吸管 [Disposable Pipette Extraction（DPX）Tips，美国 Gerstel 公司]，建立了胎粪分析烟碱、可卡因及其代谢物的快速检测方法。样品前处理过程如图 2-5 所示。0.3g 胎粪样品用 2mL 甲醇提取，取上清液进行富集净化处理。净化过程包含：（1）乙腈溶液活化萃取吸管；（2）吸入样品，使吸附剂中的磺化聚合物与分析物充分接触；（3）去离子水洗脱杂质；（4）二氯甲烷/异丙醇/氨水（体积比为 78∶20∶2）混合溶剂洗脱分析物。方法检测限为 2.5~15ng/g，定量限为 10~20ng/g，回收率为 92%~106%，日内和日间 RSD 分别为 4%~12% 和 6%~12%。

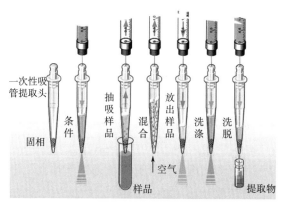

图 2-5　DPX 提取的示意图

（九）纤维固相微萃取（Fiber SPME）

纤维固相微萃取是将吸附剂材料或化合物官能团负载在金属丝、金属针或纤维的尖端，在样品采集前采用合适溶剂对探针尖端的吸附材料进行活化，去除表面吸附杂质，然后吸附复杂样品中的目标化合物，再采用适当溶剂将探针吸附层表面的样品基质或干扰物洗去，最后将探针吸附层放入含有喷雾溶剂的毛细管中进行原位解吸、电离以及质谱分析。纤维固相微萃取的取样方式（图 2-6）有两种：（1）顶空固相微萃取（HS-SPME）；（2）直接浸入式固相微萃取（DI-SPME）。顶

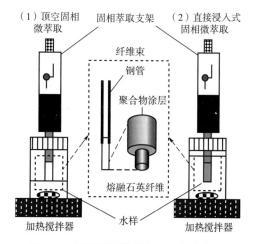

图 2-6　纤维固相微萃取的两种方式

空固相微萃取用于从气体、液体或固体样品上方的气相中提取挥发性和半挥发性分析物。除了能有效分离非挥发性干扰基体成分和富集目标物外，该方法最大的优点是基体成分对纤维的损伤非常小。直接浸入式固相微萃取用于提取非挥发性分析物或挥发性极低的分析物，纤维直接浸入液体样品中。由于样品与纤维直接接触，必须避免强酸或强碱条件。

Brčić Karačonji 等[27] 优化了头发中烟碱分析的 HS-SPME-GC-MS 方法。在 80℃ 下，使用聚丙烯酸酯纤维在顶空取样模式下进行萃取，然后将固相微萃取纤维缩回支架注射器的针头中，并插入 GC/MS 的进样口，在 280℃ 下解吸。方法检出限为 0.02ng/mg，RSD 小于 10%，回收率为 95%。Abdolhosseini 等[28] 利用一种涂有纳米结构聚吡咯的大面积多孔耐铂不锈钢纤维对生物样本进行顶空固相微萃取，结合 GC-FID，对生物样本中的烟碱进行了分析，方法检测限为 20ng/mL，RSD（n=6）为 7.6%；Yuan 等[29] 将固相萃取纤维应用于呼出烟气气溶胶的分析中，将插有固相微萃取纤维的面罩覆盖鼻和嘴进行活体取样，然后将纤维与实时质谱（Direct Analysis in Real-Time Mass Spectrometry，DART-MS）耦合，可直接分析环境条件下呼出气体的分子组成。

（十）管内固相微萃取（In-tube-SPME）

管内固相微萃取（图 2-7）将开放式毛细管作为固相微萃取装置，可在线与 HPLC 或 HPLC-MS/MS 联用，使用自动进样器连续进行萃取、解吸和进样。自动化样品处理程序不仅缩短了总分析时间，且比手动技术更精确。进行管内固相微萃取时，液体样中的有机化合物直接从样品萃取到管内涂层固定相，通过引入流动相流或使用静态解吸溶剂解吸这些化合物，并进行液相色谱分析。为防止毛细管柱和流路堵塞，通常对样品进行过滤处理。萃取到毛细管柱固定相的分析物的量取决于毛细管涂层的极性、抽吸/喷射循环的次数和体积以及样品的 pH。

Kataoka 等[30] 采用管内固相微萃取结合 HPLC-MS/MS，分析了人体尿液、唾液中烟碱、可替宁和相关生物碱的含量。最佳条件为 25 次抽吸/喷射循环，每

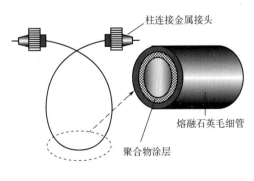

柱连接金属接头

熔融石英毛细管

聚合物涂层

图 2-7 管内固相微萃取示意图

次抽吸样品 40μL，使用安捷伦公司（Agilent）分析挥发性胺柱（PoraPLOT Amines）作为萃取装置，使用菲罗门公司（Phenomenex）极性苯基柱（Polar-RP）作为分析柱，5mmol/L 甲酸铵/甲醇（体积比为 55∶45）作为流动相，以 0.8mL/min 的流速，在 7min 内通过 HPLC 分离了烟碱、可替宁和相关生物碱。方法检出限（S/N=3）为 15~40pg/mL，日内和日间 RSD 分别小于 4.7% 和 11.3%，尿液、唾液加标回收率均大于 83%。Inukai 等[31] 为了评估主动和被动接触烟草烟雾的情况，开发了简单、灵敏的 In-tube-SPME 与 HPLC-MS/MS 相结合，以测定头发中烟碱和可替宁的方法。最佳 In-tube-SPME 条件为：使用 Carboxen1006 毛细管柱作为萃取装置，以 200μL/min 的流速，对 40μL 样品进行 25 次抽吸/喷射循环。使用 Polar-RP 柱为分析柱，在 5min 内分离烟碱和可替宁，并通过多反应监测正离子模式进行检测。烟碱和可替宁检测限分别为 0.45pg/mL 和 0.13pg/mL，日内和日间 RSD 分别小于 3.4% 和 6.0%，该方法成功地分析了 1mg 头发中 pg 水平含量的烟碱和可替宁，并获得了良好的回收率。2021 年，Kataoka 等[32] 采用相似的方法分析了 110 名非吸烟者头发中烟碱和可替宁的含量，研究结果表明，头发中的烟碱和可替宁是评估被动吸烟对环境烟草烟雾长期暴露影响的有用生物标志物，被动吸烟的环境和场所以及生活方式等对健康影响很重要。

（十一）搅拌棒吸附萃取（Stir-Bar Sorptive Extraction）

搅拌棒吸附萃取（图 2-8）克服了纤维固相微萃取容量有限的缺点。该技术使用涂有吸附层的磁搅拌棒，其图层厚度是纤维固相微萃取图层的 50~250 倍。

Ahmad 等[33] 建立了简单、有效、高通量的搅拌棒吸附微萃取尿样中烟碱和可替宁分析的气相色谱-质谱方法。烟碱和可替宁的平均回收率分别为 61.7%~67.5% 和 53.9%~57.8%。86 名具有不同吸烟习惯的志愿者的尿液中烟碱和可替宁的含量范围为 23.6~2612.6μg/L。

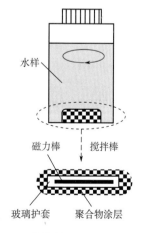

图 2-8 搅拌棒固相微萃取示意图

（十二）磁固相萃取（Magnetic Solid Phase Extraction）

磁固相萃取提供了快速简便的样品制备过程，在最近二十年中受到了相当大的关注，具有巨大的应用潜力。磁固相萃取用磁性吸附剂（通常通过用有机单体封装无机磁粉制备）提取目标分析物，磁性吸附剂不需要像传统固相萃取中那样装入小柱中，可以通过外部磁场方便地实现相分离，从而使样品制备过程得以简化。

Xu 等[34] 研究了采用磁性强阳离子交换（Magnetic Strong Cation Exchange，MSCX）树脂作为吸附剂，快速、选择性地从人血浆中提取烟碱的方法。以疏水性四氧化三铁（Fe_3O_4）为磁敏感组分，苯乙烯和丙烯酸为聚合物基体组分，乙酰磺酸盐为磺化剂，制备了磁性强阳离子交换树脂（图 2-9）。通过在旋涡中搅拌稀释血浆样品和磁性强阳离子交换树脂的混合物 5min，一步完成提取程序，通过施加适当的磁场将吸附烟碱的树脂从样品基质中分离出来。对影响烟碱提取的主要因素如磁性强阳离子交换树脂用量、提取溶剂 pH、提取时间、洗涤和洗脱条件等进行了优化。最后采用液相色谱-串联质谱法测定从树脂中洗脱的烟碱。检测限和定量限分别为 2.9ng/mL 和 9.7ng/mL。日内和日间的 RSD 分别为 1.9%～6.9% 和 2.5%～7.8%，回收率为 78.7%～99.1%。该方法已成功应用于 10 名男性吸烟者血浆中烟碱的测定。

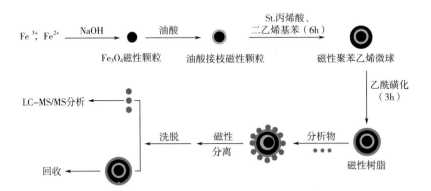

图 2-9　磁性强阳离子交换树脂的制备及应用过程

二、烟碱生物标志物分析常用仪器分析方法

（一）比色法（Colorimetric assays）

比色法指利用巴比妥酸（Barbituric acid，DBA）或其衍生物 1,3-二乙基-2-硫代巴比妥酸（1,3-diethyl-2-thiobarbituric acid，DETBA）对烟碱及含

氮吡啶环的烟碱衍生代谢物进行反应，生成发色团进行比色分析。在直接采用巴比妥酸的分析方法中，20min 内呈现橙色表示阳性试验结果。通过比较衍生化样品和 10μg/mL 可替宁水溶液在 506nm 处的光密度即可对烟碱代谢物的进行定量，使用巴比妥酸分析获得的结果被称为"巴洛指数"。在利用 1,3-二乙基-2-硫代巴比妥酸分析时，20min 内出现粉红色表示阳性试验结果。通过比较衍生化样品和 10μg/mL 可替宁水溶液在 532nm 处的光密度即可对烟碱代谢物的进行定量。由于体液中内源性物质（带含氮吡啶环）的存在，用巴比妥酸和 1,3-二乙基-2-硫代巴比妥酸衍生化后进行定量分析，都会导致假阳性结果的产生[35,36]，而衍生物的不稳定性又可能导致假阴性结果[37]。HPLC 搭配二极管阵列检测器（Diode Array Detector，DAD）或紫外检测器（Ultraviolet Detector，UVD）可用于烟碱及其代谢物与巴比妥酸或 1,3-二乙基-2-硫代巴比妥酸衍生物的分析。利用比色法分析，可发现尿中的"可替宁当量"与每日吸烟量密切相关，但在所有研究中，轻度和重度吸烟者之间的相关性和区别并不明显。所以比色法不适于评价非吸烟者烟气暴露的程度，也不适于区分不同感受量的吸烟者。尿液中"可替宁当量"的比色测定结果与通过放射免疫分析（RIA）[38]、GC[39] 和 HPLC[36] 测定可替宁浓度所获得的结果有良好的相关性，但从分析结果绝对量看，比色法测定结果是通过RIA、GC 或 HPLC 方法测定结果的 3~4 倍。

（二）免疫法（Immunoassays）

用于检测体液中烟碱及可替宁含量的免疫学方法主要有放射免疫分析（Radioimmunoassay，RIA）、酶联免疫分析（Enzyme-Linked Immunosorbent Assay，ELISA）和荧光免疫分析（Fluorescence Immunoassay，FIA）。免疫学方法的主要优点是样品量少且样品易于处理，已用于测定羊水、血浆和血清、宫颈黏液、头发、胎粪、唾液、精浆和尿液中的烟碱及可替宁浓度。国际癌症研究机构曾推荐用放射免疫分析法来分析血液、尿液和唾液中烟碱及可替宁的含量。

放射免疫分析法是利用同位素标记的与未标记的抗原同抗体发生竞争性抑制反应的放射性同位素体外微量分析方法。常用于标记抗原的放射性同位素有 ^{3}H、^{125}I、^{131}I 等，该分析方法特异性强、灵敏度高且易于操作。样品通过适当的稀释即可进行分析，免去了萃取、蒸馏、浓缩等步骤。放射性免疫法可用于体液（如羊水、血清、唾液、脊髓液和尿液）中可替宁的分析，其检测限取决于被分析体液的种类，如血清或血浆中可替宁的检测限为 0.5ng/mL，而唾液和尿液中可替宁的检测限为 10~15ng/mL[40]。虽然放射免疫分析法使用起来非常方便，但它需要找到分析物的特异性抗体才能进行分析测定，如分析烟碱的各种代谢物，不仅需要烟碱的特异性抗体，烟碱各种代谢产物的特异性抗体也是必不可少的，而且分析时间也较长（大于48h）。本法的缺点：易出现交叉反应、假阳性反应、生物样品处理不够迅速、不能灭活降解酶而影响分析结果等[41]。

ELISA 是应用酶标记的抗体（或抗原）在固相支持物表面检测未知抗原（或抗体）的方法。与放射性免疫分析法不同，酶联免疫分析法不需要特殊的仪器设备，成本低，可同时快速测定多个样品，且分析时间短（小于5h）。采用兔子体内提取的可替宁多克隆抗体的血清来测定可替宁的含量时，约有30%的抗血清会与3′-羟基可替宁发生交叉反应[42]。单克隆抗体的采用可以很好地解决这类问题，Bjercke 等[43] 通过实验发现，基于单克隆抗体的酶联免疫分析法测定唾液、血浆和血清中可替宁的含量，与放射免疫分析法和气相色谱法的测得结果有着较好的线性关系。无论是采用放射性免疫分析法，还是酶联免疫分析法，在进行尿液中代谢物的分析时都必须谨慎，pH 和高浓度的盐分及尿素都会对抗原-抗体反应产生非特异性的影响。

（三）色谱法（chromatography）

1. 气相色谱法（Gas Chromatography，GC）

（1）尿液、血浆、唾液基质中的应用　GC 已被广泛用于生物介质中烟碱、可替宁和反-3′-羟基可替宁的定量。1959 年，Quin 等[44] 首次报道了利用气相色谱法分离烟气中烟碱和其他相关生物碱。自 1966 年 Becket 和 Triggs[45] 采用 GC 测定了尿液中烟碱及可替宁的含量之后，很多科研工作者便开始利用 GC 和 GC-MS 进行相关的研究。Feyerabend 等[46] 于 1986 年采用填充柱气液色谱法测定非吸烟者体液（血液、尿液、唾液）中可替宁的含量；1990 年又采用快速气液色谱法测定了暴露于环境烟气的吸烟者血液和尿液中烟碱的含量[47]。1988 年，Wall 等[48] 采用 GC 法同时测定了不吸烟人群、被动吸烟人群和主动吸烟人群体液中可替宁的含量。结果表明，不吸烟人群、被动吸烟人群的血液和唾液中均未检出可替宁；不吸烟人群尿液中的平均可替宁浓度为 6.0ng/mL，被动吸烟人群尿液中的平均可替宁浓度为 90.2ng/mL；每天抽吸 10 支卷烟的主动吸烟人群尿液、血液和唾液中的平均可替宁浓度分别是 646.8ng/mL、78.0ng/mL 和 6.9ng/mL，而每天抽吸超过 10 支卷烟的主动吸烟人群尿液、血液和唾液中的平均可替宁浓度分别是 1100.7ng/mL、301.2ng/mL 和 283.7ng/mL。同一受测者不同体液中的可替宁含量是不相同的，血浆和唾液中的可替宁浓度相当，尿液中的可替宁超过血浆和唾液可替宁浓度之和的 2 倍。因此，使用 GC 法测定人体体液中的可替宁，可以用来准确衡量卷烟烟气的被动暴露量。

1999 年，Jung 等[49] 用 GC-MS 法测定大鼠血浆中烟碱和可替宁含量。该法采用含有 NaCl 的碱性溶液对血浆进行稀释，以二氯甲烷为萃取剂对样品进行液液萃取，采用选择离子监测（SIM）方式，定量分析了大鼠血浆中的烟碱和可替宁。通过向血浆中添加 NaCl，显著提高了烟碱和可替宁在二氯甲烷中的提取回收率和方法的稳定性（尼古丁和可替宁的变异系数在 50~500ng/mL 范围内小于 10%）。结果表明，这种简便的分析方法适于小型实验动物中尼古丁和可替宁的药代动力学研究。2002 年 Shin 等[50] 采用 GC-MS 法测定了人体唾液、尿液及血液中烟碱和可替宁的含量。体液在碱化后用乙醚萃取，萃取液用氮气吹扫至 50μL 后进行选择性离子扫描分析。该法线性范围很宽（1~10000ng/mL），尿液中烟碱和可替宁的检测限为 0.2ng/mL，而唾液和血液中烟碱和可替宁的检测限为 1.0ng/mL。Toraño 等[15] 采用 GC-MS 法测定人类尿液中的硫氰酸盐、烟碱和可替宁，硫氰酸盐的定量限为 1μg/mL，烟碱和可替宁的定量限为 10ng/mL。Kim 等[12] 采用固相萃取前处理、GC-M5 选择离子监测法同时测定了人体唾液中烟碱、可替宁、反-3′-羟基可替宁和降可替宁的含量。四种分析物的定量限（LOQ）为 5ng/mL。这些方法的检出限通常大于 LC-MS 的检出限，采用 GC-MS 虽然不是灵敏度最高的选择，但仍然非常有效。为了进一步开发高灵敏度的气相方法，2012 年，Fonseca 等[13] 应用串接质谱为检测器，开发了 GC-MS/MS 分析唾液中烟碱、可替宁、3-羟基可替宁的方法，样本用量为 200μL，定量限均达 0.5ng/mL。

（2）其他基质中的应用 Kim 等[51] 建立了同位素稀释 GC-MS 分析头发中烟碱的方法，并对 2400 名非吸烟者头发样本进行了分析。结果显示，不吸烟者的头发烟碱浓度与家庭中每天吸烟量增加之间存在明显的正相关关系。Karačonji 等[27] 建立了固相微萃取 GC-MS 分析头发中烟碱的方法，检出限为 0.02ng/mg，回收率为 95%，RSD 小于 10%，非常适合于评估烟气暴露。Schütte-Borkovec 等[52] 同时分析了指甲、血浆和唾液中的麦斯明、可替宁和烟碱，对 14 名吸烟者和 10 名非吸烟者的样本分析结果表明，脚指甲和唾液中的麦斯明存在显著差异。2010 年，Joya 等[53] 利用气相色谱-质谱分析法同时定量妊娠 12 周时人类胎盘中滥用的药物，其中就包含烟碱和可替宁。2014 年，Bordin 等[14] 同时分析了胎粪中烟碱、可卡因及其代谢物。方法回收率为 99%~106%，日内精密度小于 8%，日间精密度小于 12%。烟碱和可替宁的定量限分别为 20ng/g 和 10ng/g。

2. 高效液相色谱法（High Performance Liquid Chromatography，HPLC）

由于高效液相色谱法只需将分析物用相关溶剂溶解即可进行分析，所以它的适应性更为广泛。虽然气相色谱法可以对烟碱和可替宁直接进行分析，但烟碱的其他代谢物——氮氧化物和糖苷类物质是热不稳定物质，不能直接进行 GC 分析，而高效液相色谱可以克服这些困难。

（1）尿液、血浆、唾液基质中的应用 自 20 世纪 70 年代起，许多文献都报道了 HPLC 分析吸烟者体液中烟碱及其代谢物。1977 年 Watson 等[54] 首次报道了 HPLC 测定吸烟者尿液中烟碱和可替宁的含量。最初，HPLC 测定烟碱需进行柱前衍生化。Chambers 等[55] 使用硫代巴比妥酸作为烟碱和其代谢物的衍生化试剂，衡量个体的吸烟状态，方法快速、成本低廉。但是样品衍生化处理的效率低，检测结果的精密度较差，不能准确判定个体的烟气暴露状态。Bazylak[56] 采用固相萃取-高效薄层色谱法（Solid Phase Extraction-High Performance Thin Layer Chromatography，SPE-HPTLC），以 1-甲基-2-吡咯酮为内标，测定尿液中的可替宁，该方法的检测限为 6.0ng/mL。利用固相萃取-高效薄层色谱技术不仅可以准确检测体液中的烟碱、可替宁，还可以实现对可替宁糖苷、反-3′-羟基可替宁和反-3′-羟基可替宁糖苷以及咖啡因、茶碱等物质的定量分析。他们研究发现，可替宁、可替宁糖苷、反-3′-羟基可替宁和反-3′-羟基可替宁糖苷的总浓度更能准确表征个体暴露烟气的状态。Nakajima 等[57] 用高效液相色谱测定了人体血浆中烟碱和可替宁的含量：血浆经氢氧化钠（NaOH）碱化后经二氯甲烷萃取、浓缩、稀释后，进液相色谱分析并用紫外检测器检测。烟碱和可替宁的检测限分别为 0.2ng/mL 和 1.0ng/mL。2006 年，Yang[58] 测定了尿液中可替宁含量，样品经分子印迹固相萃取后进行 HPLC-DAD 检测，该方法的检测限为 0.05μg/mL。

LC-MS 联用技术使色谱分离与质谱鉴定成为了一个连续过程，可以实现对多个化合物的同时快速分析，不仅避免了耗时、复杂的样品处理和分离纯化工作，而且具有较高的灵敏度和专属性，能鉴别和分析各种复杂样品基质中含量极低的代谢物。

McManus 等[59] 采用热喷雾电离液质联用技术（TSI-LC-MS）测定了吸烟者尿液中可替宁、反-3′-羟基可替宁和降可替宁的含量，样品只进行简单的过滤即可进样分析。Tuomi 等[60] 采用液质联用技术测定了被动吸烟者尿液中烟碱、可替宁、反-3′-羟基可替宁和咖啡因的含量。流动相由甲醇、乙腈和醋酸组成，分析柱为 C_{18} 反相色谱柱，等度洗脱，流速为 1mL/min。质谱检测采用 ESI 离子源，正离子扫描下进行多反应离子监测（MRM）。该法检测限为 1.0ng/mL。Meger 等[61] 采用 LC-MS/MS 测定吸烟者尿液中烟碱及其 8 种代谢物。样品前处理仅需离心和过滤，液相分离采用反相色谱柱，流动相由 10mmol/L 醋酸铵（pH=6.8）和甲醇组成，梯度洗脱，流速为 1mL/min。质谱检测采用 ESI 离子源，正离子检测方式下，选择多反应离子监测工作模式进行二级质谱分析，该法检测限为 0.06nmol/mL。2004 年 Xu 等[62] 采用 LC-MS/MS 法测定了人体尿液中新烟碱、烟碱及其 5 种代谢物的含量，定量限为 0.1~0.2ng/mL。2005 年 Heavner 等[63] 采用大气压化学电离（Atmospheric Pressure Chemical Ionization，APCI）-LC-MS/MS 法测定了吸烟者尿液中烟碱及其 5 种代谢物的含量，样品前处理采用自动 SPE 系统，以醇基柱为分析柱进行等度洗脱，检测限为 2.1~10.6ng/mL。

近年来，尿液中烟碱及其代谢物分析方法的开发主要用于：①检测运动员尿液中烟碱的使用情况；②定量烟碱含量或确认其代谢表型；③监测戒烟计划中美卡拉明（一种烟碱拮抗剂）疗效；④评估低丙烯腈暴露情况；⑤确定可替宁排泄率；⑥帮助研究烟草暴露及槟榔的致癌效应；⑦监测滥用药物；⑧评估主动和被动烟草暴露情况等方面。Marclay 等[64,65] 于 2010 年、2011 年分析了运动员尿液中烟碱及其代谢物含量，改进后的方法简单、快速，样品需求量仅为 0.02mL。Piller 等[66] 采用直接分析法测定了尿液中 10 种烟碱代谢物，含量约占烟碱总代谢物含量的 95%。Rangiah 等[67] 采用间接分析法测定了尿液中 15 种烟碱代谢物，含量约占烟碱总代谢物含量的 99%。直接分析法是一次分析中同时测定烟碱游离代谢物及其葡糖酸苷结合物；间接分析法指分别分析水解前后烟碱代谢物的含量，通过差减法得到葡糖酸苷代谢物的含量。两种方法各有优势，直接法仅需一次分析就可提供结果，但需要游离态及葡糖酸苷结合物的单独标品才能对其进行定量；而间接法则需要做两次分析。在烟草暴露评估的分析中，Lafay 等[68] 采用 SPME-LC-MS/MS 分析了尿样，分析结果与常规固相萃取方法有良好的相关性（$r = 0.9988$）。Kuhn 等[69] 将尿样进行简单稀释，利用 UPLC-MS 进行分析，运行时间仅为 1.5min。

尽管血液（血清或血浆）烟碱代谢物分析被视为具有侵入性，并且需要经过医学培训的人员（静脉采血员）来采集样本，但血液采集可以直接观察采样过程，保证了样品质量。另外血浆或血清样本不存在水合态，样本更为稳定。一些基于质谱来分析血浆和血清中的烟碱及其代谢物的方法可用于评估人类免疫缺陷病毒（Human Immunodeficiency Virus，HIV）阳性患者与人类免疫缺陷病毒阴性患者的烟碱代谢情况、主动和被动吸烟暴露研究、戒烟过程监测、实体器官移植患者的烟碱暴露状态分析、烟碱对大脑的影响等各方面的研究。所有的这些分析方法都应用了固相萃取技术，其中新发展的在线固相萃取技术更是简化了前处理过程。这些方法血样用量非常少，有的只有 0.1mL，分析时间大多小于 5min。2013 年，Yuan 等[70] 将样品通过蛋白质沉淀和在线固相萃取后进行 LC-MS/MS 分析，色谱分离时间为 4min，血浆用量为 0.3mL，该方法可用于高灵敏度的新烟碱和假木贼碱的测量，定量限为 0.45ng/mL。令人感兴趣的还有 Xu 等[34] 的分析方法，该方法首次涉及烟碱的磁固相萃取。Hsu 等[71] 基于超高效液相色谱飞行时间质谱（UPLC-TOF-MS）的分析方法同样值得关注。该方法除了可分析预期的烟碱代谢物外，还确定了几个与香烟烟雾暴露相关的新候选生物标志物。

唾液（或口腔液体）在评估烟草暴露领域有着广阔的应用前景，它可以由非医务人员在直接观察下进行无创伤收集。唾液中可替宁已被证明与血浆中可替宁高度相关，而烟碱则不相关。因此，唾液通常不是烟碱分析的可靠基质。最近报道了几种基于质谱的用于分析人类唾液中的烟碱和/或代谢物的方法。在提出的不同方法中，Miller 等[24] 建立的 SPE-LC-MS/MS 方法分析的烟碱代谢物种类最多；Shakleya 和 Huestis[22] 建立分析方法所用时间最短，色谱分离仅为 7min。Concheiro[72] 建立的方法提取程序最简单，样品经蛋白沉淀即可，但色谱分析时间最长，为 16min。高分辨率精确质谱（High-Resolution Accurate Mass Spectrometry，HRAM-MS）检测和非靶向筛选（Non-Targeted Screening，NTS）被认为是表征许多生物样本化学成分的关键方法。Carrizo 等[73] 使用大气压力固体分析探针（Atmospheric Pressure Solid Analysis

Probe，ASAP）与 HRAM-MS 耦合，一次分析就可测定 300μL 唾液中的烟碱生物标志物。该方法的最大优点是消除了仪器分析前通常采用的样品净化步骤，但它的定量限比 LC-MS/MS 更高，因为生物样本的直接分析将受到蛋白质、脂肪和代谢物的干扰。

（2）其他基质中的应用　Murphy 等[74] 开发了一种 LC-MS 分析方法，用于测量干血点中的可替宁，该方法结果与血浆中的可替宁浓度具有良好的相关性（$r=0.992$，$P<0.001$）。该方法提供了一种无生物危害的安全的替代取样法。

测量头发中的烟碱和可替宁被提议作为评估长期接触烟碱的一种方法。随着头发的生长，烟碱和可替宁都会融入头发中。由于烟碱与黑色素结合，头发色素沉着对烟碱和可替宁的结合和吸收有重大影响。头发容易受到环境烟草烟雾的污染，在分析之前清洗头发可以减少污染，但不能完全消除。Koster 等[75] 通过 LC-MS/MS 法确认人类头发中存在烟碱、可替宁和 15 种其他滥用药物，分析时间仅为 4.5min。

胎粪是新生儿的第一种排泄物，已被用作评估宫内药物暴露的替代基质。以胎粪为基质，建议将妊娠晚期作为烟草暴露的检测窗口。2009—2011 年，已开发出多种 LC-MS 方法用于分析胎粪中烟碱、可替宁、3′-羟基可替宁及其他有害物质。为分析母乳、汗液、胎盘和胎儿大脑（验尸）中的烟碱代谢物而开发的 MS 分析也用于检查孕妇和发育中的胎儿是否接触烟碱或其他非法药物。2009 年 Hegstad 等[76] 报道的 LC-MS 检测儿童心包液（验尸）中可替宁的方法证明该基质中可替宁浓度与血液中可替宁浓度高度相关（$R^2=0.97$），因此其可能是法医尸检中可接受的替代基质。

LC-MS 的应用范围越来越广，因为它仅需要简单的样品制备，就能提供高灵敏度和特异性的快速分析。疾病控制中心最近与其他六个实验室合作开展的一项研究表明，经验丰富的实验室人员对从吸烟者和非吸烟者身上采集的样本进行的血清可替宁色谱分析准确无误，实验室间无明显偏差。在评估短期烟草消费暴露时，可替宁是首选的生物标志物，建议服用烟碱药物和戒烟的受试者将新烟碱或假木贼碱作为生物标志物。血清/血浆和尿液仍然是分析烟碱和代谢物的主要基质。由于非侵入性和易于观察的收集以及与血浆的强相关性，在不久的将来将进一步探索和利用唾液可替宁分析研究。

随着监测烟草使用越来越重要，LC-MS 将成为测定烟碱代谢物的主流技术。自动化样品制备、简单快速的 LC-MS 方法将及时和可靠地提供高质量的分析结果。新兴的新技术，如纸喷雾质谱仪，可以通过提供更高的吞吐量、更少的溶剂消耗和几乎无需样品制备而彻底改变该领域。

（四）试纸条分析（Test strip assays）

试纸条分析（如 NicCheck I® 和 NicoMeter® 品牌）提供了一种检测尿液中可替宁的简单且廉价的方法，可用于验证非实验室环境中的吸烟暴露情况。NicCheck I® 试纸检测原理是基于与烟碱和烟碱衍生代谢物的 König 反应，将试纸浸入尿液中，肉眼可看到显色反应。与比色分析类似，尿液中的许多其他内源性化合物和药物代谢物含有未取代的吡啶环（如烟酸、异烟肼、烟酰胺），这可能会导致假阳性测试结果[77]。

NicoMeter® 试纸分析是一种免疫分析法，可半定量测定可替宁，并在较小程度上测定反-3′-羟基可替宁，被认为是确认自我报告吸烟状态的有效方法[78,79]。虽然试纸条分析通常被认为是确定当前吸烟状况的一种有吸引力的低成本筛查方法，但必须考虑几个限制，以最大限度地减少假阳性和假阴性结果的数量。NicCheck I® 和 NicoMeter® 测试都会高估可替宁浓度。高检测阈值使得这些方法不适用于环境烟气暴露评估。

（五）其他方法

半定量测定尿液中烟碱和可替宁的方法还有薄层色谱法（Thin Layer Chromatography，TLC）[80]，用硅胶铺设薄层，使用碘铂酸盐喷雾进行可视化辨识；也有方法中将样品经固相萃取后，使用高效薄层色谱法（High-Performance Thin-Layer Chromatography，HPTLC）分离，并用茚三酮/醋酸镉一水合物喷雾对可替宁进行可视化辨识[81]。

毛细管区带电泳（Capillary Zone Electrophoresis，CZE）和 CZE-MS[82,83] 可以分离烟碱及其 10 种代谢物，但这些方法通常缺乏灵敏度和特异性。为了克服灵敏度不足的问题，可通过固相萃取对样品富集，将样品浓度提高 200 倍，再用 MS 鉴定尿液中的烟碱和其中代谢物。

第二节　烟草特有亚硝胺生物标志物分析技术

烟草特有亚硝胺（Tobacco Specific Nitrosamines，TSNA）只存在于烟草中，具有特异性，其相关的生物标记物受到广泛关注。一个理想的生物标记物可以表征使用烟草制品的人以及接触二手烟的非吸烟者摄入致癌物的剂量。除此之外，它还可能用来识别烟草致癌物在不同个体中被吸收、代谢活化和解毒方面的差异和模式。亚硝胺与脱氧核糖核酸（Deoxyribonucleic Acid，DNA）的加合物可能与患癌风险有直接关系。Foiles 等[84] 成功分析了吸烟者和非吸烟者肺及支气管组织中的亚硝胺-脱氧核糖核酸加合物，但由于样本匮乏，目标物浓度水平较低，使得开展类似的定量分析工作非常困难且不切实际。测量亚硝胺的蛋白加合物也被认为是了解亚硝胺代谢活化的一种方法。然而，Schäffler 等[85] 和 Falter 等[86] 的研究结果表明，吸烟者和非吸烟者测定的血红蛋白-亚硝胺加合物浓度没有任何群体特异性差异。此外，在大多数涉及脱氧核糖核酸和蛋白致癌物加合物测量的研究中使用的高灵敏度技术，如^{32}P 后标记和免疫分析也缺乏化学特异性。考虑到在分析脱氧核糖核酸和蛋白质与亚硝胺加合物时可能遇到的各种问题，检测尿液中亚硝胺摄取的生物标志物是一种更实际的选择[87]。人们很容易获得足够多的尿液样本，这使得定量分析尿中排出的微量亚硝胺及其代谢物切实可行。尽管尿中化合物可能与特定癌症的类型和风险没有最直接的联系，但它们可以提供有关致癌物剂量以及个体激活或解毒这些化合物的能力的信息。

在所有已发现的亚硝胺中，4-（N-甲基亚硝基）-1-（3-吡啶基）-1-丁酮［4-（n-methylnitroso）-1-（3-pyridyl）-1-butanone，NNK］和 N'-亚硝基去甲基烟碱（N′-Nitroso Demethylnicotine，NNN）的毒性最强，被国际癌症研究机构（International Agency for Research on Cancer，IARC）划分为人体致癌物。NNK 和 NNN 在细胞色素 P450 酶和谷胱甘肽转硫酶的调控下，主要通过羰基化还原生成 4-甲基亚硝胺-1-（3-吡啶）-1-丁醇［4-methylnitrosamine-1-（3-pyridine）-1-butanol，NNAL］，吡啶氮氧化反应生成相应的吡啶氮氧化物，α-羟基化反应生成酮醛、醛酸等产物。可能有人认为，测定尿酮酸和羟基酸更合适，因为它们是 NNK 和 NNN 与脱氧核糖核酸加合物 α-羟基化代谢的最终产物。但正如 Hecht[87] 所建议的，这些化合物不能表示 NNK、NNNα-羟基化代谢的程度，因为烟叶中最重要、含量最大的化合物烟碱也代谢产生这两种物质。

NNK 代谢过程中，NNAL 是重要的代谢产物，且同 NNK 一样具有致癌性[88,89]。NNAL 通过羟基和葡萄糖苷酸（Glucoside）结合形成解毒产物 NNAL-O-葡萄糖苷酸，通过嘧啶氮与葡萄糖苷酸结合形成解毒产物 NNAL-

N-葡萄糖苷酸。NNAL 和其葡萄糖苷酸结合物（NNAL-葡萄糖苷酸）具有较长半衰期（吸烟者 10~15d）是目前应用最广泛的生物标志物[87,90-92]。尿液中游离 NNAL 浓度与 NNAL-葡萄糖苷酸/NNAL 浓度比值可成为癌症危险度的预测指标；吸烟者尿中总 NNAL 浓度（游离 NNAL、NNAL-*O*-葡萄糖苷酸和 NNAL-*N*-葡萄糖苷酸）与烟气致癌物 NNK 暴露剂量成正比，因此人体内 NNAL 和 NNAL-葡萄糖苷酸可被作为有效生物标志物用于：（1）反映暴露接触 NNK 水平和人体代谢解毒能力，从而预测人体患肺癌危险性；（2）揭示种族及个体之间对 NNK 代谢的差异；（3）监测戒烟后体内 NNK 代谢物含量的变化；（4）研究抗癌药物对 NNK 代谢的影响。除了 NNAL 和 NNAL-葡萄糖苷酸外，其他亚硝胺，如 NNN、NAB 和 NAT 及其代谢物也受到广泛关注，可通过测量尿液中游离和葡糖醛酸结合形式的亚硝胺及其代谢物的总量来评估亚硝胺的暴露。

生物样本中亚硝胺分析方法主要从三个主要方面进行考量，包括样品制备、化合物检测和分析方法的通量。

一、烟草特有亚硝胺生物标志物分析前处理技术

由于人体尿液比较复杂，分析时需要对大量的尿液进行多步提取、分离。1993 年，Carmella 等[93] 为测试尿液中亚硝胺的代谢物 NNAL 和 NNAL-葡萄糖苷酸，对样品前处理程序作了首次概述。具体处理流程如图 2-10 所示，包括水解和衍生反应以及液液萃取和固相萃取等净化技术。

（一）分析过程中所涉及的反应

1. 水解

由 NNK 代谢路径可知，进入体内的 NNK 部分与葡萄糖苷酸形成 NNAL-葡萄糖苷酸。在分析过程中，要得到参加反应的 NNK 的量，或是摄入 NNK 的总量，一般都需要进行水解，将结合态 NNAL-葡萄糖苷酸转化为游离态 NNAL，再进行分析测定。水解方法主要包括酶水解、碱水解，最常用的方法是酶水解。加入 *β*-葡萄糖醛酸酶对样品进行水解，可使结合态 NNAL-*O*-葡萄糖苷酸和 NNAL-*N*-葡萄糖苷酸均转化为游离的 NNAL。Carmella 等[93] 建立了分析吸烟者尿液中 NNAL 及 NNAL-葡萄糖苷酸的方法。3L 尿液中加入 10mL 20% 的氨基磺酸铵溶液以防止人为亚硝化反应的发生。取 100mL 尿液，调节 pH 为 7，加入 [5-³H] NNAL-葡萄糖苷酸为分析 NNAL-葡萄糖苷酸的内标；随后乙酸乙酯对尿样进行 3 次萃取，合并有机相，并加入 [5-³H]

NNAL 作为分析游离态 NNAL 的内标。有机相部分用来分析游离态 NNAL 的量，水相部分用来分析结合态 NNAL 的量。水相部分在水浴 35℃ 条件下，将其体积浓缩至原来的 70%，以彻底除去其中的乙酸乙酯（痕量的乙酸乙酯会抑制 β-葡糖醛酸糖苷酶的活性），加入 β-葡糖醛酸糖苷酶，37℃ 下水解 16h，调整 pH 至 2，使此时游离 NNAL 上的吡啶环质子化，采用乙酸乙酯萃取样品中的杂质，再次调整水相 pH 至中性，采用二氯甲烷萃取 NNAL，浓缩蒸干复溶，经 HPLC 净化后衍生，采用 GC-TEA 分析。实验结果显示，11 名吸烟者尿液中游离 NNAL 含量范围为 0.23 ~ 1.0μg/d，结合态 NNAL 含量范围为 0.57~6.5μg/d，非吸烟者尿液中没有 NNAL 及其代谢物。NNAL-O-葡萄糖苷酸和 NNAL-N-葡萄糖苷酸均释放出游离态的 NNAL，但后续分析中，并不能区分释放出的 NNAL 来源于何种形态。

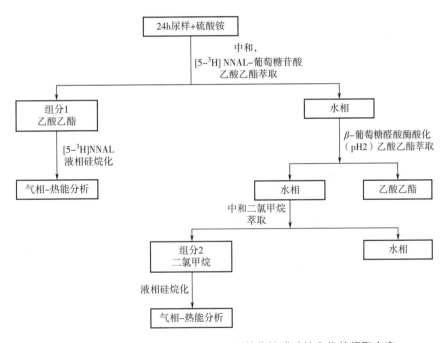

图 2-10 GC-TEA 分析尿 NNAL 及其葡糖醛酸结合物的提取方案

2002 年，Carmella 等[94] 改善了前处理方法。调节尿样 pH 为 6~7，取 10mL 样本至 C_{18} 固相萃取柱，用 10mL 10% 的甲醇洗脱，得到 NNAL-O-葡萄糖苷酸和 NNAL-N-葡萄糖苷酸混合物（收集物 1）；接着用 50% 甲醇水溶液洗脱，得到游离的 NNAL（收集物 2）。将收集物 1 蒸干，并用 10mL 水复溶，一分为二，一份用 β-葡萄糖醛酸酶，37℃下水解 16h，NNAL-O-葡萄糖苷酸和 NNAL-N-葡萄糖苷酸均进行水解，并释放 NNAL；一份用 NaOH 水解，80℃下水解 1h，此时仅 NNAL-N-葡萄糖苷酸水解并释放游离态 NNAL。接下来对样本进行的萃取、蒸干、复溶、净化、衍生、仪器分析，过程与前述方法一致。采用差减法就能得到 NNAL-O-葡萄糖苷酸及 NNAL-N-葡萄糖苷酸分别释放出 NNAL 的量。结果显示：吸烟者尿样中 NNAL-N-葡萄糖苷酸，NNAL-O-葡萄糖苷酸，和游离 NNAL 含量分别为 26.5pmol/mL、32.1pmol/mL、41.4pmol/mL；在吸食鼻烟者尿液中 NNAL-N-葡萄糖苷酸，NNAL-O-葡萄糖苷酸和 NNAL 含量分别为 13.6pmol/mL、46.6pmol/mL 和 36.6pmol/mL。

2. 衍生

衍生化是通过化学反应将难于分析检测的化合物转化为另一种易于分析检测化合物的一种技术。被衍生的目标物至少含有一种活性基团，如羟基、羧基、氨基、羰基等。衍生化试剂通常可以分为硅烷化试剂、酰基化试剂、烷基化试剂等。在烟草特有亚硝胺生物标志物分析中，最常用的为硅烷化试剂和酰基化试剂。

硅烷化衍生试剂对湿气很敏感，在实验操作中要注意样品的干燥及反应容器的密封。在利用气相色谱分析 NNAL 时，一般均采用该衍生方法。取少量经萃取净化后的样本，蒸干后用 5μL 乙腈复溶，添加 5μL 含有 1% TMCS 的 BSTFA，密封小瓶，并在 40℃温度下加热 1h。Carmella 等[95] 研究了吸烟者、吸食鼻烟及非吸烟者尿液中 NNAL 的含量，结果分别为 2.60±1.30pmol/mg、3.25±1.77pmol/mg 和 0.042±0.020pmol/mg。

Jacob 等[96] 分析吸入二手烟人尿中的 NNAL 时，将 NNAL 上的羟基进行衍生，生成了相应的己酸酯，然后进行 LC-MS/MS 分析。通过衍生，有助于分离除去尿液中的极性干扰成分，并增强了质谱检测响应。该方法的定量限为 0.25pg/mL，这是迄今为止公布的 NNAL 最低的定量限。Kassem 等[97] 研究了参加抽吸水烟社交活动前后水烟吸食者尿液中 NNAL 含量的情况，结果表明，参加活动前后，尿液中 NNAL 含量从 1.97g/mg 上升到 4.16pg/mg，因此建议在水烟休息室张贴健康警示标志。Jacob 等[98] 在人们接触三手烟研究中也采用了该方法。1999 年，Carmella 等[99] 开展了吸烟者尿液中的烟草特异性肺癌代谢物的立体化学研究，分析过程中使用了甲基苄基异氰酸（Methyl Benzylisocyanate，MBIC），将 NNAL 衍生为相应的异氰酸酯。样品经 HPLC 净化蒸干后，采用含有三乙胺的苯复溶，再加入甲基苄基异氰酸，70℃下衍生一夜，再进行 GC-TEA 分析。

衍生反应能增加目标物的分子质量，除去部分样品杂质，降低了基质干扰，提高分析灵敏度及选择性，是烟草特有亚硝胺生物标志物分析中的重要一步。

（二）前处理净化技术

烟草特有亚硝胺生物标志物分析中涉及很多净化技术，有传统的液液萃取、超临界流体萃取技术，也有后来发展的固相萃取，固相微萃取技术等。

1. 液液萃取

尿液中 NNAL 的萃取净化较为复杂，通常需要液液萃取，常用的萃取溶剂包括乙酸乙酯、二氯甲烷等。2008 年，Jacob 等[96] 建立了液液萃取-己酸衍生-LC-MS/MS 分析受试者尿液中 NNAL 的方法。该方法中，多是混合溶剂进行萃取。5mL 尿样经葡萄糖醛酸酶水解后，采用 8mL 甲苯、丁醇（体积比为 7∶3）混合溶剂涡旋萃取 5min，取有机相；加入 0.8mL 1mol/L 硫酸，涡旋取水相，经乙酸乙酯、甲苯（体积比为 2∶1）涡旋除杂后，水相部分用乙酸乙酯、甲苯（体积比为 1∶2）混合溶剂萃取，取有机相并蒸干，加入含有己酸酐的甲苯溶液，70℃衍生 15min。后续又经过两次萃取除杂，最终有机相（含有 10%乙酸乙酯的戊烷）蒸干后用 10%甲醇水溶液复溶，进 LC-MS/MS分析。该分析方法定量限可达 0.25pg/mL，应用于二手烟气暴露受试者尿液中 NNAL 分析取得了良好的效果。Carmella 等[95] 将 4.5mL 尿样水解后，调整pH 为 2 左右并用二氯甲烷除杂。水相 pH 调整至 7 左右，上 Chem-Elute（10mL）固相萃取柱，用 8mL 二氯甲烷进行洗脱。后续分析过程与经典的分析方法类似。

血浆中烟草特有亚硝胺生物标志物的分析前处理方法与尿液中相比较为简单，通常经过简单的液液萃取，即可进行 LC-MS/MS 分析。Pan 等[100] 建立了人体血浆中 NNAL 的液液萃取-亲水液相色谱-串接质谱分析方法。取 0.5mL 血浆，加入 25μL NNAL-d_4 内标溶液及 0.5mL 3%氨水溶液混匀。加入 3mL 甲基叔丁基醚涡旋萃取 5min，采用干冰-丙酮冻结下层水相，取上层有机相 40℃下蒸干，并用 100μL 乙腈复溶，进 LC-MS/MS 分析；分析结合态 NNAL-葡萄糖苷酸时，加入水解步骤，其余操作相同。方法定量限为 5.00pg/mL，NNAL 和 NNAL-葡萄糖苷酸的 RSD 分别小于 7.6%和 11.7%。赵贝贝等[101] 建立了兔子血液中 NNN 及其代谢物液质联用分析方法。取 0.3mL 解冻并混匀的兔子血浆，加入 60μL NNN-d₄ 内标溶液，加入甲醇（用以沉淀血浆中的蛋白）至样本体积为 1mL，4℃ 下保存 30min，2000r/min 下离心 3min，取上清液过 0.22μm 滤膜进样分析。方法检测限为 0.039~0.217ng/mL，回收率为 80%~111%，RSD 为 0.5%~8.62%。研究发现：NNN 的半衰期为 30min，NNN 的主要代谢产物为 4-羟基-4-（3-吡啶基）-丁酸（羟基酸），主要代谢途径为 5-羟基化和随后的次级代谢产物形成。熊威等[102] 建立了大鼠血浆中 NNAL、三苯氧胺及其代谢物的分析方法。50μL 血浆样本中加入 130μL 甲醇和 20μL 内标，涡旋 3min，离心 5min。取上清液氮气保护下 37℃ 蒸干，加入 50μL 流动相复溶，涡旋离心后取 10μL 上清液进 UPLC-MS/MS 分析。方法检测限在 0.05~0.62ng/mL，回收率在 80.6%~116%，RSD 小于 15.8%。

传统的液液萃取方法，虽然有无需特殊装置的优点，但是操作烦琐、费时，需要耗费大量的有机溶剂，导致高成本和对环境的污染。固相萃取相对于传统样品前处理方法有以下优势，操作简便、快速、有机溶剂用量少或不用有机溶剂、小型化甚至微型化、易于自动化或半自动化并且能与各种检测仪器连用。

2. 固相萃取

烟草特有亚硝胺分析中采用的固相萃取柱通常有混合型阳离子交换柱（MCX），分子印迹柱、杯芳烃萃取柱等。

（1）常规固相萃取　2003 年，Byrd 和 Ogden[103] 采用 60mg 的混合阳离子交换萃取柱（Oasis® MCX）建立了简单的 SPE-LC-MS/MS 分析吸烟者尿液中 NNAL 的方法。取 15mL 尿样，其中 10mL 用来分析游离 NNAL 含量，5mL 用来分析尿液中 NNAL 总含量。10mL 尿样中加入 0.15mL 1mol/L HCl，调整样品 pH 为 3~4，涡旋离心。5mL 尿样经葡糖醛酸糖苷酶水解后也用 1mol/L HCl 将 pH 调至 3~4，涡旋离心。Oasis® MCX 柱经甲醇、水活化后即可上样。用甲醇、氨水混合溶液（体积比为 95：5）洗脱目标化合物。方法检出限为 20pg/mL，7 位吸烟者尿液中游离态 NNAL 含量为 101~256pg/mL，RSD 为 6%~21%，结合态 NNAL 含量为 247~566pg/mL，RSD 为 7%~22%；结合态 NNAL 与游离 NNAL 的比率为 0.98~2.95。Yao 等[104] 建立了人尿中 NNAL，NNAL-N-葡萄糖苷酸，NNAL-O-葡萄糖苷酸快速分析的 LC-MS/MS 方法。研究中系统比较了 MCX、HLB、C₁₈ 三种固相萃取柱的净化效果。HLB、C₁₈

是反相萃取柱，主要用来从复杂基质中富集非极性和中性物质，而 MCX 萃取柱综合了亲脂化合物保留性质和离子交换作用保留性质，对于极性化合物可以更好地吸附。极性化合物 NNAL-N-葡萄糖苷酸和 NNAL-O-葡萄糖苷酸，在采用 MCX 为固相萃取柱时回收率为 99.3%～97.2%，采用 HLB 和 C_{18} 进行固相萃取时，回收率仅为 45.9%～67.4%。NNAL、NNAL-N-葡萄糖苷酸和 NNAL-O-葡萄糖苷酸的定量限分别为 0.0239pmol/mL、0.130pmol/mL 和 0.181pmol/mL，高中低三个水平加标回收率分别为 93.8%～97.6%、89.3%～108.5% 和 91.7%～96.8%；RSD 分别为 2.5%～6.1%、5.3%～11.4% 和 4.6%～10.8%。

　　混合阳离子固相萃取柱 MCX 也被应用于血浆中 NNAL 的分析。Carmella 等[105] 建立了人血浆中 NNAL 的分析方法。1mL 血浆经葡萄糖醛酸酶水解后，调整其 pH 为 2~3，MCX 小柱活化淋洗过程与尿样中 NNAL 分析方法中一样，最后 NNAL 洗脱液为水、甲醇、氨水（体积比为 30∶65∶5）的混合溶液。方法检出限为 8fmol/mL，16 名吸烟者血浆中 NNAL 含量范围为 1.7~88fmol/mL，5 名非吸烟者血浆中没有检出 NNAL。以该方法为基础，2006 年，Carmella 等[106] 同时分析了人血浆中 NNAL 及多环芳烃的代谢物。NNAL 检出限为 3fmol/mL，16 名吸烟者血浆中 NNAL 含量为（36±21）fmol/mL，为其尿液中 NNAL 含量的 1%~2%。

　　分子印迹技术（Molecular Imprinted Technique）是模拟免疫学中"抗体—抗原""底物—酶"之间的特定专一识别机制而发展起来的一种新兴技术。它可以预定性地合成具有高效、专一选择性能的聚合物，合成的这种聚合物被称作为分子印迹聚合物（Molecular Imprinted Polymers，MIPs）。它的基本原理是将目标物质作为模板，加入功能单体与模板结合形成复合物，再加入交联剂和引发剂，将形成的特异性结构和识别位点固定，去除模板之后即得到了对模板在结构和基团两方面都有识别作用的聚合物（图 2-11）。采用分子印迹技术合成的聚合物具有专一性好、稳定性高、抗干扰性强、使用寿命长等突出的特点。分子印迹聚合物合成的一般步骤为：①模板分子与合适的功能单体于溶剂中相互作用形成复合物；②加入一定量的交联剂、引发剂等，在一定的外界条件下（如加热或光照）引发聚合反应，直至形成高度交联的聚合物；③通过适当的方式破坏单体与模板之间的作用力，将包含在聚合物中的模板去除，即形成了可以选择性地与模板分子重新结合的分子印迹聚合物。

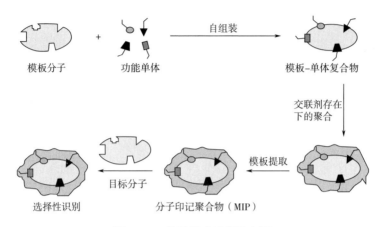

图 2-11　分子印迹过程示意图

Xia 等[107] 利用自己合成的分子印迹材料建立了检测尿液中 NNAL 的方法。5mL 尿样加入 20μL 内标，水解并过 0.45μm 滤膜备用。萃取过程依次为：①用二氯甲烷、甲醇、去离子水各 1mL，依次活化分子印迹聚合物（MIP）小柱；②上样后，依次用 1mL 水、1mL 甲苯、1mL 甲苯：二氯甲烷（体积比为 9：1）的混合液淋洗柱子以除去杂质；③每次用 1mL 二氯甲烷洗脱目标物，共洗脱 3 次。收集洗脱液，真空浓缩至干，用 20μL 去离子水复溶，进 LC-MS/MS 分析。尿液中游离态 NNAL 的分析比结合态 NNAL 分析减少水解步骤，其余相同。方法检出限为 1.7pg/mL，低、中、高三水平加标样品 RSD 为 3%~12%，回收率均大于 93%。该方法简单、灵敏，适用于吸烟者及暴露于二手烟非吸烟者尿液中 NNAL 的分析，为流行病学调查的大规模分析提供了基础。Shah 等[108] 在该方法基础上改进了色谱条件，进一步提高了分析方法的灵敏度，定量限低至 20pg/mL。Liu 等[109] 系统比较了 HLB、MCX、MIP 三种固相萃取柱在分析尿液中 NNAL 时的净化效果，建立了分析印迹固相萃取-超声辅助液液微萃取-LC-MS/MS 分析尿液中 NNAL 的方法。研究结果显示，与 HLB、MCX 萃取小柱相比，MIP 萃取小柱具有较高的萃取效率和较低的离子抑制比率。亲水亲油平衡吸附剂 HLB 具有较高的吸附容量，可用于基于反相保留机制的酸性、中性和碱性化合物的分离，但选择性较差，离子抑制比率很高。混合模式阳离子吸附剂 MCX 结合了基于亲脂性的保留作用和阳离子相互作用，选择性优于 HLB。MIP 小柱具有特定的分子识别特性，具有无与伦比的选择性，因此其具有最高的萃取回收率和最佳的净化效果。所建方法的检出限为 0.35pg/mL。低、中、高三水平加标回收率为 88.5%~93.7%，日内日间 RSD 分别为 3.6%~7.4% 和 5.4%~9.7%。该方法非常适合超痕量超复杂生物样本中 NNAL 的分析。

Kavvadias 等[110] 将 MIP 与 MCX 联合应用，建立了人尿中四种烟草特有亚硝胺同时测定的方法。6mL 尿液经葡萄糖醛酸酶水解备用，采用色谱科亚硝胺专用 MIP 进行首次固相萃取，过程如下：①依次用甲醇/二氯甲烷（体积比为 1∶9）混合溶液 10mL，1mL 甲醇，1mL 去离子水活化小柱；②上样后，依次用 4mL 乙酸铵溶液（10mmol/L），2mL 庚烷，1mL 己烷淋洗小柱；③3mL 二氯甲烷/甲苯（体积比为 1∶1）混合溶液洗脱样品。洗脱液浓缩至干，用 1mL 0.67mol/L 磷酸盐缓冲液复溶后采用 MCX 阳离子交换柱进行二次固相萃取。净化萃取过程为：①依次用 2mL 甲醇、1mL 甲醇/氨水（体积比为 9∶1）混合液、2mL 去离子水活化小柱；②上样后，依次用 2mL 去离子水、2mL 0.1mol/L HCl、2mL 甲醇淋洗小柱；③2mL 甲醇/氨水（体积比为 9∶1）混合液洗脱样品。洗脱液浓缩至干，复溶于 100μL 流动相，进 LC-MS/MS 分析。NNAL、NNN、NAB 和 NAT 的检出限分别为 2.0pg/mL、0.8pg/mL、1.1pg/mL 和 0.7pg/mL；RSD 小于 15%，回收率为 85%~115%。吸烟者尿液中 4 种亚硝胺含量均显著高于非吸烟者。

杯芳烃结构如图 2-12 所示，被誉为"第三代超分子"主体化合物的杯芳烃，是由苯酚单元通过亚甲基连接起来的具有三维结构的环状低聚物，它的分子下沿由羟基紧密而有规律的排列而成，可以螯合；上沿由四个苯环组成的富 π 电子憎水空腔，可以和中性

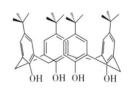

图 2-12 杯芳烃结构示意图

分子形成包结配合物。杯芳烃在大多数溶剂中溶解度较低，熔点高，空腔大小可以按要求进行任意改变，可以依靠疏水作用、π-π 作用、包结作用、氢键作用等作用来识别不同目标化合物，从而在有机物的分离和富集中发挥重要的作用。近来，以杂原子为桥的杯杂芳烃逐渐引起科学家的兴趣，在这类新颖的主体化合物中，杂原子氮或氧取代了传统杯芳烃中桥连亚甲基，杯芳烃的苯酚基团被芳杂环（如吡啶、三嗪等）取代后，作为连接桥的氮原子可以采用 $sp2$、$sp3$ 或介于这两者间的多种杂化状态，与相邻的芳杂环形成不同程度的共轭作用，杂原子及芳杂环的引入使得该类主体分子在构象、分子识

别性能方面具有丰富的多样性。

Wang 等[111] 将四氮杂杯-芳烃-三嗪改性硅胶（Tetraazacalix Arene Tria-zinemodified Silica Gel，NCS，图 2-13）制备成固相萃取材料，应用于兔子血浆中 NNK、NNN、NAT、NAB 和 NNAL 的分析。对于 NNK、NNN、NAT、NAB 和 NNAL 等分子，可以预测，它们的吡啶基和 N-亚硝基与 NCS 上的三嗪环之间具有疏水、氢键、π-π 共轭等作用。1mL 血浆中加入 3mL 甲醇和 3mL 水，涡旋离心后取上清液过 NCS 小柱。小柱经 2mL 10% 的甲醇水淋洗后，用 2mL 甲醇洗脱。洗脱液浓缩至干，复溶于 0.2mL 流动相，过滤膜后进 LC-MS/MS 分析。方法定量限为 2.9 ~ 12.3pg/mL，回收率为 90.1% ~ 113.3%，RSD 为 0.95% ~ 7.22%。相比于应用 C_{18} 为固相萃取柱的方法（回收率仅为 78.3% ~ 87.5%，RSD 为 1.53% ~ 9.46%），该方法更适合于家兔血浆中亚硝胺的分析。初步研究表明，该方法也适用于定量人尿液中的亚硝胺和 NNAL。

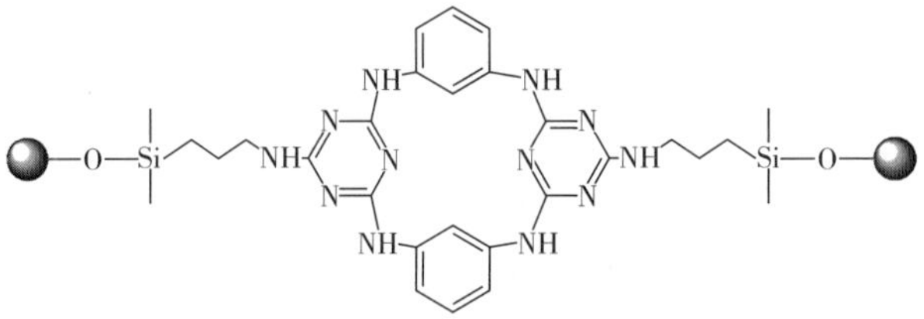

图 2-13　杯芳烃 NCS 结构示意图

（2）在线固相萃取　离线固相萃取存在萃取柱单次使用、步骤烦琐、大样本量操作时费时费力、误差大等缺点。在线固相萃取技术对复杂基质中的目标化合物实现在线提取、浓缩、净化，免去了传统离线前处理方法中烦琐的前处理步骤，减少了人为因素带来的误差。在线固相萃取技术是一门基于二维液相色谱的新的样品前处理技术，通过柱切换技术实现样品在二维色谱柱之间的转移，一般包括两个独立的液相泵、自动进样器或进样阀、柱温箱，并配置有 6 孔或 10 孔柱切换阀以及相关检测器。整个在线固相萃取分析过程主要包括上样、清洗、洗脱、分离和检测过程。

Hu 等[112] 利用在线固相萃取 LC-MS/MS 方法同时分析了人尿中 NNK 及其代谢物 NNAL。在线固相萃取系统如图 2-14 所示，由六通开关阀（瓦尔科仪器公司）、C_{18}（75mm×2.1mm 内径，5μm，ODS-3，Inertsil）萃取柱、C_{18}（250mm×2.1mm 内径，5μm，ODS-3，Inertsil）分析柱组成。

当开关阀处于位置（1）时，50μL 尿液通过自动进样器加载到萃取柱上，二元泵以 200μL/min 的流速输送 90% 的洗脱液 I 和 10% 的洗脱液 II 作为加载和洗涤缓冲液。使用加载缓冲液冲洗色谱柱 8min 后，将阀门切换至注入位置（2），将样品注入 LC 系统。12.5min 后，将阀门切换回位置（1），并使用洗脱液 I 清洗萃取柱，以平衡柱并准备下一次分析。总运行时间为 19min。NNK 和 NNAL 的检出限分别为 2.6pg/mL 和 3.7pg/mL；日内、日间 RSD 小于 10%，平均回收率为 99%~100%。尿样不经任何前处理可直接进行分析，共分析 101 位吸烟者和 40 位非吸烟者的尿样，结果显示，游离及结合态 NNAL 与烟碱和可替宁有高度相关性。2018 年，Chao 等[143] 研究了 101 名儿童及 110 名成人非吸烟者环境烟气暴露后尿液中 NNAL 含量的变化。由于被动吸烟者尿液中 NNK 及 NNAL 含量极低，实验中先对样品进行了手动固相萃取以富集目标物，然后再进行在线固相萃取 LC-MS/MS 分析。结果显示儿童尿液中游离及 NNAL 总量比成人非吸烟者尿液中约高 2 倍，儿童对 NNK 的解毒能力比成人约低 3 倍，NNAL 总量与可替宁含量比为成人的 1.5 倍。

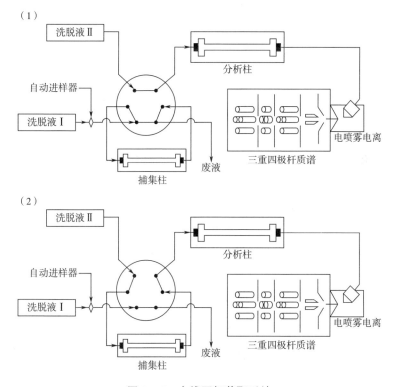

图 2-14 在线固相萃取系统

（3）固相微萃取 虽然 SPE 有不少优点，但是仍需要提取和净化多步完成，易造成分析物流失、重现性不好的后果，近年来，在固相萃取基础上又出现了固相微萃取、基质固相分散萃取等新型的固相萃取前处理方法。最广泛使用的技术是纤维固相微萃取和管内固相微萃取。纤维固相微萃取采用外表涂有聚合物的纤维作萃取装置，分析物的吸收或吸附发生在纤维的外表面。管内固相微萃取技术以熔融石英毛细管柱作为固定相载体，在毛细管柱内表面涂有固定相或在管内部填充介质。该技术与传统的固相微萃取相比，克服了萃取头易折断、吸附量低、萃取平衡时间长、固定相涂层易流失等问题；同时具有毛细管柱方便易得，萃取固定相选择范围多，易与其他分析仪器在线联用等优点，因此受到了广泛关注。

2021 年，Ishizaki 和 Kataoka[113] 建立了在线管内固相微萃取-液相色谱-串联质谱测定头发样品中亚硝胺的方法。在分析之前，先用 0.1%十二烷基硫酸钠溶液、水、甲醇将沉积在头发外表面上的亚硝胺洗去，再用去离子水于 80℃下萃取样本 30min。萃取液可直接上样分析。自动进样器软件用于控制管内 SPME 萃取、解吸和进样。在六通阀处于负载位置的情况下，以 200μL/min 的流速，通过多次 40μL 样品的抽吸/喷射循环，将目标物提取到毛细管涂层上 [图 2-15（1）]。通过一次 2μL 甲醇的抽吸/喷射循环清洗注射针尖后，用流动相从毛细管涂层解吸萃取化合物。将六通阀切换至注入位置 [图 2-15（2）] 将化合物输送至 LC 柱，并由 MS 系统以 SIM 模式进行检测。五种亚硝

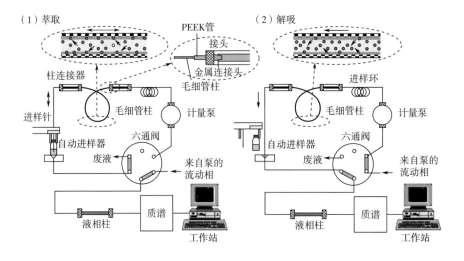

图 2-15 在线管内固相微萃取液质联用示意图

胺的检测限为 0.02 ~ 1.14pg/mL，日内、日间 RSD 分别小于 7.3% 和 9.2%；所开发的方法具有高度的灵敏度和特异性，使用 5mg 头发样本即可轻松测量其中亚硝胺水平。

3. 固相支撑液液萃取

固相支撑液液萃取（Solid Supported Liquid-Liquid Extraction，SLE）采用特殊工艺处理过的硅藻土为萃取柱，拥有最大的比表面积和最低的表面活性，能提供理想的液液分配支撑表面。与液液萃取相比，多孔硅藻土表面能够形成一层薄薄的液膜，提供了大的比表面积，提高了萃取效率；另外，多孔硅藻土具有强吸水性、化学惰性等特点，能快速吸收样品基质中的水分，具有不易乳化、基质效应降低和需要样品量少等优点。样品前处理时，使用相应的萃取柱，仅需上样和洗脱两步，即可从水相中萃取目标化合物。当加入水性生物样品时，样品在填料的表面扩散并被吸收，从而形成萃取界面，相当于液液萃取的界面，当加入与水不相溶的有机溶剂后，目标分析物被有机溶剂溶解并收集下来。相较于液液萃取、固相萃取等传统尿液前处理方法，固相支撑液液萃取可有效提高样品的提取能力和效率，已广泛应用于人体尿液和血液样品的前处理。

Carmella 等[114] 在前处理中采用固相支撑液液萃取净化方式，分析了吸烟者尿液中的 NNAL。尿样一式三份，分别用来分析游离的 NNAL、NNAL-N-葡萄糖苷酸和 NNAL-O-葡萄糖苷酸；结合态的 NNAL 采用差减法得到。样品首先经过硅藻土固相萃取 96 孔板进行 SLE，再经过 Oasis MCX 固相萃取 96 孔板固相萃取后，进 LC-MS/MS 分析。方法检出限为 100 fmol/mL，回收率为 94.1%，RSD 小于 10%。吸烟者尿样中 NNAL、NNAL-N-葡萄糖苷酸和 NNAL-O-葡萄糖苷酸含量分别占 NNAL 总量的（31±11）%、（22±14）% 和（48±15）%。Xia 等[115] 在尿样处理时也采用了 SLE 及分子印迹萃取技术，建立了尿液中 5 种亚硝胺生物标志物的分析方法。前处理中，5mL 尿样先经过 Chem Elut 小柱，并用二氯甲烷进行洗脱；接着再采用 NNAL 分子印迹柱，对洗脱液进行净化萃取，蒸干复溶后进 LC-MS/MS 分析。NNAL、NNN、NNK、NAT 和 NAB 检出限分别为 0.6pg/mL、0.6pg/mL、10.0pg/mL、0.4pg/mL 和 0.4pg/mL，日内和日间 RSD 分别为 0.82% ~ 3.67% 和 2.04% ~ 7.73%。方法适合暴露于烟气、二手烟抽烟者或非吸烟者尿液中烟草特有亚硝胺的检测。

固相支撑液液萃取技术不仅应用于尿液的净化富集，也被用于指甲中亚硝胺标志物的分析。相较尿样和血样，头发和指甲等样本更易收集，样本稳定性也更好。2006 年，Stepanov 等[116] 对 35 名吸烟者指甲样本进行了分析。方法检出限为 0.02pg/mg。吸烟者指甲中 NNAL 含量范围为（0.41±0.67）pg/mg，非吸烟者指甲中没有发现 NNAL；后续研究中发现 17 名吸烟者中 NNN 含量为（4.63±6.48）fmol/mg，与指甲中 NNAL 含量有良好的相关性。NNN 含量远高于 NNAL 含量，二者含量比约为 2.8。

4. 超临界流体萃取

超临界流体萃取（Supercritical Fluid Extraction，SFE）是国际上较先进的物理萃取技术。超临界流体是指处于临界温度（T_c）和临界压力（P_c）以上的流体，因其既非气体也非液体，而是一种介于气液两相之间的流体，故其既有与气体相当的渗透性和低黏度，又有与流体相近的密度和对物质优良的溶解能力。SFE 是利用流体的溶解能力与其密度的关系，即利用压力和温度对超临界流体溶解能力的影响而进行的。在超临界状态下，流体与待分离的物质接触，使其有选择地依次把极性大小、沸点高低和分子质量大小的不同成分萃取出来，然后借助减压、升温的方法使超临界流体变成普通气体，被萃取物质则自动完全或基本析出，从而实现特定溶质的萃取。二氧化碳是惰性气体，具有不易燃烧、化学性质稳定、无毒、无臭、安全、廉价等优点，是 SFE 常用的流体。

Prokopczyk 等[117] 对 15 名吸烟者和 10 名不吸烟者的宫颈黏液标本进行超临界流体萃取。将样本加到滤纸上，在 60℃和 350atm 下，采用含有 10%甲醇的二氧化碳萃取 90min，将分析物收集在含有正己烷的小瓶中进行 GC-MS 分析。结果显示：吸烟者的宫颈黏液中含有可测量数量的强效致癌物 NNK，烟者样本中 NNK 的浓度明显高于不吸烟者。Prokopczyk 等[118] 对 18 名吸烟者和 9 名非吸烟者胰液中的 NNK 及其代谢物 NNAL 进行了分析，NNK 检出限为 0.7ng/mL。吸烟者胰液中 NNK 含量显著高于非吸烟者。超临界流体萃取虽然具有更快的扩散速度和更高的萃取效率，但仍存在部分问题，尽管二氧化碳与水不混溶，但还是会溶解少量水，水样或含水率高的样品在进行超临界流体萃取时，少量的水容易在流路中冻结，造成堵塞；且水的极性对后续的色谱分析中还有一定的影响。因此，在提取尿液、血液、唾液等液体样品时，该方法没有得到广泛应用。

二、烟草特有亚硝胺生物标志物仪器分析方法

（一）LC/GC 结合热能分析仪（Thermal Energy Analyzer，TEA）检测

化学发光检测器是目前最具选择性的气相色谱检测器之一，热能分析仪就是其中一种，是分析含有硝基和亚硝基化合物的专属检测器。Fine 等[119]（1975 年）讨论了 TEA 检测器的原理。如图 2-16 所示：从 GC 柱流出的化合物进入 TEA 中的裂解器，吸收能量后，含有硝基和亚硝基的化合物碎裂，释放出亚硝基自由基（NO·）；紧接着使用冷阱除去其他有机化合物、溶剂和碎片产物。经冷阱净化后，亚硝基自由基在反应室内被臭氧氧化，产生电子激发态的 NO_2^*。NO_2^* 衰变回基态，通过化学发光过程在光谱的近红外区域发光。产生的光子数量与衰变的 NO_2^* 成正比，通过光电倍增管对相应的光子进行计数，即可计算含有亚硝基化合物的含量。

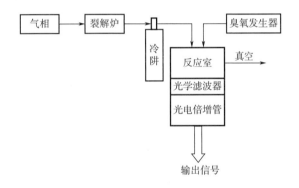

图 2-16 GC-TEA 分析仪原理图

一些关于人类生物样本中出现亚硝胺的首次报告就是使用 GC 或 LC 与 TEA 联用进行分析[120,121]，证明吸烟者尿液中存在亚硝胺代谢物的开创性工作也是使用 GC-TEA[93] 进行的。该研究定量了吸烟者 24h 尿样中 NNAL（NNK 代谢物）及其葡糖苷酸的水平，游离 NNAL 及结合态 NNAL 的含量分别为 0.23～1.0μg/24h 和 0.57～6.5μg/24h。Hecht 等[122] 发表了关于接触侧流香烟烟雾的非吸烟者尿液中存在 NNAL 及其葡糖苷酸的第一份报告。样品前处理烦琐，包括液液萃取、净化、24h 水解、衍生等多步富集净化过程，需要用乙酸乙酯提取大量尿液（100mL）。在该类方法发表后的十多年中，大多数定量尿液中亚硝胺（主要是 NNK 的代谢物，即 NNAL 和 NNAL-葡萄糖苷酸）的研究都是以该方法为基础，仅进行微小优化开展的；优化的具体方面包括

修改内标物、分析尿液量减少、用晨尿代替 24h 尿液样本等。通过使用毛细管气相色谱，GC-TEA 方法的灵敏度提高了近 20 倍，分析时所需的尿液量减少到 50mL。Anderson 等[123] 在分析暴露于 ETS 的吸烟者和非吸烟者尿液中 NNAL 和 NNAL-葡萄糖苷酸时，所需尿液量分别为 5mL 和 20mL。

NNK 代谢为 NNAL 产生手性中心，研究表明，（R）-NNAL 在小鼠体内比（S）-NNAL 更具致瘤性，并具有显著不同的代谢途径，因此测定吸烟者中 NNAL 和 NNAL-葡萄糖苷酸的对映异构体的量非常重要。1999 年，Carmella 等[124] 利用 β-环糊精手性固定相色谱柱，实现了（R）-NNAL 和（S）-NNAL 对映体的基线分离。30 名吸烟者尿液分析表明 NNAL 在尿液中的对映体分布为 54%（R）和 46%（S）±7.0（SD），而 NNAL-葡萄糖苷酸的对映体分布为 68%（R）和 32%（S）±8.1（SD）。这些数据对于进一步了解 NNK 在吸烟者肺癌病因中的作用至关重要。虽然色谱分离时间为 100min，Hecht 等[87] 还是成功地利用该方法研究了立体选择性受体与 NNAL 的结合过程。Campo 等[125] 讨论了使用环糊精作为手性分离柱的优势在于其截锥结构。环糊精内腔是相对疏水的，而外表面是亲水的，带有羟基，可以很容易地衍生以改变其对应选择性质。如果目标分子对环糊精腔的亲和力大于基质组分的亲和力，则通过环糊精腔与相关分析物之间的空间相容性即可实现高效手性分离。

Hecht 等[126] 还使用 GC-TEA 对血浆中的 NNAL 和 NNK 进行了定量分析。每个样品血浆用量为 5~10mL。血浆用 0.1mol/L NaOH 碱化后，用二氯甲烷中和并提取 3 次。NNAL 和 NNK 的进一步分析与尿液分析的传统步骤一致。Prokopczyk 等[34,35] 采用超临界流体萃取结合 GC-TEA 对宫颈黏液和胰液中 NNK、NNN、NNAL 进行了研究。由于含水率高的样品在进行超临界流体萃取时易发生管路堵塞，该方法并没有被广泛地推广。

2003 年之前进行的大多数研究都使用 GC 和 TEA 检测来定量亚硝胺，但该方法有许多不足。首先，TEA 是高度专业化的检测器，在其他领域的应用非常少；其次，基于 GC-TEA 的方法需要的样本量非常高，尿液、血液等样本采集有一定困难；再次，样品前处理非常复杂，包括多个提取和纯化步骤，在分析结合态代谢物的情况下需进行 24h 酶水解，最后还要对样品进行衍生。为获得良好分离效果，色谱出峰时间一般超过 15min，分析效率低。GC-TEA 的最主要的缺点是其无法区分共流出的亚硝基化合物[127]。Morcos 和 Wiklund[128]、Meulemans 和 Delsenne[129] 报告了人体尿液中硝酸盐和亚硝酸盐的

存在，正如 Fine 等[119] 报告的那样，这可能是潜在的共流出物干扰源。Tulu-
nay 等[130] 发表的研究中指出，由于共流出峰的存在，无法测定招募的受试者
尿液中总 NNAL。这表明 GC-TEA 方法存在潜在的选择性问题。

（二）LC-MS 检测

随着现代液相色谱与质谱联用技术的发展，定量测定血液、血浆和尿液
等生物基质中分析物的高通量方法的需求得到了满足。Byrd[131] 发布了第一
份经验证的使用 LC-MS/MS 和 SPE 测定尿液中的 NNAL 方法，尿样需求量为
15mL，检测限为 20pg/mL。虽然 LC-MS/MS 方法具有高灵敏度、高选择性、
高通量的优势，但存在基质效应的问题。基质效应通常会对方法的准确性和
灵敏度产生不利影响。Annesley[132]、Srinivas[133]、Taylor[134] 和 Matuszewski
等[135] 在综述中讨论了评估和解决基质效应的策略，消除或最小化基质效应
的两种最重要和最常见的方法是改进样品前处理方法及优化色谱分离条件。
矫正基质效应常用的方法是使用稳定的同位素标记物为内标物。稳定同位素
标记物在化学和结构上与目标物相同，但分子质量不同；因此，可通过校准
目标分析物对其同位素标记物的响应，达到消除基质效应（Fu 等[136]；Stokvis
等[137]；Avery 等[138]）的目的。^{13}C 标记内标优于氘化内标，因为后者可能表
现出异于目标物的性质，如不同的保留时间和回收率等。

Jacob 等[96] 在尿样前处理中将 NNAL 衍生为相应的己酸酯，这有助于色
谱分离尿液中潜在极性干扰成分，分离度的提高降低了基质效应，增强质谱
的检测灵敏度，方法的检出限达到 0.25pg/mL。Kassem 等[97] 应用该方法研
究了参加允许抽吸水烟的社交活动后，水烟吸食者和非吸烟者尿液中 NNAL
含量的差异。结果发现水烟吸食者参加活动后尿液中 NNAL 含量显著上升。
Jacob 等[98] 利用该方法开展了三手烟造成的环境污染及对人们带来的危害等
研究工作。尽管该方法得到了较广泛的应用，其复杂的前处理步骤及较长的
色谱分析时间（大于 20min）还是限制了该方法的通量。2005 年，Xia
等[107] 成功设计了 MIPs，并将其应用于人尿液中的 NNAL 提取，然后进行
LC-MS/MS 检测。尽管 MIPs 在样品提取中提供了更高的选择性，但提取后的
样品可能存在重要的干扰成分。基质中的共流出化合物以及离子干扰可导致
离子抑制现象，对质谱仪的定量产生不利影响。2009 年，Shah 等[108] 在研究
尿液中 NNAL 分析时，对 XTerra MS C_{18}、Ascentix Express C_{18}、Polaris C_8 和
Gemini C_{18} 色谱柱进行了比较，发现 Gemini C_{18} 色谱柱最合适，能提供良好

的峰形和响应。使用甲酸铵缓冲液和乙腈的组合优化梯度后，尿液中 NNAL 峰在未观察到离子抑制的区域洗脱，信号响应增加 25 倍，大大提高了分析灵敏度，分析时间缩短到 6.5min。Kavvadias 等[110] 在人尿中 NNAL、NNN、NAB、NAT 分析中分别引入了 NNAL-d3、NNN-d4、NAB-d4、NAT-d4 为相应的内标物，矫正了分析物的电离变化，补偿了基质效应，增加了分析的准确度。

2003 年后，研究人员大多利用 LC-MS/MS 对吸烟者血浆样品中的 NNAL 及其葡糖苷酸进行定量分析。2004 年，Pan 等[100] 基于 NNAL 为极性化合物的性质，采用一次液液萃取，亲水色谱柱分离（HILIC 柱），串接质谱检测人血浆中的 NNAL，色谱运行时间仅为 1min，且没有观察到对分析的不利基质影响。2005 年，Carmella[105] 采用一次 MCX 固相萃取，反相 C$_{18}$ 色谱柱分离，串接质谱检测了吸烟者血浆中的 NNAL。反相色谱柱和 HILIC 柱均可用于极性化合物的分离，但其原理不同：反相色谱法使用非极性固定相和极性流动相，通过目标物与固定相的疏水相互作用程度进行分离；亲水色谱使用强有机流动相对亲水性固定相进行洗脱，洗脱是通过增加流动相中的水含量来驱动的[139]。亲水色谱中使用的高挥发性有机流动相（如甲醇和乙腈）提高了 MS/MS 检测的电离效率。此外，这些溶剂的较低黏度导致较低的柱压，提高了色谱柱的寿命[140]。上述方法所需血浆量均为 1mL，与之前发布的一些基于 GC-TEA 的方法（血浆样品为 5~10mL）相比，所需血浆量大幅下降。

在线样品提取技术因其分析速度快、灵敏度高、预富集因子高、每个样品的提取成本低而备受关注。Shah 等[141] 开发了一种全自动方法，在分子印迹聚合物微柱上直接注射尿液，并在线与串联质谱联用，以分析 NNAL。在清洗步骤中，使用柱切换阀将基质成分转移至废液。在注射量低至 200μL 的情况下，作者能够实现尿液中 20pg/mL NNAL 的检出限，而无需在试验台上进行任何样品提取步骤[142]。2014 年，Hu[112]，Chao 等[143] 相继采用在线固相萃取液质联用方法研究了吸烟者或二手烟气暴露者尿液中 NNAL 含量的变化。2021 年，Ishizaki 和 Kataoka[113] 建立了在线管内固相微萃取-液相色谱-串联质谱法测定头发样品中烟草特有的亚硝胺的方法，所开发的方法具有高度的灵敏度和特异性。

第三节　巯基尿酸类生物标志物分析技术

尿液中巯基尿酸类生物标志物是亲电性化合物的解毒产物。亲电性化合物进入人体后，在谷胱甘肽转移酶催化作用下，与内源性谷胱甘肽（GSH）结合，形成谷胱甘肽结合物，在肾脏及胰腺中，谷胱甘肽结合物在7-谷氨酰转肽酶作用下，断裂其谷氨酰基，然后在肝脏和肾脏中半胱氨酰甘氨酸酶及氨肽酶共同催化下，进一步断键，成为半胱氨酸结合物，该结合物在 N-乙酰转移酶的催化下，生成巯基尿酸类代谢物，从尿液中排出[144~146]。

目前已证明很多外源性亲电化合物如氯代烷烃、挥发性羰基化合物、苯及苯系物，酰胺类化合物等，均可在人体内代谢为巯基尿酸类化合物。尿液中这类化合物的测定，不仅可以提供化合物结构及毒理学方面的信息，而且还能反映亲电物质在生物体内的代谢状况。巯基尿酸作为生物监测指标时，具有很多优点。

（1）特异性高，不同外源性化合物可形成不同取代基的巯基尿酸；

（2）灵敏度高，低剂量的亲电化合物进入生物体，就可以形成相应的巯基尿酸；

（3）相关性高，巯基尿酸与外源性亲电化合物的暴露量之间存在较好的剂量效应关系；

（4）本底值低，非接触者本底值很低或没有。

基于这些优点，巯基尿酸在环境和职业暴露评估中发挥着重要作用。

文献中报道的常见的巯基尿酸类化合物和其母体化合物如表2-1所示。作为环境污染物的生物标志物，多个巯基尿酸类化合物常被同时检测。检测的方法主要包括 GC-MS 和 HPLC-MS/MS 方法。相比而言，HPLC-MS/MS 前处理简单，灵敏度高，更适合多巯基尿酸化合物的同时分析。本部分内容仅围绕 HPLC-MS/MS 分析检测技术，对文献报道的前处理和检测方法进行综述。

一、样品前处理技术

尿液中存在蛋白质、大量代谢物、盐和其他组成尿液样本基质的成分。盐可以改变分析物信号的强度，引起离子抑制或离子增强；具有类似结构的其他代谢物可与目标物从色谱柱上共洗脱。这些成分严重影响巯基尿酸类化合物分析的灵敏度和选择性。消除干扰是这类化合物分析的重要步骤。目前已有多种前处理技术用于这类化合物的分离分析。

表 2-1 巯基尿酸类化合物和其母体化合物

母体化合物	巯基尿酸类代谢物	中文	缩写
	N-Acetyl-*S*-(3,4-dihydroxybutyl)-L-cysteine	*N*-乙酰基-*S*-(3,4-二羟基丁基)-L-半胱氨酸	DHBMA
1,3-丁二烯	*N*-Acetyl-*S*-(1-hydroxymethyl-2-propenyl)-L-cysteine	*N*-乙酰基-*S*-(1-羟基甲基-2-丙烯基)-L-半胱氨酸	MHBMA
	N-Acetyl-*S*-(2-hydroxy-3-butenyl)-L-cysteine	*N*-乙酰基-*S*-(2-羟基-3-丁烯基)-L-半胱氨酸	
丙烯醛	*N*-Acetyl-*S*-(3-hydroxypropyl)-L-cysteine	*N*-乙酰基-*S*-(3-羟基丙基)-L-半胱氨酸	HPMA
巴豆醛	*N*-Acetyl-*S*-(3-hydroxypropyl-1-methyl)-L-cysteine	*N*-乙酰基-*S*-(3-羟基丙基-1-甲基)-L-半胱氨酸	HMPMA
丙烯腈	*N*-Acetyl-*S*-(2-cyanoethyl)-L-cysteine	*N*-乙酰基-*S*-(2-羧乙基)-L-半胱氨酸	CEMA
环氧乙烷	*N*-Acetyl-*S*-(2-hydroxyethyl)-L-cysteine	*N*-乙酰基-*S*-(2-羟乙基)-L-半胱氨酸	HEMA
丙烯酰胺	*N*-Acetyl-*S*-(2-carbamoylethyl)-L-cysteine	*N*-乙酰基-*S*-(2-氨基甲酰乙基)-L-半胱氨酸	AAMA
	N-Acetyl-*S*-(2-carbamoyl-2-hydroxyethyl)-L-cysteine	*N*-乙酰基-*S*-(2-氨基甲酰基-2-羟乙基)-L-半胱氨酸	GAMA
苯	*N*-Acetyl-*S*-(phenyl)-L-cysteine	苯巯基尿酸	SPMA

前处理最简单的方法是通过直接稀释尿液和过滤膜，然后直接进样分析[147]。在样品前处理过程中，尿液通常进行酸化，然后进行分离检测[148-150]。此外，还经常采用甲醇或乙腈对样品进行处理，或通过离心用以沉淀蛋白质[151-154]。

大多数文献报道方法采用固相萃取方法进行样品前处理。在固相萃取中，尿液被加入到固相萃取柱上，在真空压力下通过介质，在固体萃取柱中的材料捕获目标物，然后使用若干体积的溶剂去除样品中的杂质组分，再用缓冲液或有机溶剂将浓缩和纯化的分析物从固相萃取柱中进行洗脱，最后分析。通常采用手动固相萃取技术中，使用尿液体积在 1～5mL。各种固相柱已用于尿液中巯基尿酸类化合物的分析，包括反相固相萃取[155-157]、反相强阴离子交换（RP-SAX）[158] 和限进色谱柱（RAM）在线固相萃取[159,160]。限进色谱柱的固定相比较特殊，它结合了尺寸排阻和其他保留机制。内表面为反相 C_{18}、C_8 或 C_4 烷烃链的硅胶颗粒，可以保留小分子分析物，外表面为亲水性（如甲基纤维素）。候宏卫等[160] 采用 LiChrospher® RP-8ADS 限进色谱柱，有效去除了尿液基质中蛋白和盐类成分，结合柱转换技术实现小分子的 CEMA 和 HEMA 的纯化、富集和高灵敏检测。分散液液微萃取是一种新型样品预处理技术，具有绿色高效的优点。王宇等[161] 报道以十二醇-三氯甲烷混合溶剂作为萃取剂、甲醇作为分散剂实现尿中苯巯基尿酸的悬浮固化分散液相微萃取，方法检出限为 19ng/mL。

在多数生物测定方法中，样品前处理通常是限速步骤。因此，样品自动化前处理成为流行趋势，在巯基尿酸化合物分析中，也可采用在线固相萃取技术[162]。其中 96 多孔样品板可满足高通量固相萃取的要求[163]。这种强阴离子交换介质用于增加苯和甲苯硫醇盐分析中的萃取量，以研究吸烟者[155] 和加油站工人[164] 的苯暴露。最近，Kuklenyik 等[165] 描述了一种 96 孔板样品提取和样品处理技术，用于非职业接触研究中四种巯基尿酸类化合物的分析。为提高分析测试的稳定性和灵敏度，该研究优化了样品萃取参数包括萃取溶液、萃取体积等。最终确定的前处理方法为：样品上样后，加入 2%甲酸溶液，采用强阳离子交换色谱柱（SCX）进行在线萃取（甲醇，2%甲酸溶液活化），分别采用 2%甲酸和 2%甲酸-20%甲酸水溶液洗涤，2%氨水和 80%甲醇水溶液洗脱，洗脱液通过样品孔中的氮气蒸干复溶，样品可储存 4d，此方法具有高通量、全自动、在线分析等优点。另一种在线固相萃取采用柱切换技术，适用于大体积样本的高通量分析[155-157,159,160]。柱转换系统的原理如图 2-17 所示，这种方法中，目标化合物保留在捕集阱中，当阀位置切换时，尿液中的蛋白质和盐类被切换至废液中。阀再次切换时，洗脱液将捕集阱中的目标化合物洗脱至分离色谱柱中进行分离。采用柱切换技术的在线固相萃取方法由于省时省力，发展十分迅速，将来可能商品化。Kuklenyik 等[166] 介绍了该方法的设计思路、方法优化等，并介绍了 3 个实例，其中就包括两种巯基尿酸类化合物的分析测定。Schettgen 等[159,167-169] 采用在线固相萃取−LC−MS/MS 方法同时测定了芳香化合物和挥发性烷基化合物的巯基尿酸类生物标志物，用于职业暴露和卷烟烟气、环境污染物的人群暴露评估。

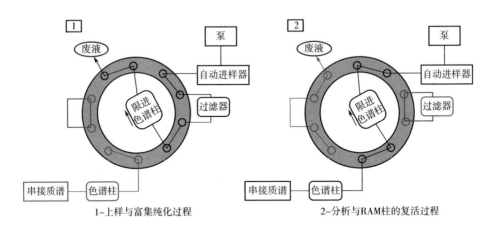

1−上样与富集纯化过程　　　　　　　2−分析与RAM柱的复活过程

图 2-17　柱转换系统

二、分离检测技术

巯基尿酸类化合物常采用反相色谱柱，这种类型的色谱柱包括非极性烷基链的固定相，如 C_{18}、C_8 和 C_4 等。质谱检测时，流动相的水相常采用挥发酸或者缓冲溶液如甲酸、乙酸、甲酸铵、乙酸铵等，有机相通常采用甲醇和乙腈，采用等度或梯度洗脱。反相色谱通常和电喷雾−质谱连接，缺点是亲水性化合物如离子类或极性化合物在色谱柱上的保留效果较差。文献中也有采用混合分离模式的，如 Kotapati 等[170] 将反相柱和弱阴离子交换柱结合起来用于分离 1,3−丁二烯的强极性巯基尿酸化合物 2,3,4−三羟基丁基硫尿酸（THBMA）。

亲电性物质如致癌性丙烯酰胺、丙烯腈、苯乙烯、1,3−丁二烯等化合物的化学监测十分重要。这些化合物的巯基尿酸类生物标志物极性很强，特别是含有羟基烷基的化合物。色谱分离这些化合物时，如果不使用高水相条件和非挥发性流动相组分，很难在色谱柱上保留，而这些流动相与质谱检测兼容性较差，灵敏度较低。亲水色谱（HILIC）则可解决该问题。这种色谱柱采用极性改性的固定相，能够在其表面形成一层富水层，从而增强了对一些强极性化合物的保留能力，有效地克服了反相色谱柱对该类化合物保留能力差的缺点。与传统反相色谱柱不同，HILIC 色谱柱只需要流动相中含少量的水，即可实现对强极性化合物的保留，而有机相的增加有利于质谱检测时化合物灵敏度的提高。Kopp 等[157] 采用 HILIC-ESI-MS 对丙烯酰胺的代谢物进行了分离分析，实现了 AAMA 亚砜和 GAMA 的基线分离，解决了以往采用 GAMA 作为生物标志物，两个化合物无法完全分离引起的人体丙烯酰胺过暴露评估的问题。

采用液相串联质谱对巯基尿酸类生物标志物进行检测时，采用的离子化技术主要包括电喷雾（ESI）和大气压电离（APCI）。使用电喷雾离子化时，样品先带电再喷雾，带电液滴在去溶剂化过程中形成样品离子，从而被检测。该技术是一种温和的"软"电离技术，不会引起目标物显著的热降解，能够电离极性/非挥发性分子，且具有较高的电离效率，利于提高检测器的灵敏度，使用时通常需要水和流动相的酸性 pH 来帮助电离。使用大气压电离离子化时，样品先形成雾，电晕放电针对其放电，在高压电弧中，样品被电离，去溶剂化形成离子，然后进行检测。大气压电离源一般用于弱极性或中等极性化合物的分析，比电喷雾源适用性更强，且受基质效应影响较小。目前，多数文献都采用电喷雾源，仅有一篇文献报道使用大气压电离源。Norrgran等[171] 建立了人体尿液中除草剂的 6 种巯基尿酸类化合物的高灵敏、高选择性 HPLC-MS/MS 方法，样品仅需简单稀释，经反相色谱柱分离后，采用大气压电离源质谱进行检测，方法的检测限低至 0.036~0.075ng/mL。

第四节　多环芳烃生物标志物分析技术

多环芳烃是指由两个或两个以上的苯环稠合在一起以直链状、角状或串状排列的一类有机化合物，是最早被发现的一类环境致癌化合物。美国国家环境保护局（U. S. Environmental Protection Agency，USEPA）早在 20 世纪 70 年代就规定将萘（Naphthalene，Nap）、苊（Acenaphthene，Ace）、二氢苊（Acenaphthylene，Acy）、芴（Fluorene，Flu）、菲（Phenanthrene，Phe）、蒽[（Anthracene，Ant）、荧蒽（Fuoranthene，Fluo）、芘（Pyrene，Pyr）、苯并[a] 蒽 [Benedict（a）anthracene，BaA]、屈（Chrysene，Chr）、苯并[b] 荧蒽 [Benzo（b）Fluoranthene，BbFlu]、苯并 [k] 荧蒽 [Benzo（k）Fluoranthene，BkFlu]、苯并 [a] 芘 [Benzo（a）pyrene，B（a）P]、二苯并 [a，h] 蒽 [Dibenz（a，h）anthracene，DiBahA]、苯并 [ghi] 苝（1，

12-Benzoperylene，BghiP）和茚并（1,2,3-cd）芘［Indeno（1,2,3-c,d）Pyrene，InP］16 种多环芳烃最为优先控制污染物。

多环芳烃可通过呼吸道、皮肤接触、消化道等多种暴露途径进入人体。由于多环芳烃在体内的剂量受多种因素如个体差异、生活习惯、饮食等影响，一种生物标志物很难反映多环芳烃的实际暴露水平，尤其是致癌性多环芳烃如苯并芘在体内的水平，因此通常采用多种多环芳烃代谢物的共同检测来综合反映多环芳烃的暴露水平。目前可作为人体内多环芳烃暴露生物标志物主要有：尿中多环芳烃代谢物、尿中硫醚、尿中致突变物、多环芳烃-脱氧核糖核酸加合物、多环芳烃-蛋白质加合物。目前尿中单羟基多环芳烃是研究最多的暴露生物标志物，可反映近期多环芳烃的暴露情况，羟基萘、羟基菲、羟基芘及羟基苯并芘和羟基苯并蒽是目前常用的接触生物标志物，但多环高沸点的多环芳烃代谢产物如羟基苯并芘和羟基苯并蒽主要从粪便排出体外，尿中浓度较低、不易检出、回收率低，是目前测定的难点。

①芘及其代谢产物 1-羟基芘。由于多环芳烃混合物中均含有 2%～10%的芘，所以在总多环芳烃中含量较稳定。空气中芘的浓度与苯并［a］芘及总多环芳烃都有很强的关联性。尿中 1-羟基芘（1-羟基芘）浓度与空气中多环芳烃浓度有较高的一致性。1-羟基芘可以衡量个体短期多环芳烃的实际暴露水平，是目前使用最广泛的多环芳烃代谢生物标志物。

②萘及其代谢产物。萘是挥发性最高的多环芳烃，而且无论是一般人群还是职业暴露中，萘的含量都高于其他多环芳烃。近年来，一些国家或国际机构［如国际癌症研究机构（The International Agency for Research on Cancer，IARC）、美国国家环境保护局（USEPA）等］均将萘归为潜在的致癌物质。香烟烟气中含有大量的萘，其含量为芘的 100 倍，吸烟可使吸烟者体内萘的浓度明显增加。非职业暴露吸烟人群尿中羟基萘含量比非吸烟者高 4 倍，且与每日吸烟量相关。

③苊及其代谢产物。苊是一种主要的多环芳烃，目前已在煤焦油、卷烟烟气、汽油、表层水、自来水和河道淤泥中发现它的存在。苊在人体尿液中的主要代谢物是 2-羟基苊和 3-羟基苊。

④菲及其代谢产物。菲是常见多环芳烃中含量较高的一种，在煤焦油中，菲是一个主要的污染成分。菲的代谢产物主要有：单羟基菲（1-羟基菲、2-羟基菲、3-羟基菲、4-羟基菲、9-羟基菲）和二羟基菲（1,2-二羟基菲、

3,4-二羟基菲、9,10-二羟基菲）。它们主要与硫酸和葡糖醛酸结合，排出体外，在啮齿类动物的实验中，还检测到它们的硫醇丙酮酸、硫醇尿酸、硫醇草酸及硫醇乙酸的结合物。通常采用几种单羟基菲的浓度一起来评价人体对外源性菲的暴露。

⑤苯并［a］芘及其代谢产物。苯并［a］芘是一种常见的多环芳烃类化合物，由于其对人体具有强烈的致癌性而引起广泛关注。尿中苯并［a］芘存在着多种代谢产物，包括 12 种羟基结构异构体，如 1-羟基苯并［a］芘［1-Hydroxybenzo（a）Pyrene，1-OHBaP］、2-羟基苯并［a］芘、3-羟基苯并［a］芘［3-Hydroxybenzo（a）Pyrene，3-OHBaP］、8-羟基苯并［a］芘和 9-羟基苯并［a］花等，其中研究最多的是 3-羟基苯并［a］芘。尿中羟基苯并［a］芘［Hydroxybenzo（a）Pyrene，OHBaP］的浓度很低，不同的工作场所尿中 3-羟基苯并［a］芘浓度水平还与研究者所采用的分析方法有关。传统的液相色谱-荧光检测法（High performance liquid chromatography-fluorescence detector，HPLC-FLD）法分析 3-羟基苯并［a］芘的检测限太高，不能对非暴露人群甚至暴露人群进行精确测定。由于尿液中 3-羟基苯并［a］芘与外暴露多环芳烃的稳定关系尚未发现，同时由于 3-羟基苯并［a］芘浓度极低，对分析方法要求很高，因此将 3-羟基苯并［a］芘作为生物标志物的可靠性不高。

一、样品前处理技术

尿液中羟基多环芳烃（Hydroxypolycyclic Aromatic Hydrocarbons，OH-PAHs）是目前研究最多的生物标志物，在尿液中以结合物形式存在（主要与葡糖苷酸和芳基硫酸结合）。其中，研究最多的羟基多环芳烃代谢物为 1-羟基芘、2-羟基萘、2-羟基芴、3-羟基芴、单羟基菲（1-羟基菲、2-羟基菲、3-羟基菲、4-羟基菲、9-羟基菲）和二羟基菲（1,2-二羟基菲、3,4-二羟基菲、9,10-二羟基菲）。尿样的前处理技术主要包括水解、萃取净化等过程。目前大部分方法是将单羟基多环芳烃的葡糖苷酸和硫酸结合产物用 β-葡糖苷酸酶或硫酸酯酶水解为游离型羟基多环芳烃，再进行萃取、浓缩富集等过程。

（一）水解

水解方法主要包括酶水解、碱水解和酸水解 3 种，其中最常用的方法是酶水解法。一般在尿样中加入 pH5.5±0.5 的乙酸-乙酸钠缓冲溶液，再加入 β-葡糖苷酸酶或 β-葡糖苷酸酶或芳基硫酸酯酶，在 37℃过夜水解，此法水解反应进行得较彻底，目标物质损失少，但酶活力有差异，方法重现性差。1985年 Jongeneelen 等[172] 初次采用 β-葡糖苷酸酶或芳基硫酸酯酶水解尿样，测定1-羟基芘含量，此后研究者多沿用此方法测定尿样中的多环芳烃羟基代谢产物。

碱水解法是采用 NaOH 固体或溶液水解尿样。如李晓华等[173] 在 2mL 尿样中加入 0.5mL 0.6g/mL NaOH 溶液，于 100℃ 水浴加热 3.5h，水解效果与酶水解法相近。此方法用时短、NaOH 用量少但目标物有损失。

酸水解法是采用 HCl 溶液水解尿样。如 Chauhan 等[174] 用 HCl 将 5mL 尿液调节至 pH2.0 于 80℃ 水浴 1h，测定尿样中 5 种单羟基多环芳烃，此法用时最短，但水浴温度要求高，目标物也有损失。

（二）萃取净化

水解后的尿样仍含有较多杂质，不利于痕量羟基多环芳烃的检测，通常需要对尿液进行萃取净化后再进仪器分析。萃取净化的方法主要包括：液液萃取、固相萃取、液液微萃取、磁固相萃取、搅拌棒吸附萃取等。其中，前两种是应用最广泛的萃取方法。

1. 液液萃取

液液萃取是一种比较经典的萃取方式，操作较为简单，可对样品中的目标物进行富集。尿液中多环芳烃代谢物液液萃取常用的萃取溶剂有正己烷、戊烷、二氯甲烷等。如 Woudneh 等[175] 和 Li 等[176] 分别用 4mL 和 5mL 戊烷两次萃取酶解后的尿样，后者经三甲基硅烷衍生后用气相色谱-高分辨质谱法（Gas Chromatography-High Resolution Mass Spectrometer，GC-HRMS）分析测定，22 种目标物的回收率约为 70%，且戊烷挥发性强（沸点 36℃），因此氮吹浓缩过程中可减少目标化合物的损失。Campo 等[177] 比较了乙醚、乙酸乙酯、二氯甲烷和正己烷的萃取效果，结果表明正己烷回收率高，色谱峰型干净且浓缩时间短。付慧等[178] 采用甲苯-戊烷（体积比 1:4）为萃取剂，对酶解后的尿液进行液液萃取，萃取液氮气吹干，甲苯复溶后，采用 N-甲基-N-（三甲基硅烷）三氟乙酰胺 [N-Methyl-N-（trimethylsilyl）trifluoroacet-amide，MSTFA] 进行衍生化反应，结合高分辨气相色谱-高分辨双聚焦磁质谱同时测定人体尿样中 8 种多环芳烃代谢物，方法检出限为 0.006~0.042μg/L，平均回收率为 81.4%~127%。

2. 固相支持液液萃取

液液萃取法选择性高、分离效果较好、费用相对较低，但费时、费力、操作复杂。近年来流行的固相支持液液萃取（Solid Supported Liquid–Liquid Extraction，SLE）技术解决了传统液液萃取法费时、费力，操作复杂的问题。SLE 是在传统液液萃取法的基础上，采用硅藻土作为吸附剂，利用其结构多孔、吸水性强、性质稳定等特点，在互不相溶的两相实现快速微观液液萃取的一种新型前处理方法。与液液萃取相比，多孔的硅藻土表面能够形成一层薄薄的液膜，提供了大的比表面积，从而提高了萃取效率；而与固相萃取相比，固相支持液液萃取避免了活化和淋洗步骤，操作简单，且具有不易产生乳化现象的优点。

固相支持液液萃取技术也被用于尿液中羟基多环芳烃代谢物的分析中。如商婷等[179] 建立了一种基于固相支持液液萃取的前处理技术，利用液相色谱-串联质谱法（Liquid Chromatography Tandem Mass Spectrometry，LC-MS/MS）法测定了人体尿液中 10 种羟基多环芳烃。尿液采用硅藻土 SLE 柱进行富集净化，二氯甲烷-正己烷（体积比为 3∶7）混合溶液为洗脱液，洗脱液浓缩干后甲醇复溶进仪器分析。该方法检出限与定量限分别为 $0.06 \sim 0.3 \mu g/L$ 和 $0.2 \sim 1.0 \mu g/L$。Jiang 等[180] 采用 SLE 固相萃取柱净化酶解后的尿液，以戊烷与二氯甲烷混合溶液作为萃取溶剂，萃取液浓缩后采用 MSTFA 进行衍生化，结合气相色谱串联质谱（Gas Chromatography Tandem Mass Spectrometry，GC-MS/MS）法分析了尿液中羟基多环芳烃代谢物，方法检出限为 $2.3 \sim 13.8 pg/mL$。

3. 固相萃取

固相萃取是目前广泛采用的样品预处理技术，主要用于样品的分离、纯化与富集。与传统的液液萃取法相比，固相萃取可提高分析物的回收率，更有效地将分析物与干扰组分分离，减少预处理过程，操作简单、省时省力。固相萃取法包括离线固相萃取和在线固相萃取两种。

人体尿液中多环芳烃代谢物通常采用离线固相萃取，其中最常用的固相萃取柱是 C_{18} 固相萃取柱。C_{18} 柱是最常用的硅胶基质反相 SPE 柱，通过疏水性作用萃取非极性化合物。如陈玉松[181] 等采用 Bond Elut C_{18} 小柱对酶解后的尿液进行净化处理，以正己烷与甲醇混合溶液（体积比为 100∶0.7）洗脱，洗脱液氮气吹干，甲醇复溶后进 LC-MS/MS 分析，测定了尿液中 1-羟基萘、2-羟基萘、1-羟基芘、6-羟基䓛、3-羟基芴、1-羟基菲、2-羟基菲、3-羟基菲、4-羟基菲、9-羟基菲、2-羟基芴 11 种多环芳烃生物标志物。所建立的方法定量限为 6~130pg/mL，加标回收率为 72.45%~124.5%。宋喜丽等[182] 将 10mL 尿液经酶水解、C_{18} 固相萃取柱提取富集后，采用高效液相色谱串联质谱（High Performance Liquid Chromatography Tandem Mass Spectrometry，HPLC-MS/MS）负离子模式进行检测，分析了尿中 9 种单羟基多环芳烃（1-羟基萘、2-羟基萘、3-羟基芴、3-羟基菲、1-羟基芘、3-羟基䓛、6-羟基䓛、3-羟基苯并蒽和 9-羟基苯并芘）。方法检出限为 0.01~0.32ng/mL，回收率为 91.5%~128%，RSD<15%。

其他的固相萃取柱也被用于尿液中羟基多环芳烃的富集净化。如陈玉松等[183] 采用 Supel MIP™ SPE-PAHs 分子印迹柱对人体尿液中 13 种多环芳烃代谢物进行了 HPLC-MS/MS 检测分析。研究表明分子印迹柱不仅降低了基质效应，而且明显提高了目标物的响应，其检测限降低至 1~5pg/mL。Liu 等[184] 制备了一种氧化石墨烯负载的硅藻土材料，填充到固相萃取柱上，用于富集净化处理尿液，结合 HPLC-FLD 法检测了吸烟者尿液中痕量羟基多环芳烃代谢物（2-羟基-萘、2-羟基-芴、1-羟基-菲、1-羟基-芘），该方法检出限为 0.10~0.15ng/mL，回收率为 90.6%~100%。胡桂羽等[185] 在注射器管中合成聚（甲基丙烯酸丁酯-乙二醇二甲基丙烯酸酯）整体柱，将其用于尿液中 4 种羟基多环芳烃的前处理，结合 HPLC-FLD 分析。方法检出限和定量限分别为 0.06~0.09ng/mL 和 0.20~0.30ng/mL，对焦炉工人尿液样品进行加标实验，回收率为 78.2%~117.0%。该固相萃取柱能够有效萃取和净化尿液中 4 种羟基多环芳烃，并且可以重复使用。

离线固相萃取通常需要进行活化、上样、洗涤、洗脱等操作，实验步骤比较烦琐。在线固相萃取是离线固相萃取的全自动在线实现方式，能有效简化实验操作步骤，提高分析的通量。近年来，研究者们采用不同的固相萃取柱均实现了尿液中芳香胺代谢物的在线固相萃取。如 Gan 等[186] 采用水热反应合成了一种聚多巴胺-磁性纳米粒子，并构建了在线磁固相萃取-HPLC-MS 系统（图 2-18），实现了尿液中 8-羟基脱氧鸟苷和羟基多环芳烃的同时检测。所建立的方法简单、高效且通量高，检测限为 0.028~0.114ng/mL，且与离线磁固相萃取相比，灵敏度增加了 30~400 倍。Wang 等[187] 构建了在线固相萃取（Oasis WAX 固相萃取柱）-HPLC-MS/MS 系统分析尿液中 1-羟基萘、2-羟基萘、2-羟基芴、3-羟基芴、1-羟基菲、2-羟基/3-羟基-菲、4-羟基菲、1-羟基芘 9 种羟基多环芳烃代谢物，所建立的方法灵敏度高（检测限为

0.007~0.09ng/mL），回收率为94%~113%，且仅需100μL尿液样品。

4. 固相微萃取

固相微萃取通常是采用少量的吸附材料实现样品的分离、富集和净化处理。随着现代分离分析技术的发展，不同的固相微萃取技术被开发出来，其中顶空固相微萃取、萃取搅拌棒、分散固相微萃取以及磁固相微萃取等不同形式的固相微萃取技术均被用于尿液中羟基多环芳烃代谢物的萃取净化中。

顶空固相微萃取技术，如Zhu等[188]制备了一种Al掺杂的介孔材料萃取纤维头，建立了人体尿液中5种多环芳烃代谢物的顶空固相微萃取-气相色谱氢火焰检测器（Gas Chromatography-Hydrogen Flame Detector，GC-FID）分析方法。该方法检出限为0.06~0.18ng/mL，且不同纤维头之间的多环芳烃代谢物响应RSD为6.47%~13.9%（n=3）。

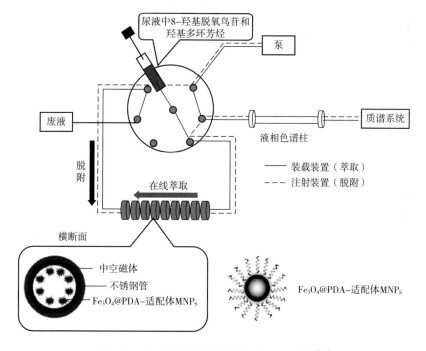

图2-18 在线磁固相萃取-HPLC-MS系统[15]

萃取搅拌棒技术，如Zhao等[189]采用萃取搅拌棒用于人体尿液中11种痕量多环芳烃代谢物的分析，方法有机溶剂用量少、快速、简便，检测限为0.001~0.003ng/mL，回收率为71.9%~126.7%。

分散固相微萃取技术，如Omidi等[190]采用N掺杂的介孔碳材料对尿液中的 1-羟基芘进行了分散固相微萃取，并结合液相色谱-二极管阵列检测器（Liquid Chromatography Diode Array Detector，HPLC-DAD）进行了检测，图 2-19 所示为实验流程图。所建立的方法在 1-羟基芘浓度范围为 0.1~50μg/L 线性关系良好，回收率为 95%~101%，方法检出限为 0.03μg/L。

近年来，相较于其他形式的固相微萃取技术，磁固相萃取（Magnetic-Based Solid-Phase Extraction，MSPE）技术用于尿液中多环芳烃代谢物的富集净化的报道较多。MSPE 是一种以磁性粒子为吸附剂的新型净化富集技术，与传统的固相萃取技术相比具有以下优势：通过外界磁场即可实现相分离，操作简单、快速；少量的磁性吸附剂即可快速批量处理样品；可对磁性吸附剂进行功能化修饰，提高目标物的选择性吸附；吸附剂可再生循环重复使用。

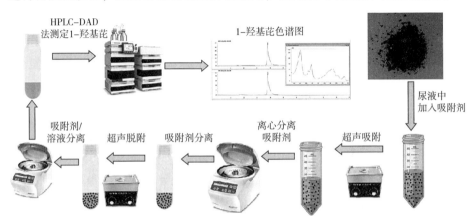

图 2-19　N 掺杂介孔碳分散固相微萃取-HPLC-DAD 法
测定尿液中 1-羟基芘代谢物流程图[190]

不同的磁性材料被用于尿液中多环芳烃代谢物的富集净化中，如阳离子磁性有机共价骨架（Covalent Organic Frameworks，COF）材料[191]、磁性金属有机骨架（Metal-Organic Frameworks，MOF）材料[192]、磁性石墨化氮化碳材料[193] 等。如 Zhang 等[191] 合成了一种带阳离子的溴化乙锭-磁性 COFs 材料进行磁固相萃取（图 2-20），并结合 HPLC-FLD 技术分析了非吸烟者和抽吸不同焦油量卷烟的吸烟者尿液中的 9 种多环芳烃代谢物，方法检出限为 0.003~0.0096ng/mL，回收率为 93.3%~121.3%，RSD 为 0.47%~3.53%。Wang 等[192] 合成了一种磁性 MOF 材料（$Fe_3O_4-NH_2@MIL-101$）用于尿液中痕量羟基多环芳烃代谢的磁固相萃取，结合 HPLC-FLD 法进行检测，方法检出限为 0.016 ~ 0.042ng/mL，重复性好（$R \leq 10.1\%$，$n = 5$），回收率为 78.3% ~ 112.9%，富集倍数为 9~15，同时 MSPE 处理过程不超过 5min。

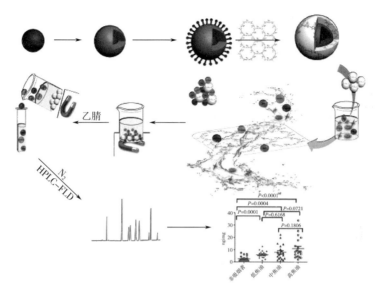

图 2-20　基于阳离子磁性 COFs 材料 MSPE-HPLC-FLD 法

测定尿液中 9 种羟基多环芳烃代谢物流程图[191]

5. 液液微萃取

Wang 等[194] 以辛酸为萃取剂，建立了一种尿液中 5 种羟基多环芳烃代谢物的凝固漂浮有机液滴-分散液液微萃取的方法，结合 HPLC-FLD 法进行了检测。图 2-21 所示为操作流程图。该萃取方法绿色、无毒、低成本、耗时少且选择性高；所建立的方法线性好，检出限为 0.018 ~ 0.076μg/L，回收率在 88.5% ~ 102.5%。

二、仪器分析方法

截至目前，文献报道有关人体尿液中多环芳烃羟基代谢物的分析方法很多，主要有以下几种：气相色谱法（Gas Chromatography，GC）、GC-MS、HPLC-FLD、HPLC-DAD、HPLC-MS/MS、电化学测定法。

（一）GC-FID 法

由于 GC-FID 法灵敏度有限，采用此方法研究人体尿液多环芳烃生物标志物的报道较少。Amorim 等[195] 采用正己烷对酶解后的尿液进行萃取，萃取液蒸干后加入 40μL 正己烷复溶，并采用 N-甲基-N-三甲基硅基三氟乙酰胺

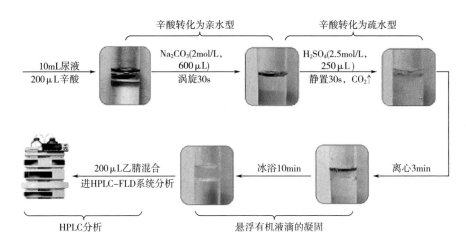

图 2-21　辛酸凝固漂浮有机液滴-分散液液微萃取-HPLC-FLD
测定尿液中 5 种羟基多环芳烃代谢物[194]

进行衍生化，结合全二维气相色谱-氢火焰离子化检测法对吸烟者与非吸烟者尿液中 10 种多环芳烃羟基代谢物进行分析，方法的检测限为 0.1~0.5μg/L。Zhu 等[188] 建立了一种人体尿液中 5 种多环芳烃代谢物的顶空固相微萃取-气相色谱-氢火焰离子化检测分析方法，方法检出限为 0.06~0.18ng/mL。

（二）GC-MS 法及 GC-MS/MS 法

GC-MS 法和 GC-MS/MS 法相对于 GC-FID 法灵敏度更高，特别是 GC-MS/MS 法具有更加优异的灵敏度和选择性。其中，GC-MS 法在尿液中羟基多环芳烃代谢物分析中应用较为广泛。现有文献报道中尿液经过净化处理后不衍生和衍生化反应后进 GC-MS、GC-MS/MS 仪器分析均有报道。由于羟基多环芳烃化合物极性较强，衍生化反应后能改善色谱峰峰型和提高灵敏度，但前处理过程比较烦琐、耗时。常用的衍生化试剂有 N,O-双（三甲基硅基）三氟乙酰胺[196]、N-甲基-N-叔丁基二甲基甲硅烷基三氟乙酰胺 [N-(tert-Butyldimethylsilyl)-N-methyl-trifluoro-acetamide，MTBSTFA][197]、碘代烷[198]、MSTFA[199] 等。

不衍生-气相色谱-质谱法的研究报道如下：1993 年，Grimmer 等[200] 建立了 GC-MS 法分析尿中多种羟基多环芳烃，包括羟基菲、羟基芘、羟基䓛、羟基苯并 [a] 蒽和羟基苯并 [a] 芘等。Smith 等[201] 加入 ^{13}C 标记的内标，建立了 SPE-GC-MS 法分析 16 种和 18 种羟基多环芳烃，用高分辨气相色谱

（High Resolution Gas Chromatography，HRGC）定量，检测限低至 ng/L 级水平。Carmella 等[202] 以 ^{13}C-菲酚为内标，尿样经 Chem-Elute 柱和蓝色人造丝柱固相萃取后，在负离子化学电离模式下，用 GC-MS 法检测 1-羟基菲（1-Hydroxyphenanthrene，1-OHPhe）、2-羟基菲、3-羟基菲、4-羟基菲。Romanoff 等[203] 用 HRGC 分析了 23 种羟基多环芳烃和 9 种多环芳烃，检测限达 ng/L 级水平。

衍生化-GC-MS 法的研究报道如下：Alekseenko 等[196] 将酶解后的尿液采用正己烷液液萃取，萃取液浓缩后采用 N,O-双（三甲基硅基）三氟乙酰胺（BSTFA）进行衍生化，进 GC-MS 分析了尿液中 1-羟基芘代谢物，方法检出限为 0.02ng/mL，回收率为 96%~102%。Dugheri 等[197] 构建了一种在线衍生固相萃取-GC-MS/MS 法分析了酶解后尿液中 1-,2-羟基萘、9-羟基-菲、1-羟基-菲、3-羟基苯并蒽、9-羟基苯并蒽、3-羟基苯并［a］芘。该方法中采用的衍生化试剂是 N-甲基-N-叔丁基二甲基甲硅烷基三氟乙酰胺（MTBST-FA），7 种羟基多环芳烃检出限为 0.25~4.52ng/L，日内精密度（RSD 为 2.5%~3.0%）和日间精密度（RSD 为 2.4%~3.9%）良好。

（三）HPLC-FLD 法

羟基多环芳烃类化合物具有荧光响应，同时 HPLC-FLD 法普及率高，对仪器设备要求较低，因此 HPLC-FLD 法是测定羟基多环芳烃最常用的方法之一。但是，当进行多组分共同测定尤其是异构体存在时，HPLC-FLD 法对目标化合物的分离存在一定的难度。早在 20 世纪 80 年代，Jongeneelen 等[204] 用 β-葡糖苷酸酶、芳基硫酸酶酶解尿样，经 C_{18}SPE 小柱富集尿中的羟基多环芳烃，采用 HPLC-FLD 检测 1-羟基芘，回收率为 78%±2%。李银萍 等[205] 采用 HPLC-FLD 法检测了吸烟人群尿中 8 种羟基多环芳烃，发现激发波长（λ_{ex}）、发射波长（λ_{em}）随分子结构中苯环数的增大而升高，且同分异构体之间也有差异，检出限为 0.49~1.98ng/mL。Zhang 等[191] 采用溴化乙锭-磁性 COFs 材料对酶解后的尿液中多环芳烃代谢物进行 MSPE（图 2-20），采用了 HPLC-FLD 法对非吸烟者和吸烟者尿液样品进行了分析。

（四）HPLC-DAD 法

HPLC-DAD 法由于灵敏度低于 HPLC-FLD 法，在尿液中羟基多环芳烃代谢物的分析研究中应用的不多。Omidi 等[190] 采用 N 掺杂的介孔碳材料进行分散固相微萃取，采用 HPLC-DAD 法对尿液中 1-羟基芘进行了检测

（图2-19）。

（五）HPLC-MS/MS法

HPLC-MS/MS法串联质谱的多反应监测具有较高的灵敏度和选择性，分析极性化合物时不需要衍生化反应，与GC-MS法相比，能省略烦琐的前处理过程，因此在羟基多环芳烃代谢物分析中具有独特的优势。HPLC-MS/MS法也是目前尿液中羟基多环芳烃代谢物中最常用的分析方法之一。目前，采用HPLC-MS/MS的大气压力化学电离（Atmospheric Pressure Chemical Ionization，APCI）和ESI电离技术分析尿液中羟基多环芳烃代谢物的研究均有报道。如陈玉松[181]等采用C_{18}小柱净化尿液样品，结合LC-MS/MS分析了尿液中11种多环芳烃生物标志物，方法灵敏度高，定量限为6~130pg/mL。Onyemauwa等[206]采用多环芳烃固相萃取柱分离富集尿液中的羟基多环芳烃代谢物，结合HPLC-MS/MS法分析，采用同位素内标法定量，测定了尿液中16种羟基多环芳烃，检出限为0.002~0.010μg/L。采用该方法测定57名钢铁工人和27名对照个体的尿液样本，结果发现1-羟基芘、2环和3环单羟基代谢产物在所有样品中均有检出，而4环和5环代谢产物大多低于检出限。

（六）电化学方法

电化学分析法是根据物质在溶液中和电极上的电化学性质为基础建立起来的一种分析方法。羟基多环芳烃具有稳定的电化学活性，但使用电化学方法测定羟基多环芳烃含量的报道很少。如Castro等[207]根据1-羟基芘的电化学特性，利用薄层汞膜电极，采用吸附溶出伏安法测定了尿中痕量的1-羟基芘，检出限为$1.06×10^{-9}$mol/L。Pang等[208]采用了氧化石墨烯印刷电极测定了三种羟基多环芳烃化合物（2-羟基萘、3-羟基菲和1-羟基菲），检出限分别为10.1nmol/L、15.3nmol/L和20.4nmol/L，回收率为98.1%~105.9%，所制备的电极稳定性和重复性较好，且抗干扰能力强。

（七）同步荧光光谱分析法

同步荧光分析法是一种相对比较简单的方法，无需样品预处理，具有灵敏度高、操作简便、谱图简单、选择性好、光散射干扰小等特点。1-羟基芘是内源荧光物质，无需衍生可直接进行荧光测定。如Hao等[209]构建了一种镧掺杂的MOF荧光传感器（图2-22），实现了尿液中1-羟基芘的检测。该传感器具有灵敏度和选择性高、响应快速以及重现性好等优点。

（八）毛细管电泳法

毛细管电泳是近二十年来发展最快的分离分析技术之一，具有分离效率高、分析速度快、样品用量少等特点。Wang 等[210] 建立了一种新型的细管内微萃取区带-毛细管电泳分析方法，将金纳米颗粒沉积于毛细管中，作为预浓缩装置，结合紫外检测器对人工合成尿液中的羟基多环芳烃代谢物 1-羟基芘、9-羟基芘、3-羟基苯并［a］芘、4-羟基苯并［a］芘、5-羟基苯并［a］芘进行了检测，检出限范围为 9~14ng/mL。该方法检出限低、重现性好，可用于大分子以及结构相似的多环芳烃代谢物的分析。

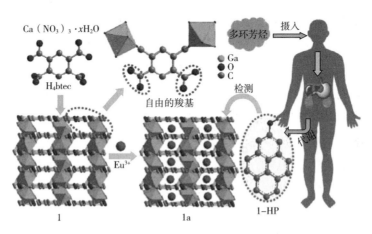

图 2-22　镧掺杂的金属有机骨架材料荧光传感器
用于尿液中 1-羟基芘代谢物的检测[209]

（九）酶联免疫吸附测定（Enzyme-Linked Immuno Sorbent Assay，ELISA）法

酶联免疫吸附测定法特异性强，不需要复杂样品前处理步骤，具有快速、简便等优点，但易产生假阳性。Knopp 等[211] 采用间接竞争酶联免疫吸附测定法，结合多克隆抗体球蛋白测定了人尿液中的 1-羟基芘。测定 1-羟基芘的线性范围为 0.05~2μg/L，检出限 0.02μg/L，回收率为 73%~118%。

第五节　芳香胺生物标志物分析技术

美国食品与药物管理局（Food and Drug Administration，FDA）发布的卷烟制品和卷烟烟气中有害物质及潜在危害物质名单（Harmful and Potentially Harmful Constituents，HPHCs）中包含 6 种芳香胺，4-氨基联苯、1-氨基萘、2-氨基萘、邻茴香胺、2,6-二甲基苯胺、邻甲苯胺。3-氨基联苯、4-氨基联苯、1-氨基萘、2-氨基萘四种芳香胺已被列入 Hoffmann 烟气有害成分名单中。芳香胺在人体内的代谢是在肝脏中由细胞 P450s（CYP1A2）作用下完成的，最终代谢产物为芳香胺–DNA 加合物[212]。

一、样品前处理技术

（一）水解

尿液中芳香胺代谢物以结合态存在，首先需要将其解离出来，通常采用酸解、碱解或者酶解等方式。酸解通常在尿液样品中加入一定量浓 HCl 加热水解 1h；碱解为在尿液样品中加入一定量 10mol/L NaOH 溶液 90℃加热水解 15h；酶解为在尿液样品中加入葡（萄）糖苷酸酶/芳香基硫酸酯酶或葡（萄）糖苷酸酶，37℃水浴 16h。Seyler 等[213] 对不同水解方式进行了比较研究，结果表明采用酸解和碱水解效果相当，均高于酶解。与碱水解相比，酸解时间更短，因此为最常用的解离方式。

（二）萃取净化

由于尿液基质复杂，芳香胺代谢物含量极低，在进行仪器分析之前一般需要对样品进行净化处理，常用的方式有液液萃取、固相萃取等。

1. 液液萃取

液液萃取为最经典的萃取净化方式。例如，Weiss 等[214] 和 Riedel 等[215] 均采用酸解处理尿液样品，酸解后的样品加入 10mol/L NaOH 溶液中和至 pH6.4，然后采用 5mL 正己烷萃取两次，正己烷相中加入五氟丙酸酐（Pentafluoropropionic Anhydride，PFPA）进行衍生化，衍生化后的溶液浓缩后进 GC–MS 分析，样品前处理流程图如图 2–23 所示。Grimmer[216] 等在尿液样品中加入苯和葡（萄）糖苷酸酶/芳香基硫酸酯酶 37℃水解 16h，酶解结束后进行相分离，甲苯相水洗后浓缩至 2mL，然后用甲醇稀释至 5mL 后采用五氟丙酰–咪唑进行衍生化反应；衍生化结束后过 Florisil 柱进行净化，浓缩后

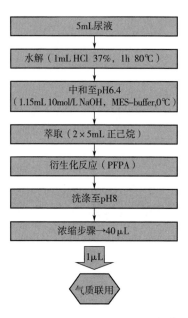

图 2–23　样品前处理流程图[214]

进 GC/MS 分析。液液萃取操作通常比较烦琐费时，且使用到一些有毒的有机溶剂，对实验操作人员的健康以及环境均造成了危害。

2. 固相萃取

Jurado-Sánchez 等[217] 采用了一种在线微波辅助酸解–固相萃取连续模块（图 2-24）对尿液中的芳香胺类化合物进行了样品前处理，采用 GC-MS 法进行了分析，前处理简单快速。其中，采用的在线固相萃取柱填料为 LiChrolut EN 吸附剂，洗脱溶剂为乙酸乙酯–乙腈（体积比为 9 : 1）。所建立的方法快速高效（一次样品分析仅需 15min），检出限低（2～26ng/L），精密度高（日内及日间精密度 RSD<7%）。Lamani 等[222] 对尿液进行酸解后采用二乙醚进行萃取，浓缩后进行碘衍生化，之后采用顶空固相微萃取进行富集后进全二维气相色谱–质谱法（GC×GC-MS）分析。Niu 等[218] 制备了一种有机骨架材料（JUC-Z2）固相微萃取纤维头（图 2-25），基于 JUC-Z2 上的 N 原子对芳香胺的作用实现了酸解后尿液中的 1-氨基萘和 2-氨基萘选择性高效富集，结合 GC-MS/MS 法进行了分析。Yu 等[219] 采用一种多环芳烃分析印迹固相萃取对酸解后的尿液进行净化处理，结合 HPLC-MS/MS 法测定了尿液中 4 种芳香胺代谢物（1-氨基萘、2-氨基萘、3-氨基联苯和 4-氨基联苯）。Yu 等[220] 采用一种磁性 COF 材料建立了尿液中芳香胺代谢物的磁固相萃取技术，结合 HPLC-MS/MS 法对吸烟者和非吸烟者尿液中 1-氨基萘、2-氨基萘、3-氨基联苯和 4-氨基联苯进行了分析。

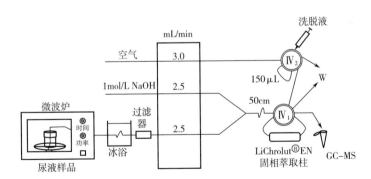

图 2-24 在线微波辅助酸解–固相萃取连续模块[217]

二、仪器分析方法

（一）气相色谱–质谱联用法（GC-MS）

GC-MS 法是芳香胺生物标志物最常用的仪器分析方法。气相色谱柱效

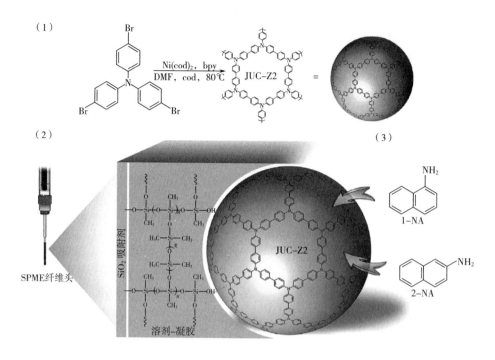

图 2-25 有机骨架材料（JUC-Z2）固相微萃取纤维头[218]

高，分离能力更强，因此 GC-MS 法可以实现多种芳香胺代谢物的同时分离检测。然而，由于芳香胺类化合物极性高，通常需要进行衍生化才能进行 GC-MS 分析，常用的衍生化试剂有五氟丙酸酐（PFPA）、三氟醋酐（Trifluoroacetic Anhydride，TFAA）、七氟丁酸酐（Heptafluorobutyric Anhydride，HFBA）、碘等。如 Avery 等[221] 采用 C_{18} 固相萃取柱对尿液中的芳香胺进行净化，在衍生化反应后采用 GC-MS 分析了尿液中 2-氨基联苯和 4,4′-二氨基二苯甲烷代谢物。该研究中比较了不同的衍生化试剂三氟醋酐、五氟丙酸酐和七氟丁酸酐的影响，结果表明五氟丙酸酐衍生化效果最好。Riedel 等[215] 采用五氟丙酸酐衍生化-GC-MS 法测定了吸烟者和非吸烟者尿液中邻甲苯胺、2-氨基萘、4-氨基联苯三种致癌芳香胺，方法检出限为邻甲苯胺 4ng/L，2-氨基萘和 4-氨基联苯 1ng/L。吸烟者尿液中邻甲苯胺（204vs104ng/24h）、2-氨基萘（20.8vs10.7ng/24h）和 4-氨基联苯（15.3vs9.6ng/24h）代谢量明显高于非吸烟者。吸烟者尿液中芳香胺的代谢量与每天抽烟支数、尿液中烟碱代谢物量、唾液中可替宁含量以及呼出烟气中 CO 含量有关。非吸烟者尿液中的芳香胺代谢物主要来源于其他环境暴露。

（二）气相色谱-串联质谱法（GC-MS/MS）

GC-MS/MS 仪器比 GC-MS 仪器灵敏度更高，对于分析复杂基质中的痕量芳香胺代谢物具有明显的优势。但由于芳香胺为强极性化合物，仍需进行衍生化反应。如 Seyler 等[213] 将尿液碱水解后，液液萃取后进行五氟丙酸酐衍生化，结合 GC-MS/MS 法对 4-氨基联苯进行了分析，检测限为 0.87pg/mL。吸烟者尿液中 4-氨基萘代谢量比非吸烟者高 5 倍（8.69pg/g 可替宁 vs 1.64pg/g 可替宁；P<0.001）。Niu 等[218] 采用固相微萃取-GC-MS/MS 法对酸解后的尿液中的 1-氨基萘和 2-氨基萘进行了富集净化，检出限分别为 0.010ng/L 和 0.012ng/L。然而，由于没有采用衍生化反应直接进样，色谱分离度不高，所分析目标物较少。

（三）全二维气相色谱-质谱法（Gas Chromatography×Gas Chromatography-Mass Spectrometry，GC×GC-MS）

GC×GC-MS 仪器与 GC-MS 仪器相比分离能力更强，也被用于尿液中芳香胺代谢物的分离中。如 Lamani 等[222] 采用顶空固相萃取-全二维气相色谱-质谱法分析了尿液中芳香胺代谢物，结合碘进行衍生化，方法检出限数量级为 ng/L，RSD<20%。全二维气相色谱表现出超强的分离能力，采用所建立的方法在吸烟者尿液中检出 150 多种芳香胺代谢物，包括烷基、卤代胺以及萘胺的取代物等，非吸烟者尿液中也检出一些芳香胺代谢物。

（四）液相色谱-串联质谱法（HPLC-MS/MS）

随着现代科学仪器的飞速发展，HPLC-MS/MS 因高灵敏度和分辨率受到广泛的关注。相较于 GC-MS、GC-MS/MS 以及 GC×GC-MS 技术，HPLC-MS/MS 更适合高沸点、强极性化合物的分离检测，且无需进行衍生化反应。因此，HPLC-MS/MS 法适合尿液中芳香胺类代谢物的分析。然而，由于尿液基质复杂，芳香胺代谢物含量极低（pg 级），进行 HPLC-MS/MS 分析之前，同样需要对样品进行净化处理。如 Yu 等[219] 采用多环芳烃分子印迹固相萃取对酸解后的尿液进行净化处理，无需衍生化反应，结合 HPLC-MS/MS 法进行分析 1-氨基萘、2-氨基萘、3-氨基联苯和 4-氨基联苯代谢物（图 2-26）。由于采用了分子印迹固相萃取柱对样品进行了净化和富集，同时采用了同位素氘代内标，所建立的方法没有明显的基质效应，且 4 种芳香胺代谢物的检出限为 1.5~5ng/L。采用所建立的方法分析了 40 名吸烟者和 10 名非吸烟者尿液中的芳香胺代谢物含量，结果表明吸烟者尿液中 4 种芳香胺代谢物 24h 代谢总量明显高于非吸烟者，且吸烟者尿液中 1-氨基萘、3-氨基联苯和 4-氨基联苯的代谢量明显高于非吸烟者（$P<0.05$）。

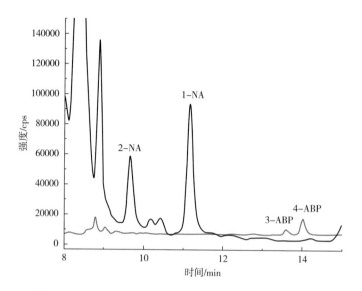

图 2-26　尿液中 1-氨基萘（1-NA）、2-氨基萘（2-NA）、3-氨基联苯（3-ABP）、

4-氨基联苯（4-ABP）代谢物 HPLC-MS/MS 仪器 MRM 图[219]

参考文献

［1］　Davis D L, Nielsen M T. Chemistry and Technology［M］. Oxford：Blackwell Science，1999，380-421.

［2］　Hukkanen J, Jacob P Ⅲ, Benowitz N L. Metabolism and disposition kinetics of nicotine［J］. Pharmacological Reviews，2005，57（1）：79-115.

［3］　Triker A R. Biomarkers derived from nicotine and its metabolites：A review［J］. Beiträge zur Tabakforschung International/Contributions to Tobacco Research，2006，22：147-175.

［4］　Benowitz N L, Jacob P Ⅲ. Metabolism of nicotine to cotinine studied by a dual stableisotope method［J］. Clinical Pharmacology and Therapeutics，1994，56：483-493.

［5］　Benowitz N L, Jacob P 3rd. trans-3′-hydroxycotinine：Disposition kinetics, effects and-plasma levels during cigarette smoking［J］. British Journal of Clinical Pharmacology，2001，51（1）：53-59.

［6］　Heavner D L, Richardson J D, Morgan W T, et al. Validation and application of a methodfor the determination of nicotine and five major metabolites in smokers' urine bysolid-phase extraction and liquid chromatography-tandem mass spectrometry [J]. Biomedical Chromatography, 2005, 19 (4): 312-328.

[7] Gray T R, Shakleya D M, Huestis M A. Quantification of nicotine, cotinine, trans-3'-hydroxycotinine, nornicotine and norcotinine in human meconium by liquid chromatography/tandem mass spectrometry [J]. Analytical & Bioanalytical Chemistry, 2008, 863 (1): 107.

[8] Kannan R, Weiting H, Clementina M, et al. Nicotine exposure and metabolizer phenotypes from analysis of urinary nicotine and its 15 metabolites by LC-MS [J]. Bioanalysis, 2011, 3 (7): 745-761.

[9] McGuffey J E, Wei B, Bernert J T, et al. Validation of a LC-MS/MS method for quantifying urinary nicotine, six nicotine metabolites and the minor tobacco alkaloids—anatabine and anabasine—in smokers' urine [J]. Plos One, 2014, 9 (7): e101816.

[10] López-Rabuñal Á, Lendoiro E, González-Colmenero E, et al. Assessment of tobacco exposure during pregnancy by meconium analysis and maternal interview [J]. Journal of Analytical Toxicology, 2020, 44 (8): 797-802.

[11] Ji A J, Lawson G M, Rodger A, et al. A new gas chromatography-mass spectrometry method for simultaneous determination of total and free trans-3'-Hydroxycotinine and cotinine in the urine of subjects receiving transdermal nicotine [J]. Clinical Chemistry, 1999, 45 (1): 85-91.

[12] Kim I, Darwin W D, Huestis M A. Simultaneous determination of nicotine, cotinine, norcotinine, and trans-3'-hydroxycotinine in human oral fluid using solid phase extraction and gas chromatography-mass spectrometry [J]. Journal of Chromatography B, 2005, 814 (2): 233-240.

[13] Da Fonseca B M, Moreno I E D, Magalhães A R, et al. Determination of biomarkers of tobacco smoke exposure in oral fluid using solid-phase extraction and gas chromatography-tandem mass spectrometry [J]. Journal of Chromatography B, 2012, 889-890: 116-122.

[14] Dayanne C M B, Marcela N R A, Oscar G C, et al. A rapid assay for the simultaneous determination of nicotine, cocaine and metabolites in meconium using disposable pipette extraction and gas chromatography-mass spectrometry (GC-MS) [J]. Journal of Analytical Toxicology, 2014, 38 (1): 31-38.

[15] Toraño J S, van Kan H J M. Simultaneous determination of the tobacco smoke uptake parameters nicotine, cotinine and thiocyanate in urine, saliva and hair, using gas chromatography-mass spectrometry for characterisation of smoking status of recently exposed subjects [J]. Analyst, 2003, 128 (7): 838-843.

[16] Man C N, Gam L H, Ismail S, et al. Simple, rapid and sensitive assay method for simultaneous quantification of urinary nicotine and cotinine using gas chromatography-mass spectrometry [J]. Journal of Chromatography B, 2006, 844 (2): 322-327.

[17] Pérez-Ortuño R, Martínez-Sánchez J M, Fernández E, et al. High-throughput wide dynamic range procedure for the simultaneous quantification of nicotine and cotinine in multiple biological matrices using hydrophilic interaction liquid chromatography-tandem mass spectrometry [J]. Analytical and Bioanalytical Chemistry, 2015, 407 (28): 8463-8473.

[18] Papaseit E, Farré M, Graziano S, et al. Monitoring nicotine intake from e-cigarettes: Measurement of parent drug and metabolites in oral fluid and plasma [J]. Clinical Chemistry and Laboratory Medicine, 2017, 55 (3): 415-423.

[19] Kardani F, Daneshfar A, Sahrai R. Determination of nicotine, anabasine, and cotinine in urine and saliva samples using single-drop microextraction [J]. Journal of Chromatography B, 2010, 878 (28): 2857-2862.

[20] Wang X, Wang Y, Zou X, et al. Improved dispersive liquid-liquid microextraction based on the solidification of floating organic droplet method with a binary mixed solvent applied for determination of nicotine and cotinine in urine [J]. Analytical Methods, 2014, 6 (7): 2384-2389.

[21] Wang Q, Yuan Y, Li M, et al. Application of solvent demulsification dispersive liquid-liquid microextraction for nicotine and cotinine measurement in human urine combined with hydrophilic interaction chromatography tandem mass spectrometry [J]. Analytical Methods, 2017, 9 (29): 4311-4318.

[22] Shakleya D M, Huestis M A. Optimization and validation of a liquid chromatography-tandem mass spectrometry method for the simultaneous quantification of nicotine, cotinine, trans-3'-hydroxycotinine and norcotinine in human oral fluid [J]. Analytical and Bioanalytical Chemistry, 2009, 395 (7): 2349-2357.

[23] Shakleya D M, Huestis M A. Simultaneous and sensitive measurement of nicotine, cotinine, trans-3'-hydroxycotinine and norcotinine in human plasma by liquid chromatography-tandem mass spectrometry [J]. Journal of Chromatography B, 2009, 877 (29): 3537-3542.

[24] Miller E I, Norris H R K, Rollins D E, et al. A novel validated procedure for the determination of nicotine, eight nicotine metabolites and two minor tobacco alkaloids in human plasma or urine by solid-phase extraction coupled with liquid chromatography-electrospray ionization-tandem mass spectrometry [J]. Journal of Chromatography B, 2010, 878 (9-10): 725-737.

[25] Da Fonseca B M, Moreno I E D, Magalhães A R, et al. Determination of biomarkers of tobacco smoke exposure in oral fluid using solid-phase extraction and gas chromatography-

tandem mass spectrometry [J]. Journal of Chromatography B, 2012, 889: 116-122.

[26] Lafay F, Vulliet E, Flament-Waton M M. Contribution of microextraction in packed sorbent for the analysis of cotinine in human urine by GC-MS [J]. Analytical and Bioanalytical Chemistry, 2010, 396 (2): 937-941.

[27] Brčić Karačonji I, Zimić L, Brajenović N, et al. Optimisation of a solid-phase microextraction method for the analysis of nicotine in hair [J]. Journal of Separation Science, 2011, 34 (19): 2726-2731.

[28] Abdolhosseini S, Ghiasvand A, Heidari N. A high area, porous and resistant platinized stainless steel fiber coated by nanostructured polypyrrole for direct HS-SPME of nicotine in biological samples prior to GC-FID quantification [J]. Journal of Chromatography B, 2017, 1061: 5-10.

[29] Yuan Z C, Li W, Wu L, et al. Solid-phase microextraction fiber in face mask for in vivo sampling and direct mass spectrometry analysis of exhaled breath aerosol [J]. Analytical Chemistry, 2020, 92 (17): 11543-11547.

[30] Kataoka H, Inoue R, Yagi K, et al. Determination of nicotine, cotinine, and related alkaloids in human urine and saliva by automated in-tube solid-phase microextraction coupled with liquid chromatography-mass spectrometry [J]. Journal of Pharmaceutical and Biomedical Analysis, 2009, 49 (1): 108-114.

[31] Inukai T, Kaji S, Kataoka H. Analysis of nicotine and cotinine in hair by on-line in-tube solid-phase microextraction coupled with liquid chromatography-tandem mass spectrometry as biomarkers of exposure to tobacco smoke [J]. Journal of Pharmaceutical and Biomedical analysis, 2018, 156: 272-277.

[32] Kataoka H, Kaji S, Moai M. Risk assessment of passive smoking based on analysis of hair nicotine and cotinine as exposure biomarkers by in-tube solid-phase microextraction coupled on-line to LC-MS/MS [J]. Molecules, 2021, 26 (23): 7356.

[33] Ahmad S M, Nogueira J M F. High throughput bar adsorptive microextraction: A simple and effective analytical approach for the determination of nicotine and cotinine in urine samples [J]. Journal of Chromatography A, 2020, 1615: 460750.

[34] Xu Y, Wang C, Zhang X, et al. Fast and selective extraction of nicotine from human plasma based on magnetic strong cation exchange resin followed by liquid chromatography-tandem mass spectrometry [J]. Analytical and Bioanalytical Chemistry, 2011, 400 (2): 517-526.

[35] Kolonen S A, Puhakainen E V. Assessment of the automated colorimetric and the high-performance liquid chromatographic methods for nicotine intake by urine samples of smokers' smoking low- and medium-yield cigarettes [J]. Clinica Chimica Acta, 1991, 196 (2-3): 159-166.

［36］ Ubbink J B, Lagendijk J, Vermaak W H. Simple high-performance liquid chromatographic method to verify the direct barbituric acid assay for urinary cotinine ［J］. Journal of Chromatography, 1993, 620 (2): 254-259.

［37］ Moore J, Greenwood M, Sinclair N. Automation of a high-performance liquid chromatographic assay for the determination of nicotine, cotinine and 3'-hydroxycotinine in human urine ［J］. Journal of Pharmaceutical and Biomedical Analysis, 1990, 8 (8-12): 1051-1054.

［38］ Peach H, Ellard G A, Jenner P J, et al. A simple, inexpensive urine test of smoking ［J］. Thorax, 1985, 40 (5): 351-357.

［39］ Hee J, Callais F, Momas I, et al. Smokers' behavior and exposure according to cigarette yield and smoking experience ［J］. Pharmacology, Biochemistry, and Behavior, 1995, 52 (1): 195-203.

［40］ Rodbard D. Statistical estimation of the minimal detectable concentration ("sensitivity") for radioligand assays ［J］. Analtical Biochememistry, 1978, 90: 1-12.

［41］ VanVunakis H, Gjika H B, Langone J J. Radioimmunoassay for nicotine and cotinine ［J］. IARC Scientific Publications, 1987, 81: 317-330.

［42］ Schepers G, Walk R A. Cotinine determination by immunoassays may be influenced by other nicotine metabolites ［J］. Archives of Toxicology, 1988, 62: 395-397.

［43］ Bjercke R J, Cook G, Langone J J. Comparison of monoclonal and polyclonal antibodies to cotinine in nonisotopic and isotopic immunoassays ［J］. Journal of Immunological Methods, 1987, 96 (2): 239-246.

［44］ Quin L D. Alkaloids of tobacco smoke, fractionation of some tobacco alkaloids and of the alkaloids extract of Burley cigarette smoke by gas chromatography ［J］. Journal of Organometallic Chemistry, 1959, 24: 911.

［45］ Becket A H, Triggs E J. Determination of nicotine and its metabolites, continine, in urine by gas chromatography ［J］. Nature, 1996, 211: 1415-1417.

［46］ Feyerabend C, Russell M A. A rapid gas-liquid chromatographic method for thedetermination of cotinine and nicotine in biological fluids ［J］. The Journal of Pharmacy and Pharmacology, 1990, 42 (6): 450-452.

［47］ Becket A H, Triggs E J. Determination of nicotine and its metabolites, cotinine, in urine by gas chromatography ［J］. Nature, 1966, 211: 1415-1417.

［48］ Wall M A, Johnson J, Jacob P, et al. Cotinine in the serum, saliva, and urine of nonsmokers, passive smokers, and active smokers ［J］. American Journal of Public Health, 1988, 78 (6): 699-701.

［49］ Jung B H, Chung B C, Chung S J, et al. Simultaneous GC-MS determination of nicotine and cotinine in plasma for the pharmacokinetic characterization of nicotine in rats ［J］. Journal of Pharmaceutical & Biomedical Analysis, 1999, 20 (1-2): 195-202.

［50］ Shin H S, Kim J G, Shin Y J, et al. Sensitive and simple method for the determination of nicotine and cotinine in human urine, plasma and saliva by gas chromatography-mass spectrometry ［J］. Journal of Chromatography B, 2002, 769 (1): 177-183.

［51］ Kim S R, Wipfli H, Avila-Tang E, et al. Method validation for measurement of hair nicotine level in nonsmokers ［J］. Biomedical Chromatography, 2009, 23 (3): 273-279.

［52］ Schütte-Borkovec K, Heppel C W, Heling A K, et al. Analysis of myosmine, cotinine and nicotine in human toenail, plasma and saliva ［J］. Biomarkers, 2009, 14 (5): 278-284.

［53］ Joya X, Pujadas M, Falcón M, et al. Gas chromatography-mass spectrometry assay for the simultaneous quantification of drugs of abuse in human placenta at 12th week of gestation ［J］. Forensic Science International, 2010, 196 (1-3): 38-42.

［54］ Watson I D. Rapid analysis of nicotine and cotinine in the urine of smokers by high performance liquid chromatography ［J］. Journal of Chromatography A, 1977, 143 (2): 203-206.

［55］ Chambers K L, Ellard G A, Hewson A T, et al. Urine test for the assessment of smoking status ［J］. British Journal of Biomedical Science, 2001, 58 (2): 61-65.

［56］ Bazylak G, Brózik H, Sabanty W. HPTLC screening assay for urinary cotinine as biomarker of environmental tobacco smoke exposure among male adolescents ［J］. Journal of Pharmaceutical and Biomedical Analysis, 2000, 24 (1): 113-123.

［57］ Nakajima M, Yamamoto T, Kuroiwa Y, et al. Improved highly sensitive method for determination of nicotine and cotinine in human plasma by high-performance liquid chromatography ［J］. Journal of Chromatography B, 2000, 742 (1): 211-215.

［58］ Yang J, Hu Y, Cai J B, et al. A new molecularly imprinted polymer for selective extraction of cotinine from urine samples by solid-phase extraction ［J］. Analytical and Bioanalytical Chemistry, 2006, 384 (3): 761-768.

［59］ McManus K T, deBethizy J D, Garteiz D A, et al. A new quantitative thermospray LC-MS method for nicotine and its metabolites in biological fluids ［J］. Journal of Chromatographic Science, 1990, 28: 510-516.

［60］ Tuomi T, Johnsson T, Reijula K. Analysis of nicotine, 3-hydroxycotinine, cotinine, and caffeine in urine of passive smokers by HPLC-Tandem Mass Spectrometry ［J］. Clinical Chemistry, 1999, 45 (12): 2164-2172.

［61］ Meger M, Meger-Kossien I, Schuler-Metz A, et al. Simultaneous determination of nicotine and eight nicotine metabolites in urine of smokers using liquid chromatography-tandem mass spectrometry ［J］. Journal of Chromatography B, 2002, 778 (1-2): 251-261.

［62］ Xu X, Iba M M, Weisel C P. Simultaneous and sensitive measurement of anabasine, nicotine, and nicotine metabolites in human urine by liquid chromatography-tandem mass spectrometry [J]. Clinical Chemistry, 2004, 50 (12): 2323-2330.

[63] Heavner D L, Richardson J D, Morgan W T, et al. Validation and application of a method for the determination of nicotine and five major metabolites in smokers' urine by solid-phase extraction and liquid chromatography-tandem mass spectrometry [J]. Biomedical Chromatography, 2005, 19 (4): 312-328.

[64] Marclay F, Saugy M. Determination of nicotine and nicotine metabolites in urine by hydrophilic interaction chromatography-tandem mass spectrometry: Potential use of smokeless tobacco products by ice hockey players [J]. Journal of Chromatography A, 2010, 1217 (48): 7528-7538.

[65] Marclay F, Grata E, Perrenoud L, et al. A one-year monitoring of nicotine use in sport: Frontier between potential performance enhancement and addiction issues [J]. Forensic Science International, 2011, 213 (1-3): 73-84.

[66] Piller M, Gilch G, Scherer G, et al. Simple, fast and sensitive LC-MS/MS analysis for the simultaneous quantification of nicotine and 10 of its major metabolites [J]. Journal of Chromatography B, 2014, 951: 7-15.

[67] Rangiah K, Hwang W T, Mesaros C, et al. Nicotine exposure and metabolizer phenotypes from analysis of urinary nicotine and its 15 metabolites by LC-MS [J]. Bioanalysis, 2011, 3 (7): 745-761.

[68] Lafay F, Vulliet E, Flament-Waton M M. Contribution of microextraction in packed sorbent for the analysis of cotinine in human urine by GC-MS [J]. Analytical and Bioanalytical Chemistry 2010, 396 (2): 937-941.

[69] Kuhn J, Vollmer T, Martin C, et al. Fast and sample cleanup-free measurement of nicotineand cotinine by stable isotope dilution ultra-performance liquid chromatography-tandem mass spectrometry [J]. Journal of Pharmaceutical and Biomedical Analysis, 2012, 67: 137-143.

[70] Yuan C, Kosewick J, Wang S. A simple, fast, and sensitive method for the measurement of serum nicotine, cotinine, and nornicotine by LC-MS/MS [J]. Journal of Separation Science, 2013, 36 (15): 2394-2400.

[71] Hsu P C, Zhou B, Zhao Y, et al. Feasibility of identifying the tobacco-related global metabolome in blood by UPLC-QTOF-MS [J]. Journal of Proteome Research, 2013, 12 (2): 679-691.

[72] Concheiro M, Gray T R, Shakleya D M, et al. High-throughput simultaneous analysis of buprenorphine, methadone, cocaine, opiates, nicotine, and metabolites in oral fluid by liquid chromatography tandem mass spectrometry [J]. Analytical and Bioanalytical Chemistry, 2010, 398 (2): 915-924.

[73] Carrizo D, Nerín I, Domeño C, et al. Direct screening of tobacco indicators in urine and saliva by Atmospheric Pressure Solid Analysis Probe coupled to quadrupole-time of flight mass spectrometry (ASAP-MS-Q-TOF-) [J]. Journal of Pharmaceutical and Biomedical Analysis, 2016, 124: 149-156.

[74] Murphy S E, Wickham K M, Lindgren B R, et al. Cotinine and trans 3′-hydroxycotinine in dried blood spots as biomarkers of tobacco exposure and nicotine metabolism [J]. Journal of Exposure Science & Environmental Epidemiology, 2013, 23 (5): 513-518.

[75] Koster R A, Alffenaar J W C, Greijdanus B, et al. Fast and highly selective LC-MS/MS screening for THC and 16 other abused drugs and metabolites in human hair to monitor patients for drug abuse [J]. Therapeutic Drug Monitoring, 2014, 36 (2): 234-243.

[76] Hegstad S, Stray-Pedersen A, Olsen L, et al. Determination of cotinine in pericardial fluid and whole blood by liquid chromatography-tandem mass spectrometry [J]. Journal of Analytical Toxicology, 2009, 33 (4): 218-222.

[77] Thomas Karnes H, James J R, March C, et al. Assessment of nicotine uptake from cigarette smoke: Comparison of a colorimetric test strip (NicCheck I™) and gas chromatography/mass selective detector [J]. Biomarkers, 2001, 6 (6): 388-399.

[78] Gariti P, Rosenthal D I, Lindell K, et al. Validating a dipstick method for detecting recent smoking [J]. Cancer Epidemiology and Prevention Biomarkers, 2002, 11 (10): 1123-1125.

[79] Parker D R, Lasater T M, Windsor R, et al. The accuracy of self-reported smoking status assessed by cotinine test strips [J]. Nicotine & Tobacco Research, 2002, 4 (3): 305-309.

[80] Berry D J, Grove J. Improved chromatographic techniques and their interpretation for the screening of urine from drug-dependent subjects [J]. Journal of Chromatography A, 1971, 61: 111-123.

[81] Bazylak G, Brózik H, Sabanty W. Combined SPE and HPTLC as a screening assay of urinary cotinine from male adolescents exposed to environmental tobacco smoke [J]. Polish Journal of Environmental Studies, 2000, 9 (2): 113-124.

[82] Palmer M E, Smith R F, Chambers K, et al. Separation of nicotine metabolites by capillary zone electrophoresis and capillary zone electrophoresis/mass spectrometry [J]. Rapid Communications in Mass Spectrometry, 2001, 15 (3): 224-231.

[83] Baidoo E E K, Clench M R, Smith R F, et al. Determination of nicotine and its metabolites in urine by solid-phase extraction and sample stacking capillary electrophoresis-mass spectrometry [J]. Journal of Chromatography B, 2003, 796 (2): 303-313.

[84] Foiles P G, Akerkar S A, Carmella S G, et al. Mass spectrometric analysis of tobacco-specific nitrosamine-DNA adducts in smokers and nonsmokers [J]. Chemical Research in

Toxicology, 1991, 4 (3): 364-368.

[85] Schäffler G, Betz C, Richter E. Mass spectrometric analysis of tobacco-specific hemoglobin adducts [J]. Environmental Health Perspectives, 1993, 99: 187-189.

[86] Falter B, Kutzer C, Richter E. Biomonitoring of hemoglobin adducts: Aromatic amines and tobacco-specific nitrosamines [J]. The Clinical Investigator, 1994, 72 (5): 364-371.

[87] Hecht SS. Human urinary carcinogen metabolites: Biomarkers for investigating tobacco and cancer [J]. Carcinogenesis, 2002, 23 (6): 907-922.

[88] Castonguay A, Lin D, Stoner G D, et al. Comparative carcinogenicity in A/J mice and metabolism by cultured mouse peripheral lung of N'-nitrosonornicotine, 4-(methylnitrosamino)-1-(3-pyridyl)-1-butanone, and their analogues [J]. Cancer Research, 1983, 43 (3): 1223-1229.

[89] Hecht SS. Biochemistry, biology, and carcinogenicity of tobacco-specific N-nitrosamines [J]. Chemical Research in Toxicology, 1998, 11 (6): 559-603.

[90] Hecht SS. Tobacco carcinogens, their biomarkers and tobacco-induced cancer [J]. Nature Reviews Cancer, 2003, 3 (10): 733-744.

[91] Richter E, Engl J, Friesenegger S, et al. Biotransformation of 4-(methylnitrosamino)-1-(3-pyridyl)-1-butanone in lung tissue from mouse, rat, hamster, and man [J]. Chemical Research in Toxicology, 2009, 22 (6): 1008-1017.

[92] Carmella S G, Chen M, Han S, et al. Effects of smoking cessation on eight urinary tobacco carcinogen and toxicant biomarkers [J]. Chemical Research in Toxicology, 2009, 22 (4): 734-741.

[93] Carmella S G, Akerkar S, Hecht S S. Metabolites of the tobacco-specific nitrosamine 4-(methylnitrosamino)-1-(3-pyridyl)-1-butanone in smokers' urine [J]. Cancer Research, 1993, 53 (4): 721-724.

[94] Carmella S G, Le K, Upadhyaya P, et al. Analysis of N- and O-glucuronides of 4-(methylnitrosamino)-1-(3-pyridyl)-1-butanol (NNAL) in human urine [J]. Chemical Research in Toxicology, 2002, 15 (4): 545-550.

[95] Carmella S G, Han S, Fristad A, et al. Analysis of total 4-(methylnitrosamino)-1-(3-pyridyl)-1-butanol (NNAL) in human urine [J]. Cancer Epidemiology and Prevention Biomarkers, 2003, 12 (11): 1257-1261.

[96] Jacob III P, Havel C, Lee D H, et al. Subpicogram per milliliter determination of the tobacco-specific carcinogen metabolite 4-(methylnitrosamino)-1-(3-pyridyl)-1-butanol in human urine using liquid chromatography-tandem mass spectrometry [J]. Analytical Chemistry, 2008, 80 (21): 8115-8121.

[97] Kassem N O F, Kassem N O, Liles S, et al. Urinary NNAL in hookah smokers and non-

smokers after attending a hookah social event in a hookah lounge or a private home [J]. Regulatory Toxicology and Pharmacology, 2017, 89: 74-82.

[98] Jacob III P, Benowitz N L, Destaillats H, et al. Thirdhand smoke: New evidence, challenges, and future directions [J]. Chemical Research in Toxicology, 2017, 30 (1): 270-294.

[99] Carmella S G, Ye M, Upadhyaya P, et al. Stereochemistry of metabolites of a tobacco-specific lung carcinogen in smokers' urine [J]. Cancer Research, 1999, 59 (15): 3602-3605.

[100] Pan J, Song Q, Shi H, et al. Development, validation and transfer of a hydrophilic interaction liquid chromatography/tandem mass spectrometric method for the analysis of the tobacco-specific nitrosamine metabolite NNAL in human plasma at low picogram per milliliter concentrations [J]. Rapid Communications in Mass Spectrometry, 2004, 18 (21): 2549-2557.

[101] Zhao B, Wang S, Wang J, et al. Analysis of N'-nitrosonornicotine and its metabolites in rabbit blood with liquid chromatography/tandem mass spectrometric method [J]. Journal of Chromatography B, 2012, 899: 103-108.

[102] Xiong W, Zhao J, Wang L, et al. UPLC-MS/MS method for the determination of tobacco-specific biomarker NNAL, tamoxifen and its main metabolites in rat plasma [J]. Biomedical Chromatography, 2017, 31 (6): e3890.

[103] Byrd G D, Ogden M W. Liquid chromatographic/tandem mass spectrometric method for the determination of the tobacco-specific nitrosamine metabolite NNAL in smokers' urine [J]. Journal of Mass Spectrometry, 2003, 38 (1): 98-107.

[104] Yao L, Zheng S, Guan Y, et al. Development of a rapid method for the simultaneous separation and determination of 4-(methylnitrosamino)-1-(3-pyridyl)-1-butanol and its N-and O-glucuronides in human urine by liquid chromatography-tandem mass spectrometry [J]. Analytica Chimica Acta, 2013, 788: 61-67.

[105] Carmella S G, Han S, Villalta P W, et al. Analysis of total 4-(methylnitrosamino)-1-(3-pyridyl)-1-butanol in smokers' blood [J]. Cancer Epidemiology and Prevention Biomarkers, 2005, 14 (11): 2669-2672.

[106] Carmella S G, Yoder A, Hecht S S. Combined analysis of r-1,t-2,3,c-4-tetrahydroxy-1,2,3,4-tetrahydrophenanthrene and 4-(methylnitrosamino)-1-(3-pyridyl)-1-butanol in smokers' plasma [J]. Cancer Epidemiology and Prevention Biomarkers, 2006, 15 (8): 1490-1494.

[107] Xia Y, McGuffey J E, Bhattacharyya S, et al. Analysis of the tobacco-specific nitrosamine 4-(methylnitrosamino)-1-(3-pyridyl)-1-butanol in urine by extraction on a molecularly imprinted polymer column and liquid chromatography/atmospheric pressure ioniza-

tion tandem mass spectrometry [J]. Analytical Chemistry, 2005, 77 (23): 7639-7645.

[108] Shah K A, Halquist M S, Karnes H T. A modified method for the determination of tobacco specific nitrosamine 4-(methylnitrosamino)-1-(3-pyridyl)-1-butanol in human urine by solid phase extraction using a molecularly imprinted polymer and liquid chromatography tandem mass spectrometry [J]. Journal of Chromatography B, 2009, 877 (14-15): 1575-1582.

[109] Liu B Z, Yao L, Zheng S J, et al. Development of asensitive method for the determination of 4-(Methylnitrosamino)-1-(3-pyridyl)-1-butanol in human urine using solid-phase extraction combined with ultrasound-assisted dispersive liquid-liquid microextraction and LC-MS/MS detection [J]. Journal of the Chinese Chemical Society, 2013, 60 (8): 1055-1061.

[110] Kavvadias D, Scherer G, Urban M, et al. Simultaneous determination of four tobacco-specific N-nitrosamines (TSNA) in human urine [J]. Journal of Chromatography B, 2009, 877 (11-12): 1185-1192.

[111] Wang L, Yang C, Zhang Q, et al. SPE-HPLC-MS/MS method for the trace analysis of tobacco-specific N-nitrosamines and 4-(methylnitrosamino)-1-(3-pyridyl)-1-butanol in rabbit plasma using tetraazacalix [2] arene [2] triazine-modified silica as a sorbent [J]. Journal of Separation Science, 2013, 36 (16): 2664-2671.

[112] Hu C W, Hsu Y W, Chen J L, et al. Direct analysis of tobacco-specific nitrosamine NNK and its metabolite NNAL in human urine by LC-MS/MS: Evidence of linkage to methylated DNA lesions [J]. Archives of Toxicology, 2014, 88 (2): 291-299.

[113] Ishizaki A, Kataoka H. Online in-tube solid-phase microextraction coupled to liquid chromatography-tandem mass spectrometry for the determination of tobacco-specific nitrosamines in hair samples [J]. Molecules, 2021, 26 (7): 2056.

[114] Carmella S G, Ming X, Olvera N, et al. High throughput liquid and gas chromatography-tandem mass spectrometry assays for tobacco-specific nitrosamine and polycyclic aromatic hydrocarbon metabolites associated with lung cancer in smokers [J]. ChemicalResearch in Toxicology, 2013, 26 (8): 1209-1217.

[115] Xia B, Xia Y, Wong J, et al. Quantitative analysis of five tobacco-specific N-nitrosamines in urine by liquid chromatography-atmospheric pressure ionization tandem mass spectrometry [J]. Biomedical Chromatography, 2014, 28 (3): 375-384.

[116] Stepanov I, Feuer R, Jensen J, et al. Mass spectrometric quantitation of nicotine, cotinine, and 4-(methylnitrosamino)-1-(3-pyridyl)-1-butanol in human toenails [J]. Cancer Epidemiology and Prevention Biomarkers, 2006, 15 (12): 2378-2383.

[117] Prokopczyk B, Cox J E, Hoffmann D, et al. Identification of tobacco-specific carcino-

gen in the cervical mucus of smokers and nonsmokers [J]. Journal of the National Cancer Institute, 1997, 89 (12): 868-873.

[118] Prokopczyk B, Hoffmann D, Bologna M, et al. Identification of tobacco-derived compounds in human pancreatic juice [J]. Chemical Research in Toxicology, 2002, 15 (5): 677-685.

[119] Fine D H, Lieb D, Rufeh F. Principle of operation of the thermal energy analyzer for the trace analysis of volatile and non-volatile N-nitroso compounds [J]. Journal of Chromatography A, 1975, 107 (2): 351-357.

[120] Hoffmann D, Adams J D. Carcinogenic tobacco-specific N-nitrosamines in snuff and in the saliva of snuff dippers [J]. Cancer Research, 1981, 41 (11 Pt 1): 4305-4308.

[121] Nair J, Ohshima H, Friesen M, et al. Tobacco-specific and betel nut-specific N-nitroso compounds: Occurrence in saliva and urine of betel quid chewers and formation in vitro by nitrosation of betel quid [J]. Carcinogenesis, 1985, 6 (2): 295-303.

[122] Hecht S S, Carmella S G, Murphy S E, et al. A tobacco-specific lung carcinogen in the urine of men exposed to cigarette smoke [J]. New England Journal of Medicine, 1993, 329 (21): 1543-1546.

[123] Anderson K E, Carmella S G, Ye M, et al. Metabolites of a tobacco-specific lung carcinogen in nonsmoking women exposed to environmental tobacco smoke [J]. Journal of the National Cancer Institute, 2001, 93 (5): 378-381.

[124] Carmella S G, Ye M, Upadhyaya P, et al. Stereochemistry of metabolites of a tobacco-specific lung carcinogen in smokers' urine [J]. Cancer Research, 1999, 59 (15): 3602-3605.

[125] Campo V L, Bernardes L S C, Carvalho I. Stereoselectivity in drug metabolism: Molecular mechanisms and analytical methods [J]. Current Drug Metabolism, 2009, 10 (2): 188-205.

[126] Hecht S S. Tobacco smoke carcinogens and lung cancer [J]. JNCI: Journal of the National Cancer Institute, 1999, 91 (14): 1194-1210.

[127] Wu J, Joza P, Sharifi M, et al. Quantitative method for the analysis of tobacco-specific nitrosamines in cigarette tobacco and mainstream cigarette smoke by use of isotope dilution liquid chromatography tandem mass spectrometry [J]. Analytical Chemistry, 2008, 80 (4): 1341-1345.

[128] Morcos E, Wiklund N P. Nitrite and nitrate measurement in human urine by capillary electrophoresis [J]. Electrophoresis, 2001, 22 (13): 2763-2768.

[129] Meulemans A, Delsenne F. Measurement of nitrite and nitrate levels in biological samples by capillary electrophoresis [J]. Journal of Chromatography B, 1994, 660 (2): 401-404.

［130］ Tulunay O E, Hecht S S, Carmella S G, et al. Urinary metabolites of a tobacco-specific lung carcinogen in nonsmoking hospitality workers ［J］. Cancer Epidemiology and Prevention Biomarkers, 2005, 14 (5): 1283-1286.

［131］ Byrd G D, Ogden M W. Liquid chromatographic/tandem mass spectrometric method for the determination of the tobacco-specific nitrosamine metabolite NNAL in smokers' urine ［J］. Journal of Mass Spectrometry, 2003, 38 (1): 98-107.

［132］ Annesley T M. Ion suppression in mass spectrometry ［J］. ClinicalChemistry, 2003, 49 (7): 1041-1044.

［133］ Srinivas N R. Dodging matrix effects in liquid chromatography tandem mass spectrometric assays—Compilation of key learnings and perspectives ［J］. Biomedical Chromatography, 2009, 23 (5): 451-454.

［134］ Taylor P J. Matrix effects: The Achilles heel of quantitative high-performance liquid chromatography-electrospray-tandem mass spectrometry ［J］. Clinical Biochemistry, 2005, 38 (4): 328-334.

［135］ Matuszewski B K, Constanzer M L, Chavez-Eng C M. Strategies for the assessment of matrix effect in quantitative bioanalytical methods based on HPLC-MS/MS ［J］. Analytical Chemistry, 2003, 75 (13): 3019-3030.

［136］ Fu I, Woolf E J, Matuszewski B K. Effect of the sample matrix on the determination of indinavir in human urine by HPLC with turbo ion spray tandem mass spectrometric detection ［J］. Journal of Pharmaceutical and Biomedical Analysis, 1998, 18 (3): 347-357.

［137］ Stokvis E, Rosing H, Beijnen J H. Stable isotopically labeled internal standards in quantitative bioanalysis using liquid chromatography/mass spectrometry: Necessity or not? ［J］. Rapid Communications in Mass Spectrometry, 2005, 19 (3): 401-407.

［138］ Avery M J. Quantitative characterization of differential ion suppression on liquid chromatography/atmospheric pressure ionization mass spectrometric bioanalytical methods ［J］. Rapid Communications in Mass Spectrometry, 2003, 17 (3): 197-201.

［139］ Hsieh Y. Potential of HILIC-MS in quantitative bioanalysis of drugs and drug metabolites ［J］. Journal of Separation Science, 2008, 31 (9): 1481-1491.

［140］ Dejaegher B, Mangelings D, Vander Heyden Y. Method development for HILIC assays ［J］. Journal of Separation Science, 2008, 31 (9): 1438-1448.

［141］ Shah K, Peoples M C, Halquist M S, James J R, Karnes H T (2009a). Online coupling of molecularly imprinted polymeric micro-column with tandem MS for analysis of a urinary tobacco specific nitrosamine by direct injection ［C］. Presented at the 2009 Joint Conference of SRNT and SRNT-Europe, April 27-30, Dublin, Ireland.

［142］ Shah K, Peoples M. C, Halquist M S, Karnes HT (2009b). On-line microfluidicextraction using molecularly imprinted polymers for analysis of urinarytobacco specific nitrosamines [C]. Presented at the 2009 AAPS Annual Meetingand Exposition, November 8-12, Los Angeles, CA, USA.

[143] Chao M R, Cooke M S, Kuo C Y, et al. Children are particularly vulnerable to environmental tobacco smoke exposure: Evidence from biomarkers of tobacco-specific nitrosamines, and oxidative stress [J]. Environment International, 2018, 120: 238-245.

[144] Vanwelie R T H, Vandijck R, Vermeulen N P E, et al. Mercapturic acids, protein adducts, and DNA adducts as biomarkers of electrophilic chemicals [J]. Critical Reviews in Toxicology, 1992, 22: 271-306.

[145] Perbellini L, Veronese N, Princivalle A. Mercapturic acids in the biological monitoring of occupational exposure to chemicals [J]. Journal of Chromatography B, 2002, 781: 269-290.

[146] DeRooij B M, Commandeur J N M, Vermeulen N P E. Mercapturic acids as biomarkers of exposure to electrophilic chemicals: Applications to environmental and industrial chemicals [J]. Biomarkers, 1998, 3: 239-303.

[147] Yan W Y, Byrd G D, Brown B G, et al. Development and validation of a direct LC-MS/MS method to determine the acrolein metabolite 3-HPMA in urine [J]. Journal of Chromatographic Science, 2010, 48: 194-199.

[148] Maestri L, Negri S, Ferrari M, et al. Determination of urinary S-phenylmercapturic acid, a specific metabolite of benzene, by liquid chromatography/single quadrupole mass spectommetry [J]. Rapid Communications in Mass Spectrometry, 2005, 19: 1139-1144.

[149] Paci E, Pigini A, Cialdella AM. Determination of free and total S-phenylmercapturic acid by HPLC/MS/MS in the biological monitoring of benzene exposure [J]. Biomarkers, 2007, 12: 111-122.

[150] Sterz K, Kohler D, Schettgen T, et al. Enrichment and properties of urinary pre-S-phenylmercapturic acid (pre-PMA) [J]. Journal of Chromatography B, 2010, 878: 2502-2505.

[151] Sterz K, Scherer G, Krumsiek J, et al. Identification and quantification of 1-hydroxybutene-2-yl mercapturic acid in human urine by UPLC-HILIC-MS/MS a novel biomarker for 1, 3-butadiene exposure [J]. Chemical Research in Toxicology, 2012, 25: 1565-1567.

[152] Sohn J H, Han M J, Lee M Y, et al. Simultaneous determination of N-hydroxymethyl-N-methylformamide, N-methylformamide and N-acetyl-S-(N-methylcarbamoyl) cystein in urine samples from workers exposed to N, N-dimethylformamide by liquid chromatography-tandem mass spectrometry [J]. Journal of Pharmaceutical and Biomedical Anal-

ysis, 2005, 37: 165-170.

[153] Alwis K U, Blount B C, Britt A S, et al. Simultaneous analysis of 28 urinary VOC metabolites using ultra high performance liquid chromatography coupled with electrospray ionization tandem mass spectrometry (UPLC-ESI/MSMS) [J]. Analytica Chimica Acta, 2012, 750: 152-160.

[154] Wu C F, Uang S N, Chiang S Y, et al. Simultaneous quantitation of urinary cotinine and acrylonitrile-derived mercapturic acids with ultraperformance liquid chromatography-tandem mass spectrometry [J]. Analytical and Bioanalytical Chemistry, 2012, 402: 2113-2120.

[155] Li C M, Hu C W, Wu K Y. Quantification of urinary N-acetyl-S-(propionamide) cysteine using an on-line clean-up system coupled with liquid chromatography/tandem mass spectrometry [J]. Journal of Mass Spectrometry, 2005, 40: 511-515.

[156] Kellert M, Scholz K, Wagner S, et al. Quantitation of mercapturic acids from acrylamide andglycidamide in human urine using a column switching tool with two trap columns and electrospray tandem mass spectrometry [J]. Journal of Chromatography A, 2006, 1131: 58-66.

[157] Kopp E K, Sieber M, Kellert M, et al. Rapid and sensitive HILIC-ESI-MS/MS quantitation of polar metabolites of acrylamide in human urine using column switching with an on-line trap column [J]. Journal of Agricultural and Food Chemistry, 2008, 56: 9828-9834.

[158] Melikian A A, O'Connor R, Prahalad A K, et al. Determination of the urinary benzene metabolites S-phenylmercapturic acid and trans, trans-muconic acid by liquid chromatography-tandem mass spectrometry [J]. Carcinogenesis, 1999, 20: 719-726.

[159] Schettgen T, Musiol A, Alt A, et al. Fast determination of urinary S-phenylmercapturic acid (SPMA) and S-benzylmercapturic acid (S-BMA) by column-switching liquid chromatography-tandem mass spectrometry [J]. Journal of Chromatography B, 2008, 863 (2): 283-292.

[160] Hou H W, Xiong W, Gao N, et al. A column-switching liquid chromatography-tandem mass spectrometry method for quantitation of 2-cyanoethylmercapturic acid and 2-hydroxyethylmercapturic acid in Chinese smokers [J]. Analtical Biochememistry, 2012, 430: 75-82.

[161] 王宇, 邹晓莉, 张文涛, 等. 混合萃取剂-悬浮固化分散液相微萃取测定尿中苯巯基尿酸 [J]. 分析化学, 2013, 41 (5): 749-753.

[162] Varma D, Jansen S A, Ganti S. Chromatography with higher pressure, smaller particles and higher temperature: a bioanalytical perspective [J]. Bioanalysis, 2010, 2: 2019-2034.

［163］ Miller R R, Newhook R, Poole A. Styrene production, use, and human exposure ［J］. Critical Reviews in Toxicology, 1994, 24 (sup1): S1-S10.

［164］ Barbieri A, Sabatini L, Accorsi A, et al. Simultaneous determination of t, t-muconic, S-phenylmercapturic and S-benzylmercapturic acids in urine by a rapid and sensitive liquid chromatography/electrospray tandem mass spectrometry method ［J］. Rapid Communications in Mass Spectrometry, 2004, 18 (17): 1983-1988.

［165］ Kuklenyik Z, Panuwet P, Jayatilaka NK, et al. Two-dimensional high performance liquid chromatography separation and tandem mass spectrometry detection of atrazine and its metabolic and hydrolysis products in urine ［J］. Journal of Chromatography B, 2012, 901: 1-8.

［166］ Kuklenyik Z, Calafat A M, Barr J R, et al. Design of online solid phase extraction-liquid chromatography-tandem mass spectrometry (SPE-LC-MS/MS) hyphenated systems for quantitative analysis of small organic compounds in biological matrices ［J］. Journal of Separation Science, 2011, 34: 3606-3618.

［167］ Reska M, Ochsmann E, Kraus T, et al. Accurate quantification of mercapturic acids of styrene (PHEMAs) in human urine with direct sample injection using automated column-switching high-performance liquid chromatography coupled with tandem mass spectrometry ［J］. Analytical and Bioanalytical Chemistry, 2010, 397: 3563-3574.

［168］ Schettgen T, Bertram J, Kraus T. Accurate quantification of the mercapturic acids of acrylonitrile and its genotoxic metabolite cyanoethylene-epoxide in human urine by isotope-dilution LC-ESI/MS/MS ［J］. Talanta, 2012, 98: 211-219.

［169］ Schettgen T, Musiol A, Alt A, et al. A method for the quantification of biomarkers of exposure toacrylonitrile and 1, 3-butadiene in human urine by column-switching liquid chromatography-tandem mass spectrometry ［J］. Analytical and Bioanalytical Chemistry, 2009, 3939: 969-981.

［170］ Kotapati S, Matter B A, Grant A L, et al. Quantitative analysis of trihydroxybutyl mercapturic acid, a urinary metabolite of 1, 3-butadiene, in humans ［J］. Chemical Research in Toxicology, 2011, 24: 1516-1526.

［171］ Norrgran J, Bravo R, Bishop A M, et al. Quantification of six herbicide metabolites in human urine ［J］ Journal of Chromatography B, 2006, 830: 185-195.

［172］ Jongeneelen F J, Anzion R B M, Leijdekkers C M, et al. 1-Hydroxypyrene in human urine after exposure to coal tar and a coal tar derived product ［J］. International Archives of Occupational and Environmental Health, 1985, 57 (1): 47-55.

［173］ 李晓华, 引林, 王敢峰, 等. 碱水解法测定尿中1-羟基芘的样品前处理技术 ［J］. 中华预防医学杂志, 1994, 4: 228-229.

［174］ Chauhan A, Bhatia T, Singh A, et al. Application of nanosized multi-template imprinted polymer for simultaneous extraction of polycyclic aromatic hydrocarbon metabolites in u-rine samples followed by ultra‑high performance liquid chromatographic analysis [J]. Journal of Chromatography B, 2015, 985: 110-118.

[175] Woudneh M B, Benskin J P, Grace R, et al, Quantitative determination of hydroxyl polycylic aromatic hydrocarbons as a biomarker of exposure to carcinogenic polycyclic aro-matic hydrocarbons [J]. Journal of Chromatography A, 2016, 1454: 93-100.

[176] Li Z, Romanoff L C, Trinidad D A, et al. Measurement of urinary monohydroxy polycy-clic aromatic hydrocarbons using automated liquid‑liquid extraction and gas chromatogra-phy/isotope dilution high‑resolution mass spectrometry [J]. Analytical Chemistry, 2006, 78: 5744-5751.

[177] Campo L, Rossella F, Fustinoni S. Development of a gas chromatography/mass spectrom-etry method to quantify several urinary monohydroxy metabolites of polycyclic aromatic hy-drocarbons in occupationally exposed subjects [J]. Journal of Chromatography B, 2008, 875: 531-540.

[178] 付慧，陆一夫，胡小键，等. 液液萃取‑高分辨气相色谱‑高分辨双聚焦磁质谱法测定尿中羟基多环芳烃代谢物 [J]. 色谱，2020，38: 715-721.

[179] 商婷，赵灵娟，李佩，等. 固相支撑液液萃取‑液相色谱‑串联质谱法测定尿液中10种单羟基多环芳烃 [J]. 分析化学，2019，6: 876-882.

[180] Jiang J, Simon I. H S, Zhou J Q, et al. Supported‑liquid phase extraction in combina-tion with isotope‑dilution gas chromatography triple quadrupole tandem mass spectrometry for high‑through put quantitative analysis of polycyclic aromatic hydrocarbon metabolites in urine [J]. Environmental Pollution, 2019, 248: 304-311.

[181] 陈玉松，王昇，余晶晶，等. LC-MS/MS 测定尿液中的 11 种多环芳烃生物标志物 [J]. 烟草科技，2012，(4): 37-43.

[182] 宋喜丽，胡小键，丁昌明，等. 人尿中 9 种单羟基多环芳烃的固相萃取‑超高效液相色谱‑串联质谱同时测定法 [J]. 环境与健康杂志，2017，34: 242-245.

[183] 陈玉松. 人体尿液中多环芳烃烟气暴露生物标志物的分析研究 [D]. 郑州：郑州烟草研究院，2012.

[184] Liu Y M, Li Z L, Zhang Z Y, et al. Determination of urinary hydroxyl PAHs using gra-phene oxide@ diatomite based solid‑phase extraction and high‑performance liquid chroma-tography [J]. Molecules, 2019, 24: 4186.

[185] 胡桂羽，王曼曼，念琪循，等. 基于整体柱的固相萃取‑高效液相色谱法测定尿液中 4 种羟基多环芳烃 [J]. 色谱，2018，36: 370-375.

[186] Gan H J, Xu H. A novel aptamer‑based online magnetic solid phase extraction method for simultaneous determination of urinary 8‑hydroxy‑2′‑deoxyguanosine and monohydroxylated polycyclic aromatic hydrocarbons [J]. Talanta, 2019, 201: 271-279.

［187］ Wang Y S, Meng L, Pittman E N, et al. Quantification of urinary mono-hydroxylated metabolites of polycyclic aromatic hydrocarbons by on-line solid phase extraction-high performance liquid chromatography-tandem mass spectrometry ［J］. Analytical and Bioanalytical Chemistry, 2017, 409: 931-937.

［188］ Zhu W L, Zhang J, Zhang X W, et al. Preparation of Al-doped mesoporous crystalline material-41 as fiber coating material for headspace solid-phase microextraction of polycyclic aromatic hydrocarbons from human urine ［J］. Journal of Chromatography A, 2020, 1626: 461354.

［189］ Zhao G, Chen Y S, Wang S, et al. Simultaneous determination of 11 monohydroxylated PAHs in human urine by stir bar sorptive extraction and liquid chromatography/tandem mass spectrometry ［J］. Talanta, 2013, 116: 822-826.

［190］ Omidi F, Khadem M, Dehghani F, et al. Ultrasound-assisted dispersive micro-solid-phase extraction based on N-doped mesoporous carbon and high-performance liquid chromatographic determination of 1-hydroxypyrene in urine samples ［J］. Journal of Separation Science, 2020, 43 (13): 2602-2609.

［191］ Zhang W F, Zhang Y H, Zhang G R, et al. Facile preparation of a cationic COF functionalized magnetic nanoparticles and its use for the determination of nine hydroxylated polycyclic aromatic hydrocarbons in smokers' urine ［J］. Analyst, 2019, 144: 5829-5841.

［192］ Wang Y H, Yan M, Ji Q Q, et al. Fast magnetic solid-phase extraction using an $Fe_3O_4-NH_2$@MOF material for monohydroxy polycyclic aromatic hydrocarbons in urine of cokeoven workers ［J］. Analytical Methods, 2020, 12: 2872-2880.

［193］ Nian Q X, Wang X S, Wang M M, et al. A hybrid material composed of graphitic carbon nitride and magnetite (Fe_3O_4) for magnetic solid-phase extraction of trace levels of hydroxylated polycyclic aromatic hydrocarbons ［J］. Microchimica Acta, 2019, 186: 497.

［194］ Wang X, Sun Z W, Luo X Z, et al. A novel switchable solvent liquid-phase microextraction technique based on the solidification of floating organic droplets: HPLC-FLD analysis of polycyclic aromatic hydrocarbon monohydroxy metabolites in urine samples ［J］. New Journal of Chemistry, 2020, 44: 3038-3044.

［195］ Amorim L C A, Dimandja J M, Cardeal Z D L. Analysis of hydroxylated polycyclic aromatic hydrocarbons in urine using comprehensive two-dimensional gas chromatography with a flame ionization detector ［J］. Journal of Chromatography A, 2009, 1216: 2900-2904.

［196］ Alekseenko A N, Zhurba O M, Merinov A V, et al. Determination of 1-hydroxypyrene as a biomarker for the effects of polycyclic aromatic hydrocarbons in urine by chromatography-mass spectrometry ［J］. Journal of Analytical Chemistry, 2020, 75: 67-73.

［197］ Dugheri S, Bonari A, Gentili M, et al. High-throughput analysis of selected urinary hydroxy polycyclic aromatic hydrocarbons by an innovative automated solid-phase microextraction [J]. Molecules, 2018, 23: 1869.

[198] Richter-Brockmann S, Dettbarn G, Jessel S, et al. Ultra-high sensitive analysis of 3-hydroxybenzo [a] pyrene in human urine using GC-APLI-MS [J]. Journal of Chromatography B, 2019, 1118-1119: 187-193.

[199] Jiang J, Simon Ip H S, Zhou J Q, et al. Supported-liquid phase extraction in combination with isotopedilution gas chromatography triple quadrupole tandem mass spectrometry for high-throughput quantitative analysis of polycyclic aromatic hydrocarbon metabolites in urine [J]. Environmental Pollution, 2019, 248: 304-311.

[200] Grimmer G, Dettbam G, Naujack K W, et al. Excretion of hydmy derivatives of polyclic aromatic hydrocarbons in highly exposed coke plant workers by measurement of urinary phenanthrone and pyrene metabolites (phenols and dihydrodiols) [J]. International Archives of Occupational and Environmental Health, 1993, 65: 189-199.

[201] Smith C J, Walcott C J, Huang W L, et al. Determination of selected monohydroxy metabolites of 2-,3-and 4-ring polycyclic aromatic hydrocarbons in urine by solid phase microextraction and isotope dilution gas chromatography—mass spectrometry [J]. Journal of Chromatography B, 2002, 778: 157-164.

[202] Carmella S G, Chen M, Yagi H, et al. Analysis of phenanthrols in human urine by gas chromatography mass spectrometry: Potential use in carcinogen metabolite phenotyping [J]. Cancer Epidemiol Biomarkers Prey, 2004, 13: 2167-2174.

[203] Romanoff L C, Li Z, Young G J, et al. Automated solid phase extraction method for measuring urinary polyeycliearomatic hydrocarbon metabolites in human biomonitoring using isotope-dilution gasc hromatography high-resolution mass spectrometry [J]. Journal of Chromatography B, 2006, 835: 47-54.

[204] Jongeneelen F J, Anzion R B, Henderson P T, et al. Determination of hydroxylated metabolites of polycyclic aromatic hydrocarbons in urine [J]. Journal of Chromatography, 1987, 413: 227-232.

[205] 李银萍, 李雪. 固相萃取-高效液相色谱检测吸烟人群尿中 8 种单羟基多环芳烃 [J]. 上海大学学报: 自然科学版, 2013, 19 (4): 374-379.

[206] Onyemauwa F, Rappaport S M, Sobus J R, et al. Using liquid chromatography-tandem mass spectrometry to quantify monohydroxylated metabolites of polycyclic aromatic hydrocarbons in urine [J]. Journal of Chromatography B, 2009, 877: 1117-1125.

[207] Castro A A, Wagener A L R, Farias P A M, et al. Adsorptive stripping voltammetry of 1-hydroxypyrene at the thin-film mercury electrode basis for quantitative determination of PAH metabolite in biological materials [J]. Analytica Chimica Acta, 2004, 521: 201-207.

［208］Pang Y H, Huang Y Y, Li W Y, et al. Electrochemical detection of three monohydroxy-lated polycyclic aromatic hydrocarbons using electroreduced graphene oxide modified screen-printed electrode ［J］. Electroanalysis, 2020, 32：1459-1467.

［209］Hao J N, Yan B. Determination of urinary 1-hydroxypyrene for biomonitoring of human exposure to polycyclic aromatic hydrocarbons carcinogens by a lanthanide-functionalized metal-organic framework sensor ［J］. Advanced Functional Materials, 2017, 27（6）：1603856.

［210］Wang H, Knobel G, Wilson W B, et al. Gold nanoparticles deposited capillaries for in-capillary microextraction capillary zone electrophoresis of monohydroxy-polycyclic aromatic hydrocarbons ［J］. Electrophoresis, 2011, 32：720-727.

［211］Knopp D, Schedl M, Achatz S, et al. Immunochemical test to monitor human exposure to polycyclic aromatic hydrocarbons：Urine as sample source ［J］. Analytica Chimica Acta, 1999, 399：115-126.

［212］Hui B Y, Zain N N M, Mohamad S., et al. Determination of aromatic amines in urine using extraction and chromatographic analysis：A minireview ［J］. Analytical Letters, 2019, 52（18）：2974-2992.

［213］Seyler T H, Bernert J T. Analysis of 4-aminobiphenyl in smoker's and nonsmoker's urine by tandem mass spectrometry ［J］. Biomarkers, 2011, 16（3）：212-221.

［214］Weiss T, Angerer J. Simultaneous determination of various aromatic amines and metabo-lites of aromatic nitro compounds in urine for low level exposure using gas chromatography-mass spectrometry ［J］. Journal of Chromatography B, 2002, 778：179-192.

［215］Riedel K, Scherer G, Engl J, et al. Determination of three carcinogenic aromatic amines in urine of smokers and nonsmokers ［J］. Journal of Analytical Toxicology, 2006, 30：187-195.

［216］Grimmer G, Dettbarn G, Seidel A, et al. Detection of carcinogenic aromatic amines in the urine of nonsmokers ［J］. The Science of the Total Environment, 2000, 247：81-90.

［217］Jurado-Sánchez B, Ballesteros E, Gallego M. Continuous solid-phase extraction method for the determination of amines in human urine following on-line microwave-assisted acid hydrolysis ［J］. Analytical and Bioanalytical Chemistry, 2010, 396：1929-1937.

［218］Niu J J, Zhao X L, Jin Y Y, et al. Determination of aromatic amines in the urine of smokers using a porous organic framework（JUC-Z2）-coated solid-phase microextraction fiber ［J］. Journal of Chromatography A, 2018, 1555：37-44.

［219］Yu J J, Wang S, Zhao G, et al. Determination of urinary aromatic amines in smokers and nonsmokers using a MIPs-SPE coupled with LC-MS/MS method ［J］. Journal of Chromatography B, 2014, 958：130-135.

［220］ Yu J J, Wang B, Cai J L, et al. Selective extraction and determination of aromatic amine metabolites in urine samples by using magnetic covalent framework nanocomposites and HPLC-MS/MS ［J］. RSC Advances, 2020, 10: 28437-28446.

［221］ Avery M J. Determination of aromatic amines in urine and serum ［J］. Journal of Chromatography, 1989, 488: 470-475.

［222］ Lamani X, Horst S, Zimmermann T, et al. Determination of aromatic amines in human urine using comprehensive multi-dimensional gas chromatography mass spectrometry (GC× GC-qMS) ［J］. Analytical and Bioanalytical Chemistry, 2015, 407: 241-252.

第三章
烟草制品效应生物标志物分析技术

效应生物标志物是生物体受到严重损害之前，在不同生物学水平（分子、细胞、个体等）上因受环境污染物影响而异常化的信号指标。它可以对严重毒性伤害提供早期警报。本章主要对文献中报道的常见效应生物标志物的分析方法进行综述。

第一节　8-羟基脱氧鸟苷分析技术

8-羟基脱氧鸟苷（8-OHdG）的分析方法主要包括酶联免疫吸附法（ELISA）、高效液相色谱-电化学检测法（HPLC-ECD）、气质联用分析法（GC-MS）、液相色谱-串联质谱法（LC-MS/MS）、毛细管电泳法（CE）、电化学法、^{32}P 后标记法和共振光散射法等[1]。

一、ELISA 法

ELISA 法是应用单克隆抗体检测加合物的技术，是一种半定量的检测方法。抗 8-羟基脱氧鸟苷多克隆抗体的发展和单克隆抗体的使用为 ELISA 法的发展提供了条件，可以用于生物样品中 8-羟基脱氧鸟苷的检测。Yin 等[2] 开发两种单克隆抗体 1F7 和 1F11，用选择性高的抗体 1F7 制备免疫亲和柱，从脱氧核糖核酸水解物中分离出 8-羟基脱氧鸟苷，再用抗体 1F11 进行 ELISA 定量，该方法允许使用 $100\mu g$ 脱氧核糖核酸分析大约 1 个 8-羟基脱氧鸟苷/10^5dG。邱月等[3] 通过偶联形成 8-羟基脱氧鸟苷-mcKLH 复合物作为免疫原得到 8-羟基脱氧鸟苷的高特异性配对抗体 1D4、3B8，最终建立生物素-亲和素标记的双抗夹心 ELISA 定量检测 8-羟基脱氧鸟苷的方法。为了解决抗原/抗体从聚苯乙烯板上脱附的问题，Ghoshdastidar 等[4] 以明胶纳米粒子作为一种"平板黏附"基质，不可逆地黏附抗原/抗体，从而提高了 8-羟基脱氧鸟苷 ELISA 分析的灵敏度、准确度和精密度。ELISA 法灵敏度高、特异度强、不用对脱氧核糖核酸分解处理、不需要较昂贵的仪器、测定时间短，但存在交叉反应可能导致检测值比真实值偏高。

二、HPLC-ECD 法

HPLC-ECD 法是将脱氧核糖核酸的酶水解样品用 HPLC 分离后用 ECD 测定，是由 Floyd 等[5] 提出的一种定量测定 8-羟基脱氧鸟苷的有效方法。HPLC-ECD 法具有较高的灵敏度，较少的样品需求量，具有非损伤性，检测快速，选择性好，对组织细胞脱氧核糖核酸及尿中 8-羟基脱氧鸟苷均可检测。Samcová 等[6] 采用简单的铂管电极安培检测仪，用 HPLC-ECD 法测定尿中的 8-羟基脱氧鸟苷，分析物采用单步固相萃取法从人尿中提取，平均回收率为 71%±7%，检出限为 3nmol/L。Kato 等[7] 用纳米碳膜电极作为 HPLC-ECD 检测器，检测了尿液中的 8-羟基脱氧鸟苷。鲁文红等[8,9] 利用 HPLC-ECD 法测定 HepG2 细胞内和尿液中 8-羟基脱氧鸟苷的含量，发现 8-羟基脱氧鸟苷峰与杂质峰分离良好，8-羟基脱氧鸟苷浓度在 1~25ng/mL 呈良好线性，最低检测浓度为 0.39ng/mL。Loft 等[10] 建立了一种三维立体 HPLC-ECD 法用于测定正常人群尿液 8-羟基脱氧鸟苷含量的变化。Koide 等[11] 将 HPLC-ECD 与固相萃取法结合，用于血清中 8-羟基脱氧鸟苷含量的检测，检出限可达 10pg/mL。王旗等[12] 采用固相萃取净化尿样，高效液相色谱分离，库仑阵列电化学检测器检测尿中 8-羟基脱氧鸟苷的含量。袭革革等[13] 采用螯合剂-Fe^{2+}-H_2O_2 作为 Fenton 型反应的氧化源，与小牛胸腺脱氧核糖核酸反应生成 8-羟基脱氧鸟苷，建立脱氧核糖核酸分子氧化损伤的体外反应模型，用 HPLC-ECD 法对 8-羟基脱氧鸟苷进行定量，该方法灵敏度高，最低检出限 30fmol，线性范围宽，从 0.32pmol 到 3.2nmol，相关系数达 0.9996，能够适用于生物体与细胞脱氧核糖核酸分子低水平氧化损伤的检测。Pilger 等[14] 利用 HPLC-ECD 法测定尿液中 8-羟基脱氧鸟苷的含量，并考察了以下问题：（1）晨尿和 24h 尿中 8-羟基脱氧鸟苷的基线水平；（2）8-羟基脱氧鸟苷的个体间和个体内变异；（3）8-羟基脱氧鸟苷的干扰因素。HPLC-ECD 法是应用最广、发展最快的检测生物体内 DNA 加合物的方法，但该方法也有一些缺点，如 DNA 的不完全酶解会导致检测值比真实值偏高。HPLC-ECD 法分析 8-羟基脱氧鸟苷时常需要复杂和耗时的两柱或三柱切换技术来进行分离或者利用多步固相萃取来预处理样品，从而限制了其实际使用。

三、GC-MS 法

GC-MS 方法结合了气相色谱的高选择性和质谱的高灵敏性，多用于对复杂组分的测定和分析。Teixeira 等[15] 采用 GC-MS 法测定了大鼠肝脏脱氧核糖核酸和尿液中 8-羟基脱氧鸟苷的含量。对于脱氧核糖核酸样本，方法包括：（1）加入内标［^{15}N］脱氧核糖核酸强化样品，（2）酶解脱氧核糖核酸至脱氧核苷，（3）用三氟乙酸和肼降解天然核苷，（4）使用 C_{18} SPE 净化，（5）衍生化，（6）GC-MS 分析。对于尿液样品，方法包括：（1）加入内标 8-^{18}OHdG 强化样品，（2）使用 C_{18}/OH SPE 预净化，（3）衍生化，（4）HPLC 净化，（5）GC-MS 分析。Teixeira 等[16] 又结合核苷的乙酰化和五氟苄基化，建立了气相色谱/电子捕获负离子化学电离质谱法用于 8-羟基脱氧鸟苷和 5-羟甲基-2′-脱氧尿苷（HMdU）的分析。梅素容等[17] 应用固相萃取和衍生化前处理步骤，采用气相色谱法分析人尿中的 8-羟基脱氧鸟苷，并通过 GC-MS 进行定性鉴定。在此基础上，梅素容等[18] 直接利用 GC-MS 法测定尿中的 8-羟基脱氧鸟苷含量，利用选择性离子扫描方式（SIM）进行定量分析，该方法的检测限可达 0.5nmol/L，线性范围为 5~10000nmol/L，分析尿样的相对标准偏差为 5.12%。GC-MS 法可为 DNA 损伤中氧化产物的鉴定提供可靠而明确的数据，然而质谱仪价格昂贵，一般实验室难以应用。此外，脱氧核糖核酸碱基必须首先进行衍生化反应，这一过程容易形成副产物，导致假阳性结果。

四、LC-MS/MS 法

LC-MS/MS 方法是一种集高效分离和定性定量分析多组分的高效方法，具有特异性强、灵敏度高、重复性好、准确性高等优点。Ravanat 等[19] 以核素标记的 8-羟基脱氧鸟苷作为内标物，建立了一种检测 8-羟基脱氧鸟苷的 HPLC-MS/MS 方法，该方法检出限极低，为 20fmol。Wu 等[20] 建立了一种快速、准确的超高效液相色谱-串联质谱（UHPLC-MS/MS）检测人外周血白细胞中 8-羟基脱氧鸟苷的方法，血样脱氧核糖核酸提取、消化后，采用 Zorbax Eclipse Plus C_{18} 柱等相洗脱，以［^{15}N$_5$］-8-羟基脱氧鸟苷为内标，采用多反应监测（MRM）模式；在 1.0~100nmol/L 范围内线性关系良好（R^2 = 0.999），加标样品的精密度为 90.9%~94.8%，日内精密度在 3.7% 以内；进样量为 5μL 时，检出限为 0.30nmol/L，定量限为 1.0nmol/L。谢聪等[21] 采用固相萃取和 UPLC-MS/MS 技术，对吸烟和不吸烟的正常人及结直肠癌患者尿液中的 8-羟基脱氧鸟苷含量进行了测定。宋玉玲和汪海林[22] 利用超高效液相色谱的分离能力，直接分析不经过固相萃取处理的酶解混合液，在较短的时间内能够实现 8-羟基脱氧鸟苷与其他组分较好的分离；同时在脱氧核糖核酸酶解过程中通过加入甲磺酸去铁铵作为保护剂以避免脱氧鸟苷氧化对测定造成的干扰，基于此发展了一种 UPLC-MS/MS 检测脱氧核糖核酸分子中 8-羟基脱氧鸟苷的方法。王丽英等[23] 建立了一种 UPLC-MS/MS 方法用于人尿液中 8-羟基脱氧鸟苷含量的简单快速分析，人尿样品经离心后，通过 HLB 固相萃取柱进行净化处理，采用 5%的甲醇-水（含 0.1%甲酸）作为色谱的分离条件，在 MRM 模式下采集 8-羟基脱氧鸟苷的信号，用外标法定量。该方法具有较高的灵敏度，8-羟基脱氧鸟苷在 0.1~2.0ng/mL 范围内线性关系良好，相关系数为 0.9995，定量下限为 0.02ng/mL，低、中、高 3 个加标水平的回收率为 90.2%~103.7%，相对标准偏差为 1.1%~6.8%。石振宁等[24] 采用同位素稀释法，建立了二维超高效液相色谱-串联质谱法测定尿液中 8-羟基脱氧鸟苷含量的分析方法，该方法还通过多步洗脱提高了 8-羟基脱氧鸟苷的测定灵敏度。

LC-MS/MS 方法越来越多地应用于包含 8-羟基脱氧鸟苷在内的多种化合物的同时分析。Podmore 等[25] 报道了同时测定尿中 8-羟基脱氧鸟苷和 8-羟基脱氧腺苷（8-OHdA）的 HPLC-MS/MS 方法。Chen 等[26] 建立了 online-SPE-LC-MS/MS 同时测定 8-羟基脱氧鸟苷和可替宁的方法。杨明岐等[27] 采用直接稀释处理样品，无需复杂的净化过程，通过亲水作用色谱串联三重四级杆质谱有效分离尿样基质并用内标校正准确定量，实现了尿液中 8-羟基脱氧鸟苷和可替宁的同时分析。吴凡等[28] 在采集的尿液样品中依次加入内标和甲醇，所得混合液经自主设计的样品离心分离和过滤装置处理，采用 HPLC-MS/MS 快速测定滤液中 8-羟基脱氧鸟苷和 8-羟基鸟苷的含量。李栋等[29] 基于自制混合型小柱的样品净化，HPLC-MS/MS 同时测定 8-羟基脱氧鸟苷和 7 种有机磷酸酯主要代谢产物的分析方法。Fan 等[30] 建立了一种快速同时定量尿液中 8-羟基脱氧鸟苷和 10 种羟基多环芳烃（OH-PAHs）的 UPLC-MS/MS 方法，尿液样品经固相萃取浓缩后，采用优化的电喷雾负离子（ESI）和多反应监测（MRM）模式的 HPLC-MS/MS 方法进行分析，在 16min 内同时检测完成，8-羟基脱氧鸟苷和羟基多环芳烃浓度范围为 0.3~10.0μg/L 和 0.05~15μg/L，均呈良好的线性关系，检出限为 0.023~0.625μg/L。Kuang 等[31] 建立了一种 UPLC-MS/MS 方法同时测定 8-羟基脱氧鸟苷、反-3′-羟基可替宁（OH-Cot）和 VOCs 的 31 种代谢产物。Wu 等[32] 建立了一种快速、高灵敏度的同位素稀释 LC-MS/MS 方法来同时定量尿中包括 8-羟基脱氧鸟苷在内的 4 种氧化应激生物标志物 [8-羟基脱氧鸟苷、8-iso-PGF$_{2\alpha}$、羟基壬烯醛-巯基尿酸（HNE-MA）、8-硝基鸟嘌呤（8-NO2Gua）]。Sims 等[33] 报道了一种利用 UPLC-MS/MS 和固相萃取（SPE）检测废水中包括 8-羟基脱氧鸟苷在内的 4 种氧化应激生物标志物（8-羟基脱氧鸟苷、8-iso-PGF$_{2\beta}$、HNE-MA、8-NO2Gua）的分析方法。Ren 等[34] 建立了一种 LC-ESI-MS/MS 同时测定人尿中 5 种对羟基苯甲酸酯、双酚 A（BPA）、三氯生（TCS）和 8-羟基脱氧鸟苷的简便快速方法。Gan 和 Xu[35] 合成了一种磁性适配体吸附剂（Fe$_3$O$_4$-aptamer MNPs），用于 8-羟基脱氧鸟苷的选择性提取，并基于此建立了一种在线 MSPE-HPLC-MS 方法用于肺癌患者和健康人群尿样本中 8-羟基脱氧鸟苷的定量检测。随后，基于类似的策略，Gan 和 Xu[36] 又合成了一种新型磁性适配体吸附剂（Fe$_3$O$_4$@ PDA-aptamer MNPs）并对纳米颗粒进行了表面功能化处理，进而建立了一种在线 MSPE-HPLC-MS 方法用于尿液中 8-羟基脱氧鸟苷和羟基多环芳烃的同时检测。

五、CE 法

CE 法是利用 8-羟基脱氧鸟苷与其他脱氧鸟苷在电场中泳动方向和速率的不同而进行分离，采用保留时间进行定性，通过外标法来进行定量。其优点是进样量小、分离效率高、保留时间短，比 HPLC 分离更为高效。Ullrich 等[37] 建立了高效毛细管电泳法（HPCE）用于检测人造血干细胞中 8-羟基脱氧鸟苷含量。任艳等[38] 将金纳米粒子应用于 HPCE 方法中，利用金纳米粒子的小尺寸效应和较大的比表面积等特点，改善了 8-羟基脱氧鸟苷的峰型和柱效。Weiss 等[39] 对将 CE 法与电化学检测器（EC）相结合建立了 CE-EC 方法检测癌症患者尿液中 8-羟基脱氧鸟苷含量，检出限达 50nmoL。考虑到尿液中 8-羟基脱氧鸟苷的测定存在着微量和复杂基质的问题，Zhang 等[40] 以分子印迹整体柱为萃取吸附剂，建立了固相微萃取（SPME）耦合毛细管电泳和电化学检测的方法，由于其特殊的多孔结构和固有的选择性，特制的整体结构对 8-羟基脱氧鸟苷具有高萃取效率和富集因子，在最佳条件下，检测限为 2.61nmol/L，定量限为 8.63nmol/L，具有一定的灵敏度。Inagaki 等[41] 利用被氧化的碱基比正常碱基有更强的电化学活性，成功地将安培计与毛细管电泳法相结合，建立了毛细管电泳-安培计法检测脱氧核糖核酸损伤加合物，检测结果与 UV 法进行对比，结果无差异，可成功用于实际样品检测分析。梅素容等[42,43] 利用一步固相萃取预处理尿样，结合 CE 具有高分离效率和电化学检测器选择性好及检测限低的特点，建立了毛细管电泳-柱末安培检测法测定尿中的8-羟基脱氧鸟苷，同时利用一种新的样品浓缩进样方式动态 pH 调节进样，进一步提高了方法的灵敏度，使其检测限达到 20nmol/L，该方法具有简单、灵敏且高效的特点，适合于临床应用，并首次用于癌症患者尿中 8-羟基脱氧鸟苷含量的测定、手术治疗效果的监测和吸烟对个体危害的研究。Kvasnicová 等[44] 将 CE 与 UV 结合，检测癌症患者尿液中 8-羟基脱氧鸟苷，该方法样品可直接用于测定，无需特殊处理，检测范围 10~500mg/L，检出限 5mg/L。颜流水等[45] 利用纳米金在线富集-毛细管电泳法测定尿样中 8-羟基脱氧鸟苷含量，8-羟基脱氧鸟苷与脱氧鸟苷在 10min 内可实现基线分离，8-羟基脱氧鸟苷浓度为 0.5~50.0μmol/L 呈线性，检出限为 39nmol/L，加标回收率为 90.0%~104.6%。

六、电化学法

电化学法是基于有电活性的物质在对应的电极表面发生反应，得出氧化电流或还原电流与被测物浓度之间的关系，进而实现目标物的分析检测，具有仪器成本低、分析速度快、检测限低、操作方便等优点。目前已开发出多种功能材料用于 8-羟基脱氧鸟苷的电化学检测，如 Jia 等[46] 开发了一种基于单链 DNA 功能化石墨烯的 8-羟基脱氧鸟苷电化学检测平台。Shahzad 等[47] 建立了一种基于硫掺杂石墨烯的高灵敏度 8-羟基脱氧鸟苷电化学传感器。Zhao 等[48] 构筑了一种基于花状 Pt 纳米颗粒修饰石墨烯氧化物复合物的 8-羟基脱氧鸟苷电化学传感器。Shang 等[49] 构筑了一种基于孔状单壁碳纳米管的 8-羟基脱氧鸟苷电化学传感器。Cao 等[50] 研制出了一种基于超细 Cu-MOF 修饰的石墨纳米薄片复合物（HKUST-1/GN）的高灵敏度电化学传感器，成功用于实际尿液样本中 8-羟基脱氧鸟苷的检测。Guo 等[51] 采用混酸纯化多壁碳纳米管并修饰在玻碳电极上，用芬顿反应产生的羟自由基氧化损伤脱氧核糖核酸和鸟嘌呤，定量检测 8-羟基脱氧鸟苷，得出 8-羟基脱氧鸟苷的检测限为 1.88×10^{-8}mol/L，线性范围是 0.056~16.4μmol/L。高牧丛等[52] 采用有序介孔碳（OMC）和自行合成的 ZIF-8 金属有机框架化合物修饰玻碳电极（GCE），利用 OMC 的良好导电性和金属有机框架的高密度活性位点，制备了一种新型的 ZIF-8/OMC/GCE 传感器，并对其电化学性能进行了研究，用于 8-羟基脱氧鸟苷的测定。Dhulkefl 等[53] 基于 Ag-TiO$_2$-还原氧化石墨烯（rGO）杂化纳米材料修饰丝网印刷电极，开发了一种灵敏且选择性好的电化学传感器，用于 8-羟基脱氧鸟苷的测定。Fan 等[54] 基于聚苯胺

（PANI）在四面体 DNA 纳米结构（TDN）上的沉积，提出了一种用于 8-羟基脱氧鸟苷超灵敏检测的简易电化学生物传感器，线性范围是 10pmol/L ~ 2nmol/L，检出限为 1pmol/L。

七、^{32}P 后标记法

^{32}P 后标记技术是 20 世纪 90 年代后发展起来的，具有灵敏度高（最小检测限可达 1 个 8-羟基脱氧鸟苷/10^6 核苷酸）、样品用量少（ng 级脱氧核糖核酸样品）、应用范围广等优点。Povey 等[55] 发展了这种特异性高、灵敏度好的 ^{32}P 后标记法，结果每 10^6 ~ 10^7 脱氧鸟苷中会有 1 个 8-羟基脱氧鸟苷检出。Lutgerink 等[56] 建立了一种微量脱氧核糖核酸（0.2 ~ 2μg）中 8-羟基脱氧鸟苷残留量的高灵敏检测方法，主要包括以下几个步骤：脱氧核糖核酸的消化、标记、层析分离、放射自显影。潘洪志等[57] 用此方法测定了各种组织（肝、肺、心、肾、脑、脾）中的 8-羟基脱氧鸟苷，其中肝中的含量最高（359 个 8-羟基脱氧鸟苷/10^6 核苷酸），肾中含量最低（169 个 8-羟基脱氧鸟苷/10^6 核苷酸）。该技术的特异性还有待提高，且容易造成放射性污染。

八、共振光散射法

Guo 等[58] 利用 8-羟基脱氧鸟苷能与金纳米粒子结合导致粒子聚集，从而改变共振光散射强度的特性，建立了共振光散射法检测尿液中 8-羟基脱氧鸟苷的方法。Wang 等[59] 以金纳米粒子作为指示探针、8-羟基脱氧鸟苷适体（Apt）为识别分子，基于 8-羟基脱氧鸟苷与 Apt 特异性结合形成 G-四分体结构，致使 AuNPs 暴露于含有高盐浓度的溶液中发生聚集，导致共振光散射增强的原理，建立了检测尿中 8-羟基脱氧鸟苷的金纳米粒子共振光散射法。米贤文等[60] 基于 8-羟基脱氧鸟苷阴离子与阳离子染料吡啰红 Y（PY）作用生成离子缔合物的原理，将共振光散射技术引入脱氧核糖核酸加合物检测，研究了 8-羟基脱氧鸟苷与 PY 作用的散射光谱及其最佳反应条件，建立了 PY 共振光散射法测定 8-羟基脱氧鸟苷的新方法。

九、其他

王嘉成和王永生[61] 基于 8-羟基脱氧鸟苷与金纳米粒子结合，导致金纳米聚集，致使溶液吸光度比值改变的原理，建立了一种测定 8-羟基脱氧鸟苷的分光光度法。Wang 等[62] 以未修饰的金纳米粒子为指示探针，未修饰的核酸适体为特异性识别分子，建立了一种灵敏度高、特异性强、成本低的比色传感法用于人体尿液中 8-羟基脱氧鸟苷的检测，该方法无需任何仪器，可对样品直接目测分析。Liu 等[63] 建立了一种高灵敏度、低成本的尿中 8-羟基脱氧鸟苷比色适配体传感器，线性范围为 466pmol/L~247nmol/L，检出限为 141pmol/L。Wu 等[64] 利用抗-8-羟基脱氧鸟苷多克隆抗体修饰金纳米粒子（AuNPs），加入 8-羟基脱氧鸟苷后，抗体修饰的 AuNPs 聚集在一起，形成抗体与抗原的特异性相互作用，随着 8-羟基脱氧鸟苷浓度的增加，抗体修饰 AuNPs 的最大吸收波长逐渐红移，溶液颜色由红变蓝。在此基础上，建立了 8-羟基脱氧鸟苷的高选择性测定方法，检测范围为 0.25~5.00μg/mL，检出限为 25ng/mL，该方法简便、快速、易操作，半定量测定也可以通过目视观察溶液的颜色变化来实现，无需任何仪器。

颜流水等[65] 利用 8-羟基脱氧鸟苷在酸性邻菲咯啉（Phen）-Cu 化学发光体系中发光信号强的特点，建立了一种测定尿样中 8-羟基脱氧鸟苷含量的化学发光法，该方法的线性范围为 1.67~333.33μg/L，检出限（S/N=3）为 0.83μg/L。

米贤文等[66] 基于 8-羟基脱氧鸟苷阴离子对鱼精蛋白硫酸盐（Ps）荧光猝灭作用的原理，将荧光猝灭技术引入脱氧核糖核酸加合物检测，研究了 8-羟基脱氧鸟苷与 Ps 荧光淬灭作用及其最佳反应条件，建立了 Ps 荧光淬灭测定 8-羟基脱氧鸟苷的新方法。

何天稀[67] 用 HPLC-UV 与反相 C_{18} 柱，同步快速测定了人胃黏膜活检组织中 8-羟基脱氧鸟苷和脱氧鸟苷的含量，检测范围分别为 0.3~10μg/mL 和 3.0~400μg/mL。汪莉君等[68] 建立的 HPLC-UV 法检测尿中 8-羟基脱氧鸟苷的方法，简化了样品处理步骤，8-羟基脱氧鸟苷峰与杂质峰分离良好，检出限 0.5μg/mL。Zhang 等[69] 以鸟嘌呤核苷为伪模板，合成了分子印迹聚合物（MIP）整体柱，并基于此建立了一种测定尿中 8-羟基脱氧鸟苷的管内固相微萃取-HPLC-UV 方法。

Ersöz 等[70] 以 MAAP-Fe（Ⅲ）为新型金属螯合单体，通过金属配位螯合作用，建立了 8-羟基脱氧鸟苷的印迹识别和测定方法。该方法用新型 8-羟基脱氧鸟苷印迹吸附剂固相萃取血样，利用 MAAP-Fe（Ⅲ）基石英晶体微天平（QCM）传感器对 8-羟基脱氧鸟苷具有非常高的结合亲和力位点，实现了低浓度水平 8-羟基脱氧鸟苷的测定。Say 等[71] 使用 MAAP-Fe（Ⅲ）和 MAH-Pt（Ⅱ）作为金属螯合单体，通过双金属配位-螯合作用制备了选择性分子印迹聚合物（MIP），研制了一种新型 8-羟基脱氧鸟苷印迹石英晶体微天平（QCM）传感器，用于血清样品中8-羟基脱氧鸟苷的选择性测定。

Liu 等[72] 利用脱氧核糖核酸诱导的 AuNPs 组装开发灵敏的圆二色性（CD）光谱法检测8-羟基脱氧鸟苷，检出限为33pmol/L（S/N=3），其检测原理如下：8-羟基脱氧鸟苷适配体与其互补序列进行杂交，根据精确匹配的碱基对 AuNPs 进行修饰，脱氧核糖核酸修饰的 AuNPs 通过8-羟基脱氧鸟苷适配体组装成 AuNPs 二聚体，表现出较强的手性活性；在8-羟基脱氧鸟苷存在的情况下，适配体与8-羟基脱氧鸟苷的高特异性识别和亲和常数破坏了适配体与其互补序列的杂交，导致 AuNPs 二聚体被破坏，表现出低 CD 信号。

Zhu 等[73] 建立了一种电化学与比色检测相结合的快速检测8-羟基脱氧鸟苷的新装置，该装置具有常规试纸速度快、成本低、电化学分析可靠性高、准确度高等优点，能够成功用于检测尿液中的8-羟基脱氧鸟苷，检测限分别为 5.76ng/mL（比色法）和 8.85ng/mL（电化学法）。这种双重检测方法的集成装置可以为8-羟基脱氧鸟苷提供一种快速、直观、定量、可行的检测方法，与基于单一方法的测试相比，这两种方法的集成具有两大优势：（1）可以提供对同一分析的双重信心；（2）通过涉及两种原则上不同的方法，可能会避免来自一种方法的错误结果。

Darwish 等[74] 通过将8-羟基脱氧鸟苷的免疫化学反应连接到 KinExA 动力学分析仪器开发了一种自动流动免疫传感器用于测量尿中8-羟基脱氧鸟苷的水平。该传感器基于免疫化学原理，与现有的色谱技术相比具有以下优点：（1）依赖于8-羟基脱氧鸟苷特异性抗体，具有更高的选择性；（2）适合于大量样品的筛选，比色谱法更适合于临床实验室的设置；（3）不需要对样品或精密分析设备进行预处理。此外，该传感器依赖于动力学排除分析，与现有的 ELISA 相比，具有以下优点：（1）避免了质量传输限制和迁移效应的问题；（2）简单的流动分析减少了总分析时间；（3）消除了困扰 ELISA 的任何错误；（4）KinExA 比 ELISA 敏感得多。

第二节　F_2-异前列腺素分析技术

F_2-异前列腺素（F_2-isoPs）的分析方法主要包括酶免疫测定法（EIA）、气相色谱-质谱联用法（GC-MS）、液相色谱-质谱联用法（LC-MS/MS）等[75]。

一、酶免疫测定法（EIA）

酶免疫测定法（Enzyme Immunoassay, EIA）是一种较为经济和快速的分析方法，也称作酶联免疫测定法（Enzyme-Linked Immunosorbent Assay, ELISA）。该法主要应用于 $8\text{-iso-PGF}_{2\alpha}$ 的检测，其原理是将样本和 $8\text{-iso-PGF}_{2\alpha}$ 标准样与酶标 $8\text{-iso-PGF}_{2\alpha}$ 竞争结合 $8\text{-iso-PGF}_{2\alpha}$ 抗体，反应完全后，于450nm处测定吸光度，并通过标准曲线计算出含量。Wang 等[76] 通过 EIA 和 RIA 对人尿中的 $15\text{-F}_{2t}\text{-isoP}$ 进行了表征和定量，并以 $[^{18}O_2]\text{-}15\text{-F}_{2t}\text{-isoP}$ 为内标采用基于负离子化学电离（NICI）的 GC-MS 方法对该方法进行了验证。酶免疫测定法的优点在于简单快速、成本低廉、不依赖贵重仪器和不需要专业人员操作等。但该技术仍存在诸多缺陷：（1）其他同分异构体及其代谢产物也可能与 $8\text{-iso-PGF}_{2\alpha}$ 抗体发生交叉免疫反应，这导致该法的特异性差；（2）在测定样品中 $8\text{-iso-PGF}_{2\alpha}$ 前，需对样品进行烦琐的纯化操作，这不仅费时费力，还会造成 $8\text{-iso-PGF}_{2\alpha}$ 的损失，导致其回收率低；（3）在 $8\text{-iso-PGF}_{2\alpha}$ 与抗体反应期间，样品中的 $8\text{-iso-PGF}_{2\alpha}$ 前体物可以继续生成 $8\text{-iso-PGF}_{2\alpha}$，进而导致结果偏高，以上因素均会导致测试结果的准确性较差。Proudfoot 等[77] 将 GC-NICI-MS 测定的尿液中 $F_2\text{-isoPs}$ 浓度和 EIA 直接测定的 $15\text{-F}_{2t}\text{-isoP}$ 浓度进行了比较，结果表明，EIA 和 GC-NICI-MS 测定 $F_2\text{-isoPs}$ 的结果不一致。Klawitter 等[78] 比较了三种市售 ELISA 检测方法和经验证的 LC/LC-MS/MS 方法测量 25 个人的血浆和尿液样本中 $8\text{-iso-PGF}_{2\alpha}$ 的浓度，结果表明：三种 ELISAs 测定的 $8\text{-iso-PGF}_{2\alpha}$ 浓度均显著高于 LC/LC-MS/MS；SPE 柱的使用，特别是异前列素亲和纯化柱的使用，使 ELISA 检测的尿液中 $8\text{-iso-PGF}_{2\alpha}$ 浓度与 LC/LC-MS/MS 结果更加接近，然而，SPE 对 ELISA 血浆浓度没有太大的影响，其血浆浓度仍明显高于相应的 LC/LC-MS/MS 结果；LC/LC-MS/MS 与免疫检测结果的相关性较差，且免疫检测结果之间的相关性也较差；特别是在血浆中，ELISAs 严重高估了 $8\text{-iso-PGF}_{2\alpha}$ 的浓度，并且两者之间或与 LC/LC-MS/MS 都不能比较；最糟糕的是，用一种 ELISA 法测定浓度相对较高的样品，另一种 ELISA 法测定的浓度可能较低，反之亦然，这可能影响从这些数据得出的结论。因此，目前基于该法制备的 ELISA 试剂盒主要用于 $8\text{-iso-PGF}_{2\alpha}$ 的初步检测，必要时还需通过其他方法进行验证。

二、气相色谱-质谱联用法（GC-MS）

气相色谱-质谱联用法（GC-MS）是分析 $F_2\text{-isoPs}$ 最常用、最成熟的方法，该法具有较高的灵敏度、准确度和特异性，曾被认为是分析 F_2-isoPs 的金标准。最初，Morrow 等[79] 以同位素标记的前列腺素为内标，采用 GC-MS 法分析样品中 F_2-isoPs 的含量。由于前列腺素的同位素标记物和 F_2-isoPs 的理化性质并不完全相同，用同位素标记的前列腺素为内标来分析 F_2-isoPs 的含量限制了该法的准确度。随着 8-iso-$PGF_{2\alpha}$ 同位素内标物的出现，该法得到了进一步的发展。Morrow 等[80,81] 分别以 $^{18}O_2$ 标记的 8-iso-$PGF_{2\alpha}$（[$^{18}O_2$]-15-F_{2t}-isoP）和 $^2H_4$ 标记的 8-iso-$PGF_{2\alpha}$（[$^2H_4$]-15-F_{2t}-isoP）为内标物，采用 GC-NICI-MS 对 8-iso-$PGF_{2\alpha}$ 进行了检测。由于用 GC-MS 法分析尿液中的 F_2-前列腺素时，内源性化合物的存在会干扰内标 15-F_{2t}-isoP-d_4，造成混淆，Mas 等分别以 8-F_{2t}-isoP-d_4[82] 和 4(RS)-F_4t-neuroprostane[83] 作为内标。

　　F_2-isoPs 相对稳定的化学性质以及其优异的气相色谱和质谱特性，使其成为 GC-NICI-MS 方法较适宜的分析对象。在此方法中，经过萃取和初步纯化，F_2-isoPs 被衍生为五氟苄酯和三甲基硅醚（PFB-TMS）衍生物（图 3-1）。这种方法结合了毛细管气相色谱的高分辨率和质谱的选择性，具有低于 pg 级的灵敏度。将所有二十烷类化合物共有的羧酸衍生成五氟苄酯是其高灵敏度的关键。GC-NICI-MS 谱图中会出现一个稳定的羧酸阴离子［M-PFP］⁻，该离子具有高强度和特异性，在选定的离子监测（SIM）模式下，采用 GC-NICI-MS 对二十烷类化合物 PFB-TMS 衍生物的［M-PFP］⁻质量片段进行监

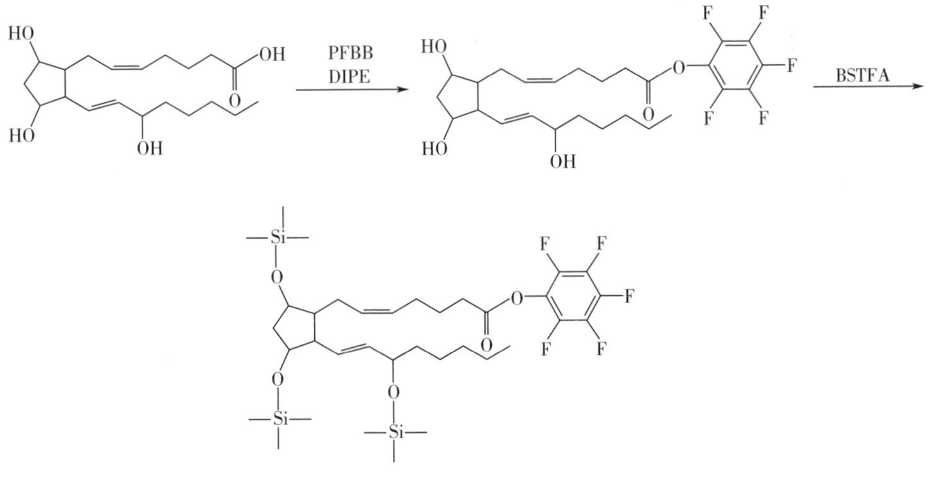

图 3-1　F_2-isoPs 的衍生化[81]

测，是二十烷类定量分析中最灵敏、特异性最强的方法。此外，研究者们通过使用叔丁基二甲基硅醚代替三甲基硅醚对 GC-NICI-MS 方法进行了改进[76,84]，但在室温条件下，F_2-isoPs 转化为叔丁基二甲基硅醚的效果较差[85]，延长反应时间和提高反应温度可以提高收率，但会带来产物分解的风险。

为了提高生物试样中 F_2-isoPs 检测的选择性和灵敏度，研究者们开发了基于使用三重四极质谱[86,87] 或离子阱质谱[88] 的串联质谱（GC-NICI-MS/MS）方法用于人尿或血浆中 8-iso-PGF$_{2\alpha}$ 的特异性定量检测。由于 F_2-isoPs 的位置异构体会产生相同的强碎片，因此 GC-NICI-MS/MS 方法无法给出结构信息。与此相反，GC-MS 可通过电子电离质谱（EI-MS）对四类 F_2-isoPs 的位置异构体进行鉴定，并得到 PFB-TMS 衍生物的特征质谱，但这种 GC-EI-MS 方法对 F_2-isoPs 的 PFB-TMS 衍生物的定量不够灵敏。Bessard 等[89] 开发了一种 GC-EI-MS 方法，该方法能够对 15 个类型的 F_2-isoPs 进行特异性定量分析，特别是尿液中 15-F_{2t}-isoP 的定量分析。这种 GC-EI-MS 方法相对快速，因为其只包含了一个衍生化步骤，且没有进一步的 TLC 纯化步骤。Obata 等[90,91] 使用二甲基异丙基硅醚代替三甲基硅醚对 GC-EI-MS 方法进行了改进，用于尿液和血浆中 F_2-isoPs 的定量分析。

需要注意的是，采用 GC-MS 法分析 F_2-isoPs 对于样品的净化程度要求较高，往往需要通过固相萃取、薄层色谱等前处理技术对样品进行净化。表 3-1 列出了文献中已报道的不同前处理技术结合 GC-MS 法分析 F_2-isoPs 的研究及其应用。Milne 等[81] 通过 C_{18} SPE 和硅胶 SPE 柱净化样品后通过衍生化反应将 F_2-isoPs 转化为对应的五氟苄基酯类化合物，再采用薄层色谱技术进一步净化，转化为三甲基硅醚衍生物后进行 GC-MS 分析，衍生化过程如图 3-1 所示。Liu 等[92] 也通过 C_{18} SPE 和硅胶 SPE 柱、薄层色谱技术来净化样品制备过程中的干扰基质。Mori 等[85] 在 C_{18} 和硅胶 SPE 的基础上，进一步引入高效液相色谱纯化步骤，该步骤在 GC-MS 分析之前不仅能够更有效净化，还能够提高回收率。Chu 等[93] 集样品的净化和提取于一步，采用十八烷基键合硅胶 SPE 柱来净化血液样品。Nourooz-Zadeh 等[94,95] 将硅胶 SPE 和 TLC 步骤替换为氨基 SPE，以获得更快速测定 F_2-isoPs 的方法，并能更好地回收血浆中的 F_2-isoPs。该方法避免了薄层色谱过程中产品的大量损失，然而，回收率和重复性仍然无法保证，而且该过程依旧耗时。Walter 等[96] 提出用氨基柱代替 SPE 和薄层色谱对 PFB 酯进行高效液相色谱纯化。Mas 等[83] 利用 C_{18} SPE 柱和氨基 SPE 柱来净化尿液样品。Zhao 等[97] 提出了一种使用 Oasis HLB 萃取柱从生物样品中分离 F_2-isoPs 的简化且快速的一步提纯步骤，与 Nourooz-Zadeh 纯化血浆中 isoP 的方法相比，该方法的回收率更高，且精度和线性关系类似。Lee 等[98] 报道了一种使用 Oasis 混合阴离子交换 SPE 的快速样品纯化方法，该方法对酸性化合物具有高度选择性，且方法简便、快速，回收率高（55%~65%），重现性好。单用阴离子交换 SPE 处理尿和血浆中的 F_2-isoP 似乎足以满足 GC-NICI-MS 分析。这两种方法只用一个 SPE 小柱，既省时又省力，使临床上常规测定 F_2-isoPs 成为可能。Briskey 等[99] 开发了一种液-液萃取结合负离子化学电离-气相色谱-串联质谱法，用于测定血浆和组织中的 F_2-isoPs 总量，该方法可以获得更大的样品测试通量。Ferretti 和 Fanagan[100] 提出了一种基于 C_{18} sep-pak 小柱、RP-HPLC 和 TLC 进行样品纯化的 GC-NICI-MS 方法用于测定人尿中 8-iso-$PGF_{2\alpha}$。Bachi 等[101] 将免疫亲和色谱与 GC-MS 方法进行结合，利用免疫亲和柱的净化作用和质谱的定量功能进行测定。Tsikas 等[102] 通过免疫亲和柱层析特异性分离内源性 15(S)-8-iso-$PGF_{2\alpha}$ 和外添加的内标物 $[3,3',4,4'-{}^2H_4]$-15(S)-8-iso-$PGF_{2\alpha}$，然后再利用 GC-MS 或 GC-MS/MS 对人类生物样本包括血浆和尿液中的 15(S)-8-iso-$PGF_{2\alpha}$ 进行定量检测。免疫亲和柱可以有效替代 SPE 和 TLC 步骤，特异性明显增强，可反复使用，但其寿命有限，需不断地补充抗体，并需要不断调节样本的载体。总之，对于 GC-MS 法测定 8-iso-$PGF_{2\alpha}$ 来说，除了烦琐的样品预处理步骤外，还需要衍生化步骤、较高的设备和技术要求都限制了该法推广应用。

表 3-1　不同前处理技术结合 GC-MS 法在 F_2-isoPs 分析中的应用

样品	前处理	内标	色谱柱	文献
血浆、尿液	TLC+化学衍生	$[{}^2H_7]$-9α,11β-PGF_2	—	[79]
血浆、尿液、组织	C_{18} 和硅胶 SPE+化学衍生+硅胶 TLC+化学衍生	$[{}^2H_4]$-15-F_{2t}-isoP	DB-1701	[81]
尿液	C_{18} 和硅胶 SPE+化学衍生+硅胶 TLC+化学衍生	$[{}^{18}O_2]$-15-F_{2t}-isoP	DB-1701	[80]
血浆、尿液	免疫亲和层析+化学衍生	$[{}^2H_4]$-15(S)-8-iso-$PGF_{2\alpha}$	Optima-17	[102]

续表

样品	前处理	内标	色谱柱	文献
血浆、组织	LLE+化学衍生	$8-iso-PGF_{2\alpha}-d4$	VF5 MS	[99]
血浆、尿液、组织	C_{18} 和硅胶 SPE+化学衍生+硅胶 TLC+化学衍生	$[^2H_4]-15-F_{2t}-isoP$	DB-1701	[103]
尿液	SPE+化学衍生	$8-F_{2t}-isoP-d4$	—	[82]
尿液	C_{18} SPE+NH_2 SPE+化学衍生	$8-iso-PGF_{2\alpha}-d4$, $PGF_{2\alpha}-d4$	VF-1ms	[83]
血浆	SPE+化学衍生	对应的氘代内标	熔融石英	[104]
尿液、血浆	C_{18} 和硅胶 SPE+HPLC+化学衍生	$8-iso-PGF_{2\alpha}-d4$	HP-5MS	[85]
血浆	C_{18} SPE+NH_2 SPE+化学衍生	PGF_2-d4	SPB-1701	[95]
血浆	C_{18} SPE+NH_2 SPE+化学衍生	PGF_2-d4	SPB-1701	[94]
血浆、尿液	化学衍生+氨基柱 HPLC+化学衍生	$PGF_{1\beta}$	DB-1701	[96]
血液	Oasis HLB SPE+化学衍生	$iPF_{2\alpha}-III-d4$	SPB-1701	[97]
血浆、组织、尿液	C_{18} 和硅胶 SPE+化学衍生+硅胶 TLC+化学衍生	$8-iso-PGF_{2\alpha}-d4$	DB-1701	[92]
血液	ODS SPE+化学衍生	$8-iso-PGF_{2\alpha}-d4$	DB-5MS	[93]
尿液、血浆	Oasis 混合阴离子交换 SPE+化学衍生	$8-iso-PGF_{2\alpha}-d4$, $iPF_{2\alpha}-VI-d4$	熔融石英	[98]
尿液	C_{18} SPE+RP-HPLC+化学衍生+硅胶 TLC+化学衍生	$8-iso-PGF_{2\alpha}-d4$	DB-1	[100]
尿液	免疫亲和色谱+化学衍生	$8-iso-PGF_{2\alpha}-d4$	熔融石英	[101]

三、液相色谱/质谱联用法（LC-MS/MS）

液相色谱/质谱联用法（LC-MS/MS）具有灵敏度较高、不需要烦琐的衍生化步骤、对样品的净化程度要求不高、预处理省时省力、能够同时测定多种 $F_2-isoPs$ 等优势，这使得该法的应用呈现快速增长的趋势。Waugh 等[105] 于 1996 年首次采用 LC-MS/MS 法来分析 $F_2-isoPs$ 的含量。Liang 等[106] 开发了一种灵敏且简单的 LC-ESI-MS/MS 方法用于尿液中的 $15-F_{2t}-isoP$ 及其代谢物 $2,3-dinor-15-F_{2t}-isoP$ 的同时定量分析，该方法可用于临床实验室环境下尿中 $15-F_{2t}-isoP$ 和 $2,3-dino-15-F_{2t}-isoP$ 的常规分析。Bohnstedt 等[107] 采用多孔石墨碳高效液相色谱分离开发了一种灵敏、简单、快速的 LC-ESI-MS/MS 方法用于尿液样本中四类 F_2-isoPs 异构体的分离和检测。Sigler 等[108] 通过对包括质量校正、去簇电压（DP）、碰撞能量（CE）和碰撞单元出口电位（CXP）等质谱条件和色谱柱和流动相等 HPLC 条件进行了优化，建立了一种 HPLC-MS/MS 方法同时测定包括 8-iso-PGF$_{2\alpha}$ 在内的 8 种尿代谢物（谷氨酸、高香草酸、5-羟基吲哚乙酸、甲硫氨酸亚砜、乳酸、丙酮酸、N-乙酰基天冬氨酸和 8-iso-PGF$_{2\alpha}$），用于创伤性脑损伤的无创评估。通常而言，测量肝脏和血浆等基质中的 F_2-IsoP 作为动物体内氧化应激的生物标志物，然而社会和环境的压力要求开发非致命和非侵入性的方法来评估动物健康。Bulloch 等[109] 建立了一种 HPLC-ESI-MS/MS 分离检测鱼黏液中 F_2-isoP 的方法。

尽管 LC-MS/MS 方法的灵敏度低于 GC-MS 法，但其样品制备可以由单一的 SPE 或其他前处理步骤组成，不需要衍生化，分析物回收率可能要高一个数量级。因此，目前该方法的灵敏度已足够满足体液和组织中 F_2-isoP 含量的分析。考虑到基质组分与分析物的共洗脱可能会干扰电离过程并影响 LC-MS/MS 测定结果的准确性和精密度，在方法开发过程中，应该始终评估基质效应的存在，尤其是在复杂的基质中。Petrosino 和 Serafini[110] 采用 LC-MS/MS 方法对尿中 8-iso-PGF$_{2\alpha}$ 和 5-F_{2t}-isoP 进行了定量分析。为了确认所得到定量数据的可靠性，对基质效应进行了仔细的评估和准确的验证。通过对色谱方法和样品提取工艺的优化，降低了基质成分对离子的抑制。

通过前处理技术对复杂基质样品进行纯化是降低基质效应的有效手段。表 3-2 列出了文献中已报道的不同前处理技术结合 LC-MS/MS 法分析 F_2-isoP 的研究及其应用。Cháfer-Pericás 等[111,112] 以固相萃取为单一的前处理操作，开发一种 UPLC-MS/MS 分析方法用于检测新生儿血清和血浆样本中的脂质过氧化生物标志物（F_2-isoP 和其他副产物，如异前列腺素、异氟烷、神经前列腺素、神经呋喃）。Prasain 等[113] 使用聚合物弱阴离子固相萃取快速提取尿液中的 F_2-isoP 和前列腺素，基于此建立了一种尿液中 F_2-isoP 和前列腺素的 LC-MS/MS 分析方法。Langhorst 等[114] 建立了一种在线固相萃取-液相色谱-串联质谱法用于尿液中 F_2-isoP 的定量分析。Zhang 和 Saku[115] 基于 Oasis HLB 固相萃取柱和 Oasis HLB 微洗脱固相萃取板，建立了一种多维固相萃取柱方法，该方法包括尺寸排阻、反相色谱和正相色谱，能够用于控制 LC-MS/

MS 定量分析 F_2-isoP 时存在的基质效应。由于 F_2-isoP 来自不同的多不饱和脂肪酸，并且可能具有类似或相反的生物学后果，因此，F_2-isoP 全面剖析对于理解测试模型中的整体效应是至关重要的。然而，大多数 F_2-isoP 的浓度在 pg 和 ng 之间，因此，Dupuy 等[116] 开发了一种基于固相萃取前处理技术的 LC-MS/MS 方法用于 20 种 F_2-isoP 的高灵敏同时检测。

Taylor 和 Traber[117] 对传统的液液萃取方法进行了改进，将固相萃取和液液萃取相结合以得到更干净和富集倍数更高的提取物，并缩短了液相的分离时间以得到较高的峰高，两方面的改进均能够提高该法测定 F_2-isoP 的灵敏度。Fanti 等[118] 通过耦合分散液-液微萃取（dLLME）和微固相萃取（μSPE）净化操作以及 LC-MS/MS 分析，开发一种可靠的分析方法用于测定人类尿液中的 isoPs，总回收率在 50% 以上，基质效应 $\leq$ 15%，检出限为 0.020~0.060ng/mL。该方法对 8-iso-$PGF_{2\alpha}$ 及其同分异构体的检测具有选择性和灵敏性。其中，dLLME 萃取保证了一个显著的富集因子，μSPE 净化可从样品中去除离子抑制化合物，从而降低基质效应。由于目标化合物具有非常相似的化学特性，色谱分离也具有一定的挑战性，因此作者对色谱条件进行了优化。Tomai 等[119] 研制了一种用于从脐带和孕妇血浆中分离 F_2-isoPs 的微固相萃取装置，并对其相关参数进行了优化。Mizuno 和 Kataoka[120] 通过将自动化在线管内固相微萃取（SPME）与 LC-MS/MS 进行耦合开发了一个简单灵敏的方法测定人类尿液中的氧化应激生物标志物 8-iso-$PGF_{2\alpha}$。采用 Carboxen 1006 PLOT 毛细管柱进行萃取，萃取的化合物易于通过流动相从毛细管柱中被解吸。该方法包括在线提取和分析，总分析时间为每个样品 30min 左右。考虑到呼出气体的样本体积有限，其中的 F_2-isoP 浓度较低，Janicka 等[121] 以冻干法作为预浓缩技术，结合 LC-MS/MS 方法实现了呼出气体冷凝物中 4 种 F_2-isoP 的测定。Sircar 和 Subbaiah[122] 采用免疫亲和层析（IAC）的 LC-MS 方法定量测定血浆和尿液中的 8-iso-$PGF_{2\alpha}$。

以往测定氧化应激生物标志物的方法往往集中于单一标记物，Martinez 和 Kannan[123] 提出了一种同时测定脂质、蛋白质和 DNA 氧化损伤生物标记物的方法，将 2,4-二硝基苯肼（DNPH）衍生化固相萃取（SPE）和 HPLC-MS/MS 相结合，检测的化合物包括尿液中的 8-羟化脱氧鸟苷、$O-O'$-二酪氨酸（diY）、丙二醛（MDA）和四个 F_2-isoP 同分异构体（8-$PGF_{2\alpha}$、11-$PGF_{2\alpha}$、15-$PGF_{2\alpha}$、8，15-$PGF_{2\alpha}$）；优化了 2,4-二硝基苯肼衍生化和固相萃取，使该方法对目标化合物的分析具有更高的灵敏度和选择性，该方法可选择性地同时测定尿液样本中不同分子来源的多种氧化应激生物标志物，具有较高的准确度和精密度。

表 3-2　不同前处理技术结合 LC-MS/MS 法在 F_2-isoP 分析中的应用

样品	前处理	色谱柱	流动相	采集模式	文献
尿液	—	HydroRP	A：含 0.1% 甲酸的水溶液；B：含 0.1% 甲酸的乙腈溶液；梯度洗脱	ESI-MS/MS&MRM	[108]
尿液	dLLME-μSPE	C_{18} XB	A：0.01% 乙酸的水溶液；B：0.01% 乙酸的乙腈：甲醇（80：20，体积比）；梯度洗脱	ESI-MS/MS&MRM	[118]
血浆	μSPE	C_{18}	A：含 2mmol/L 甲酸的水溶液；B：含 2mmol/L 甲酸的乙腈溶液；梯度洗脱	ESI-MS/MS&MRM	[119]
鱼黏液	—	XDB-C_{18}	A：含 0.1% 甲酸的水溶液；B：含 0.1% 甲酸的甲醇溶液；梯度洗脱	ESI-MS/MS&MRM	[109]
尿液	C_{18} SPE	XDB-C_{18}	A：5 mmol/L 乙酸铵（pH6）；B：甲醇：乙腈（5：95，体积比）；梯度洗脱	ESI-MS/MS&MRM	[124]
尿液	DNPH 衍生 + SPE	Zorbax Aq	A：甲醇；B：0.01% 乙酸；梯度洗脱	MS/MS&MRM	[123]
血液、组织	SPE	C_{18}	A：含 0.1% 甲酸的水溶液；B：含 0.1% 甲酸的乙腈溶液；梯度洗脱	ESI-MS/MS&MRM	[125]
血清	SPE	BEH C_{18}	A：含 0.1% 甲酸的水溶液；B：含 0.1% 甲酸的甲醇溶液；梯度洗脱	ESI-MS/MS&MRM	[111]
血浆	SPE	BEH C_{18}	A：含 0.1% 甲酸的水溶液；B：含 0.1% 甲酸的甲醇溶液；梯度洗脱	ESI-MS/MS&MRM	[112]

续表

样品	前处理	色谱柱	流动相	采集模式	文献
血浆、尿液、组织	SPE	Zorbax SB-C_{18}	A：含 0.1% 甲酸的水溶液；B：含 0.1%甲酸的乙腈溶液；梯度洗脱	ESI-MS/MS&SRM	[116]
尿液	SPME	XDB-C_8	A：含 0.1% 甲酸的水溶液；B：甲醇；等度洗脱（A/B=25/75，体积比）	ESI-MS/MS&MRM	[120]
尿液	C_{18} SPE	C_{18}	A：含 0.01%甲酸的水溶液；B：乙腈/甲醇 = 80/20；梯度洗脱	ESI-MS/MS&MRM	[110]
血浆	LLE	XB-C_{18}	A：含 0.1% 甲酸的水溶液；B：含 0.1%甲酸的乙腈溶液；梯度洗脱	ESI-MS/MS&MRM	[126]
尿液	聚合物弱阴离子 SPE	Hydro-RP	A：含 0.1% 甲酸的水溶液；B：含 0.1%甲酸的乙腈：甲醇（1：1，体积比）；梯度洗脱	ESI-MS/MS&SRM	[113]
血浆	SPE	Eclipse XDB	A：含 0.01%甲酸的水溶液；B：含 0.1%甲酸的乙腈：甲醇（1：1，体积比）；梯度洗脱	ESI-MS/MS&MRM	[127]
呼出气体冷凝物	冻干法	C_{18}	A：乙腈/甲醇 = 1/1；B：含 0.01% 甲酸的水溶液；等度洗脱	ESI-MS/MS&MRM	[121]
人肺上皮细胞	SPE	C_{18}	A：含 0.1% 甲酸的水溶液；B：含 0.1%甲酸的乙腈溶液；等度洗脱（A/B=60/40，体积比）	ESI-MS&SIM	[128]
尿液	在线 SPE	C_{18}	A：含 0.02%乙酸的水溶液；B：含 0.02%乙酸的乙腈溶液；梯度洗脱	ESI-MS/MS&MRM	[114]
血浆	SPE+LLE	Hydro-RP	A：含 0.01%乙酸的水溶液；B：含 0.01%乙酸的甲醇溶液；梯度洗脱	ESI-MS/MS&SRM	[117]

续表

样品	前处理	色谱柱	流动相	采集模式	文献
尿液	SPE	C_{18}	A：甲醇：2.5mmol/L乙酸铵（3：97，体积比）；B：甲醇：乙腈（3：97，体积比）；梯度洗脱	ESI-MS/MS&SRM	[129]
尿液	SPE	BEH C_{18}	A：0.15%氨水；B：含0.15%氨水的甲醇：乙腈（5：95，体积比）；梯度洗脱	ESI-MS/MS&SRM	[130]
血液、尿液	SPE	ABZ+Plus	A：含0.1%甲酸的乙腈溶液；B：含0.1%甲酸的水溶液；梯度洗脱	ESI-MS/MS&MRM	[131]
尿液	SPE	Hydro-RP	A：含0.01%乙酸的水溶液；B：含0.01%乙酸的甲醇溶液；梯度洗脱	ESI-MS/MS&SRM	[132]
尿液	多维SPE	C_8	A：水；B：甲醇；C：乙腈；梯度洗脱	ESI-MS/MS&MRM	[115]
尿液、血浆	在线HPLC	Hydro-RP	A：含0.1%甲酸的水溶液；B：甲醇；梯度洗脱	APCI-MS/MS&MRM	[133]
血浆、尿液	IAC	C_{18}	A：50g/L乙酸的水溶液；B：50g/L乙酸的乙腈溶液；梯度洗脱	ESI-MS&SIM	[122]
尿液	C_{18} SPE + 硅胶SPE	Magic C_{18} AQ	A：含0.1%乙酸的5mmol/L乙酸铵水溶液；B：乙腈/甲醇（95：5）；梯度洗脱	ESI-MS/MS&SRM	[134]
脑脊液	超滤	多孔石墨碳	A：含0.5%氨水的水溶液（pH9.5）；B：含0.5%氨水的ACN/MeOH（60：40）；梯度洗脱	ESI-MS/MS&MRM	[135]

第三节　C-反应蛋白分析技术

C-反应蛋白的分析方法主要包括比浊法、酶联免疫法、化学发光免疫分析、荧光免疫分析法、胶体金免疫技术和电化学生物传感器等[136-138]。

一、比浊法

比浊法主要包括速率散射比浊法和免疫透射比浊法。速率散射比浊法是基于光通过抗原抗体复合物时被折射发生偏转，且偏转的角度与抗原抗体复合物的含量成正比的原理，测定一定时间内抗原抗体结合的最大反应速度。免疫透射比浊法是基于光通过抗原抗体复合物时被吸收的量与复合物的含量成正比的原理进行检测。需要说明的是，速率散射比浊法灵敏度、精确性均较高，但需特定的分析仪，试剂价格高，增加了使用成本；免疫透射比浊法操作简单，适用于普通的自动生化仪，但是灵敏度、精确性不够理想，检测所需血清量大，检测周期长。彭凤等[139]研究表明，免疫透射比浊法对于干扰物颗粒较大的脂血、溶血样本具有更高的准确性，抗干扰能力验证优于速率散射比浊法。宋娜[140]、曹慧[141]等研究分别表明速率散射比浊法具有较好的精密度和灵敏度。

二、酶联免疫法

酶联免疫法（ELISA）是目前最常用的蛋白质检测方法，检测C-反应蛋白时，将C-反应蛋白捕获抗体（cAb）固定在表面，使抗原通过疏水相互作用结合。然后将多余的抗原洗掉，用检测抗体（dAB）检测结合的抗原，通常用辣根过氧化物酶（HRP）标记，添加底物如四甲基联苯胺（TMB）会产生一种颜色，它与抗原浓度成正比。Heegaar等[142]使用聚丙烯酰胺（PPI）树枝状分子作为支架检测C-反应蛋白。首先，将PPI树状大分子偶联到5′-二磷酸胆碱（CDP）上，5′-二磷酸胆碱偶联树状分子被固定在聚苯乙烯酶联免疫吸附板上，在碳酸盐缓冲液中，然后用脱脂牛奶溶液进行清洗和阻断。C-反应蛋白与镀膜板共孵育1h，然后清洗。然后将抗C-反应蛋白检测抗体与C-反应蛋白结合并再次清洗，在这种免疫复合物中加入辣根过氧化物酶标记的二抗。最后，让辣根过氧化物酶与四甲基联苯胺底物和原溶液反应产生颜色，颜色在490nm处测量。在室温下，树状大分子的稳定性超过31d，检出限为200pg/mL。沈丹丹等[143]建立一种定量检测人超敏C-反应蛋白（hs-

CRP）双抗体夹心 ELISA 方法，并将其应用于 194 例冠状动脉硬化症和冠心病患者的血浆超敏 C-反应蛋白水平的检测。Kvas 等[144] 采用聚乙二醇和右旋糖酐形成的双水相体系，在标准 96 孔检测板的底面均匀涂覆捕获和检测抗体，以提高夹心 ELISA 的性能和成本效益。使用这种方法，当抗体在聚乙二醇覆盖层下的右旋糖酐溶液中应用时，所需的试剂量要低得多，因此，与传统夹心 ELISA 相比，使用这种方法获得的检测限和线性范围要低得多。在使用透明微孔板时，将抗体试剂限制在右旋糖酐相内的孔的底部表面，也大大减少了相邻孔之间的光串扰。Sloan - Dennison 等[145] 利用银纳米颗粒（AgNPs）的催化活性，在基于表面的银链接免疫吸附试验（SLISA）中检测 C-反应蛋白，将银纳米颗粒偶联到特异性识别目标抗原分子 C-反应蛋白的抗体上，利用银纳米颗粒催化 H_2O_2 氧化四甲基联苯胺，用表面增强共振拉曼散射（SERRS）对产生的彩色氧化产物进行检测，银纳米颗粒可以替代常规 ELISA 中使用的酶，检测 C-反应蛋白的下限为 1.09ng/mL。Shimizu 等[146] 提出了一种结合微流体和膜过滤的血浆分离装置，通过评价多孔膜的流阻来实现高血浆分离效率，对用该装置分离的血浆质量进行了评价，并与用常规离心机分离的血浆质量进行了比较，并将其应用于一滴血全血 C-反应蛋白的 ELISA 分析。结果表明，该微流控血浆分离装置可有效地为 C-反应蛋白的 ELISA 分析提供单滴全血（50μL）样本，包括血浆分离和 ELISA 在内的总分析时间约为 25min。Hu 等[147] 开发了一种低成本薄膜晶体管（TFT）纳米带传感器，通过微型珠基 ELISA 检测人血清中的 C-反应蛋白。薄膜晶体管纳米带传感器通过 pH 变化测量酶联免疫吸附法的反应产物。珠状酶联免疫吸附试验将蛋白功能化步骤从传感器表面解耦，增加信号并简化分析。用这种方法直接检测人血清中蛋白质的能力克服了纳米线和纳米带生物传感器的德拜长度限制。与传统制造的纳米线相比，薄膜晶体管纳米带传感器非常简单，非常容易制造。配置用于测量 pH 的薄膜晶体管纳米带传感器用于定量检测 C-反应蛋白，其浓度低至 0.2ng/mL，为诊断目的所需浓度的万分之一，适用于需要非常高灵敏度的情况。

三、化学发光免疫分析

化学发光免疫分析法（Chemiluminescent Immunoassay，CLIA）是用参与化学发光反应的试剂标记抗原或抗体，标记后的抗原和抗体与分析物经过一系列的免疫反应和理化步骤（如分离、洗涤等），最后通过测定化学发光强度来计算出分析物的含量。该方法将高灵敏度的化学发光技术与高特异性的免疫反应相结合，具有灵敏度高、特异性强、稳定快速、检测范围宽、操作简单、易于实现自动化等优点。Li 等[148] 以敏感的化学发光作为检测信号，建立了基于纸的 ELISA 检测超敏 C-反应蛋白，其和化学发光强度呈线性相关（$R^2 = 0.999$），检测限低至 0.49ng/mL。该方法的精密度较好，组内和组间的变异系数分别小于 7% 和 10%。临床标本分析中，本方法检测超敏 C-反应蛋白结果与商品化高灵敏度 ELISA 试剂盒体外诊断结果基本一致（$R^2 = 0.975$）。该检测方法仅需 4μL 样品，可在 30min 内完成，可作为快速预筛选脑血管疾病风险升高患者的工具。Shen 等[149] 建立了以电荷耦合器件（CCD）摄像机为检测器的毛细管化学发光免疫分析系统用于 C-反应蛋白的检测。采用双抗体夹心形式在石英毛细管中进行化学发光免疫分析。通过安装在电荷耦合器件相机上的便携式成像装置记录化学发光信号，并对结果进行灰度分析。包括检测时间和实验材料制备时间在内的总成本时间仅为 2h。样品消耗量小，仅为 0.8μL，检测范围为 0.3~160.0μg/mL，特异性高，在临床人血清样品中进行了重复性和准确性检验，结果良好。但是化学发光仪成本高、对操作人员有技术要求、需联合使用专用仪器，限制了化学发光法的使用范围。

四、荧光免疫分析法

荧光免疫分析产品根据发光的方式分为三种：上转发光、时间分辨荧光及普通荧光微球免疫层析技术。这些荧光免疫产品检测速度快，可准确做到床旁快检，10~25min 可以快速读取结果，单份试剂检测，需血清样本量少，为临床危重患者和血液不易抽取的患者提供方便。Cai 等[150] 基于简单的合成荧光纳米粒子，并结合免疫层析技术开发了一种荧光免疫分析方法用于 C-反应蛋白的定量检测。该方法基于使用尼罗红掺杂纳米颗粒/C-反应蛋白单克隆抗体偶联物的三明治免疫分析，方法简便、快速，检出限为 0.091mg/L，定量分析范围为 0.1~160mg/L，具有良好的重现性和稳定性，无需复杂的洗涤步骤即可直接分析血浆样品，从而减少非专业人员的操作流程，提高检测效率，整个检测过程可在 3min 内完成。Sobolev 等[151] 使用硅烷化半导体核壳量子点作为荧光标记物测定血浆中的大分子 C-反应蛋白，普通检测限为 10ng/mL，硅烷化量子点为标准溶液中的 C-反应蛋白提供了更灵敏的检测方法，检测限为 1ng/mL，工作范围为 4~1200ng/mL，几乎涵盖了表征急性、慢性和局部炎症过程中所有重要的 C-反应蛋白值区间。Wu 等[152] 开发了一种基于量子点的侧流试纸条免疫检测法用于 C-反应蛋白的定量检测。将 1～200μg/mL 的不同标准 C-反应蛋白抗原稀释 200 倍，只需要 60μL 的稀释样品上样。检测开始后 3min 内检测到检测线和控制线上的 QD 荧光信号，随后立即用荧光免疫分析仪测量荧光强度，检测灵敏度为 0.30ng/mL。在 0.5ng/mL 和 1μg/mL 范围内建立了检测 C-反应蛋白的 QD 荧光信号的良好线性关系。该方法精密度低，变异系数（CV）小于 15%（组内和组间），准确度满足要求，平均回收率为 102.63%。Nooney 等[153] 采用一种新的溶解方法用于提高纳米颗粒（NP）免疫分析检测 C-反应蛋白的灵敏度，在使用固体 Cyanine5 掺杂二氧化硅纳米颗粒的荧光分析中，与单染料标签相比，灵敏度提高了 32 倍。当被封装的染料在检测终点通过溶解从粒子释放时，由于先前部分自猝灭的染料分子被释放，灵敏度进一步提高了 128%。由于动态范围的显著变化，使用溶解纳米颗粒的 C-反应蛋白检测限比单染料标签低 20 倍。与游离染料标记相比，测定的精密度和灵敏度得到了显著提高。Hu 等[154] 以荧光纳米球（FNs）为标记材料，建立了一种高灵敏度的蛋白质生物标志物定量横向流动分析方法。每个荧光纳米球（FN）包含 332±8 个 CdSe/ZnS 量子点（QDs），其发光强度是单个量子点的 380 倍。免疫荧光纳米球（IFN）横向流动检测条检测限为 27.8pmol/L C-反应蛋白。该方法比常规的基于 Au 的横向流动检测条检测 C-反应蛋白的灵敏度高 257 倍。此外，荧光纳米球的荧光强度和免疫荧光纳米球的生物活性在 6 个月的储存期间是稳定的，因此，该方法具有良好的重复性（组内和组间的变异系数分别为 5.3% 和 6.6%）。但新技术和配套设备的使用，提高了该方法的使用门槛，限制了该方法在基层乡村医疗单位的使用。

五、胶体金免疫技术

胶体金免疫技术是一种非放射性标记诊断技术，具有快速、准确、灵敏度高、特异性高、所需样品量少、方便安全、无需配套仪器等优点，主要包括斑点渗滤法和免疫层析法。斑点渗滤法是胶体金作为标记物，将蛋白质与胶体结合，检测更加方便、简单、快速。免疫层析法，是一种将免疫层析技术和免疫学有机结合的一项新技术。两者的基本原理相同，以膜为载体，胶体金为显色剂，包被已知抗原、抗体，在加样区加入待检样品后，在层析作用下，抗原抗体发生反应，形成肉眼可见的显色反应，从而对标本中的抗原、抗体进行检测，显色快速，可以在十几分钟内出现结果，以达到快速检测的目的。两者的区别在于反应显色的形式不同，斑点渗滤法采用垂直的穿流形式，而免疫层析法采用横向的穿流形式。李静芳等[155] 采用C-反应蛋白单克隆配对抗体进行标记、包被，制成胶体金免疫层析试纸条，通过定值血清标定，制成有明显梯度显色的配套比色卡，并对其符合率、稳定性、精密性等进行检测，实现了对C-反应蛋白的半定量检测。

六、电化学生物传感器

电化学生物传感器由传感器和识别元件两大部分组成，当靶标分析物与识别元素结合时，就会产生化学或物理信号，电化学传感器将这个信号转换成可测量的电化学信号，如电位、电流、电阻或电导率，基于这一过程中电化学性质的变化即可测定分析物的浓度。根据检测参数，电化学传感器通常可以分为电位式、电导率/电容式、伏安式、安培式和电化学化学发光传感器。该方法具有快速准确、简单灵活、仪器成本低、便于携带等优点。研究者们开发了各种电化学生物传感器用于C-反应蛋白的检测，其中识别元素是电化学生物传感器的关键元件，其选择性和灵敏度对获得良好的传感器性能起着重要作用。C-反应蛋白电化学生物传感器可以根据其传感元件分为两类：适配体（核糖核酸和脱氧核糖核酸等单链寡核苷酸）和抗体，这两种传感元件都与靶标具有高亲和力和选择性结合能力。Dhara和Mahapatra[156] 综述了利用适配体和抗体识别元件的C-反应蛋白电化学生物传感器的研究进展，强调了利用这些生物认知元件制备C-反应蛋白和cTnI生物传感器的优势和现状。抗体和不同标记的基于抗体的识别元件可靠，结果特异性高，但部分抗体环境/化学稳定性差、生产成本高、寿命短（约6个月）并存在纯化和化学修饰相关的缺陷。与其他生物识别元件相比，适配体具有温度和pH稳定性高、目标亲和性和特异性高、易于大规模合成等优点，是制备廉价电化学生物传感器的最佳生物认知元件。然而，基于适配体的传感器也有其自身的缺点，比如多重分析物检测困难、小分子检测受限、一些分子之间的交叉反应性导致错误的结果，固定化过程复杂导致精度损失等。

Chen等[157] 对C-反应蛋白的电化学检测方法进行了综述。根据检测技术可分为标记型生物传感器和无标记型生物传感器。

（一）标记型生物传感器

标记型生物传感器使用"标签"来检测特定分析物，其原理是将带有标记的目标分子装载在固定探针分子（如抗体）表面。Zhang等[158] 开发了一种三明治型电化学生物传感器用于检测 C-反应蛋白，其中铜纳米颗粒（Cu NPs）用于信号标记和杂交链反应（HCR）放大输出信号。生物传感器的制备包括三个步骤：（1）将一抗（Ab1）固定在金纳米颗粒（Au NPs）表面；（2）夹心型结构包含一抗-抗原-二抗结合引物（Ab2-S0）；（3）插入大量铜纳米颗粒的长脱氧核糖核酸串联体通过杂交反应连接到三明治型结构上。采用差分脉冲伏安法（DPV）记录免疫传感器在磷酸盐缓冲盐水（PBS）中的反应信号。在最佳条件下，铜钠米颗粒的阳极峰电流的峰值潜力约 0.08V（vs 饱和甘汞电极），与 C-反应蛋白浓度的对数呈线性相关，线性范围为 1.0fg/mL ~ 100ng/mL，检出限为 0.33fg/mL（S/N = 3），加标回收率为 95.3% ~ 103.8%。Buch 等[159] 开发了一种一次性的 C-反应蛋白电化学生物传感器，用多壁碳纳米管和蛋白 A 修饰丝网印刷碳电极，以增强抗 C-反应蛋白抗体的固定；以辣根过氧化物酶（HRP）为标记物，加入 3,5,3′,5′-四甲基联苯胺（TMB）产生电化学信号，用安培法检测，该方法的检出限为 0.5ng/mL。Jampasa 等[160] 采用 L-半胱氨酸/金修饰丝网印刷石墨烯电极和一种新的氧化还原标签（蒽醌），提出了一种 C-反应蛋白电化学生物传感器，其中，蒽醌的氧化还原活性稳定，体积小，有利于减小生物分子之间的干扰。Kokkinos 等[161] 使用柠檬酸铋修饰的石墨丝网印刷电极，提出了一种 PbS 量子点标记的电化学生物传感器用于 C-反应蛋白的检测。在聚酯片上制作丝网印刷电极，首先将 C-反应蛋白捕获抗体固定在传感器表面，与 C-反应蛋白结合，报告抗体和链菌亲和素结合的 PbS 量子点。在量子点酸性溶解后，在铋前驱体修饰传感器上通过伏安法检测释放的 Pb^{2+} 来检测目标生物标志物的浓度。该 C-反应蛋白生物传感器的线性范围为 0.2 ~ 100ng/mL，检测限为 0.05ng/mL。Boonyasit 等[162] 采用一次性纸质电极开发了一种简单的折叠电化学阻抗生物传感器，结果表明，磷酸胆碱修饰的丝网印刷碳电极对 C-反应蛋白的浓度具有较高的敏感性，在 0.005 ~ 500μg/mL 呈线性关系，检出限为 0.001μg/mL。de Ávila 等[163] 提出了一种用于检测 C-反应蛋白的超灵敏磁生物传感器，该传感器使用一次性金丝网印刷电极作为工作电极，HOOC-MBs 具有夹心 anti-CRP-CRP-biotin-antiCRP 结构，以链球菌-KRP 为标记物，以 TMB 为电子传递介质；该 C-反应蛋白磁生物传感器的线性范围为 0.07 ~ 1000ng/mL，检测限可达（0.021±0.005）ng/mL。de Ávila 等[164] 报道了一种用于同时检测两种生物标记物的快速磁生物传感器，包括氨基末端前 B 型利钠肽（NT-proB-

NP）和 C-反应蛋白。采用双丝网印刷碳电极和 HRP 标记，羧酸修饰的磁珠与捕获抗体共价结合，该免疫传感器的检测限为 0.47ng/mL。Liu 等[165] 以金属-有机骨架（Au-MOFs）为信号单元，建立了一种新颖、简单的 C-反应蛋白电化学免疫分析方法，这种新型的 MOFs 信号探头与传统的探头不同，无需酸溶解和预浓缩，即可直接检测 MOFs 中铜离子（Cu^{2+}）的信号，大大简化了检测步骤，缩短了检测时间。此外，MOFs 含有大量的 Cu^{2+} 离子，提供高的电化学信号。在优化的实验条件下，该传感策略的线性动态范围为 1~400ng/mL，检测限为 0.2ng/mL。Molinero-Fernández 等[166] 结合了微电机（自流体混合能力导致在低样本量下更快的分析）和电化学微流体（流量控制的超微型化电化学检测，高灵敏度和低成本）技术的优点，设计了一种与电化学微流控芯片相结合的基于微电机的免疫分析方法用于 C-反应蛋白的检测。这两种技术都很好地满足护理点测试或床旁设备的要求，如分析时间低、小型化、简单化和一次性使用。基于 CRP 抗体功能化微电机（Anti-CRP-rGO/Ni/PtNPs）的免疫分析耦合薄层 Au 基电化学微流控流体（-0.20V，30μL/min）能够实现极低体积早产儿临床样本（<10μL）中 C-反应蛋白的准确灵敏检测，检测限为 0.54μg/mL，总的检测时间仅为 8min。这些优秀的分析特征与免疫分析的全自动化相关联，使得该方法能够成为现场/床旁临床分析的一个有前途的工具，特别是在那些样本数量有限的领域，如新生儿。

（二）无标记型生物传感器

无标记检测技术是一种越来越受到关注的新技术，不需要对适配体或受体进行标记，即可实现具有生物活性分子的检测。Piccoli 等[167] 直接将受体适配体整合到氧化还原充电肽载体中，实现对 C-反应蛋白的无标记低至皮摩尔分析，其灵敏度大大超过了类似抗体界面所能达到的灵敏度。Thangamuthu 等[168] 利用丝网印刷碳电极开发了一种用于血清中 C-反应蛋白检测的无标记阻抗生物传感器，丝网印刷碳电极由金纳米颗粒和 C-反应蛋白抗体以及外部氧化还原介质 Fe $(CN)_6^{4-}$ 修饰。以 Fe^{3+}/Fe^{2+} 为氧化还原指示剂，检测其生物传感器的氧化电流，线性范围为 0.047~23.6μg/mL，检出限为 17ng/mL。Jung 等[169] 提出了一种基于纳米岛叉指电极（IDE）检测 C-反应蛋白的无标记电容生物传感器，其原理是利用蛋白质和水之间不同的相对介电常数，当蛋白质吸附在电极表面时，电极的电容会发生变化，如果电极之间的距离缩短，则会发生更显著的变化；该研究一方面在叉指电极上使用 parylene-A 膜来保证蛋白质固定化的稳定性，另一方面采用具有纳米岛的叉指电极，缩短了叉指电极间的距离，进而提高了电容检测的灵敏度。Zhang 等[170] 建立了一种快速、超灵敏、实用的无标记电化学免疫分析法用于真实血清样品中 C-反应蛋白的测定。采用高导电性的二硫化钼-聚苯胺金纳米颗粒（MoS$_2$-PANI-GNPs）作为衬底，辅助电子转移。与裸电极相比，MoS$_2$-PANI-GNPs 的峰值电流增加了约 10 倍。此外，MoS$_2$-PANI-GNPs 具有丰富的吸附位点和大的表面积，可以大大增加抗体的装载量，从而显著提高生物传感性能。在优化的实验条件下，该传感策略的线性动态范围为 0.2~80ng/mL，检出限为 40pg/mL。Kallempudi 和 Gurbuz[171] 提出了一种基于纳米镍图形电极的电容生物传感器，用于检测 C-反应蛋白，具有更高的耐用性和更低的成本。采用图像反转技术代替刻蚀技术制备镍电极。研究表明，镍基电极具有很好的替代金基电极的潜力，该方法的检出限为 1ng/mL。Qureshi 等[172] 于 2010 年开发了一种基于金叉指电极的电容生物传感器同时检测 TNFα、IL-6 和 C-反应蛋白，该研究对纯抗体和混合抗体进行了固定化，在纯抗体固定化实验中，用三个电容阵列固定 TNFα、IL-6 和 C-反应蛋白抗体，C-反应蛋白和 IL6 可在 25pg/mL~25ng/mL 检测，TNFα 可在 25pg/mL~1ng/mL 检测，而在混合抗体固定化实验中，三种生物标志物的检测范围均为 25pg/mL~25ng/mL。Magliulo 等[173] 开发了一种基于电解质门控场效应晶体管（EGOFET）的无标记生物传感器，抗体固定在聚-3-己基噻吩底物上，采用疏水性封闭聚合物层阻止非特异性结合，线性范围为 4pmol/L~2μmol/L，检出限为 220ng/L。Macchia1 等[174] 提出一种 EGOTFT 作为发生在门电极上的生物识别元件的传感器，其中，门电极通过自组装单层高度密集捕获抗 C-反应蛋白进行功能化，自组装单层的存在使得该生物传感平台具有超高的灵敏度和极高的选择性，进而证明了人类唾液中 CRP 的单分子检测。

七、其他

Teggert 等[175] 使用 3D 打印制造机械元件，开发了一个便携式腔增强吸收（CEA）光谱仪和一个低成本的 CEA 检测点（POC）阅读器，其中 CEA 谱仪可用于单通和多通腔增强模式，以提供非常敏感的可见区域和大动态范围的测量，并将其应用于 C-反应蛋白、PCT 和 IL-6 的免疫分析。

James-Pemberton 等[176] 利用在金纳米颗粒中组装成阵列并功能化的局部

粒子等离子体，开发了一个多路光子分析平台，用于总 IgG 和 C-反应蛋白的分析，其中 C-反应蛋白测定的动态范围为 2~160mg/L，测试时间为 8min，样品为 5μL 全血，无需样品制备。

Gao 等[177] 建立了一种新型的基于基质辅助激光解吸/电离飞行时间质谱（MALDI-TOF MS）的四联免疫分析方法，用于炎症标志物 C-反应蛋白、血清淀粉样蛋白 A（SAA）、钙保护素（S100A8/9）和肾脏功能标志物胱抑素 C（CysC）的靶向定量。抗体与超顺磁珠共价结合，提供了强大和快速的样品处理能力。以多组氨酸标记的重组靶蛋白作为定量内标，检测限（0.01~0.06μg/mL）和变异系数（3.8%~9.4%）较低。20μL 的低样本消耗量和每天 384 个样本的高通量使这种靶向免疫-MALDI 方法适合于基于宝贵生物库样本的大型队列研究中炎症和肾脏状态的评估。

Rong 等[178] 建立了一种基于表面增强拉曼散射（SERS）的横向流动分析方法，用于定量检测 C-反应蛋白，作为非人灵长类动物辐射诱导炎症反应的早期生物指标。合成了内嵌热点的拉曼标记载体金核银壳纳米颗粒，并与 C-反应蛋白检测抗体偶联，作为横向流动检测的 SERS 标签。基于 SERS 的侧流检测方法能快速检测 C-反应蛋白，检出限为 0.01ng/mL，具有定量分析能力。基于 C—H 伸缩振动随着 C-反应蛋白浓度的增加逐渐增强，Kim 等[179] 以更定性的方式进行了 C-反应蛋白的无标签 SERS 检测，而不需要多步抗体构建，C-反应蛋白在缓冲液中的检测率为 100fmol/L（0.01ng/mL），在血清中的检测率为 1pmol/L。银纳米颗粒和 C-反应蛋白表面间固有的短距离（40nm）是本方法高灵敏度的原因，这是由大的局域表面等离子体共振引起的。

Zhang 等[180] 开发了一种新的靶向蛋白生物分析的捕获-微 LC-MS（T-μLC-MS）策略，实现了高灵敏度、高稳稳性和高通量。快速、高容量的生物样品捕获后，采用 μLC-MS 分析；动态样品捕获/清理采用不同于 μLC-MS 分析的 pH、柱化学和流体力学，实现正交性，有助于减少化学噪声，从而提高灵敏度。通常，选择性捕获/传递方法能够去除 85% 的基质肽和有害成分，显著提高了灵敏度、测试通量和操作稳健性，而窄窗隔离选择反应监测（NWI-SRM）进一步提高了信噪比。此外，独特的 LC 硬件设置和流动方法消除了梯度冲击，实现了有效的峰压缩，使等离子体或组织样品的高灵敏度分析无需带宽。该方法应用于血浆/组织中包括 C-反应蛋白在内的 10 种生物治疗药物和生物标记物的分析检测。与传统 LC-MS 相比，在平均运行时间仅为 8min/样品的情况下，获得了显著的灵敏度增益（高达 25 倍）。在注射 1500 次组织/血浆样品后，没有观察到明显的峰衰减或灵敏度损失。

Tsai 等[181] 使用一个由微流控芯片和无标签生物传感器组成的芯片上实验室系统，实现了全血样本中 C-反应蛋白的实时检测，且不需要样品预处理。该微流控芯片包括用于过滤血细胞的微桩阵列，只允许血浆流过并到达用于实时监测的引导模式共振（GMR）生物传感器。所开发的 GMR 传感器的体积灵敏度为 186nm/RIU（折射率单位），对人血清中添加的重组 C-反应蛋白的检测限为 3.2ng/mL，检测结果与酶联免疫吸附试验的结果具有可比性。

Martens 等[182] 提出了一个低成本集成纳米光子芯片实验室平台，适用于即时护理（POC）生物标志物分析。平台中的传感器芯片包括多路 Mach Zehnder 干涉仪和一个由阵列波导光栅组成的片上光谱分析仪。传感器芯片是用氮化硅材料制造的，这使得它与消费电子级的源和探测器兼容，从而使低成本仪器仪表成为可能。该纳米光子传感器芯片的检测限为 6×10^{-6}RIU，与目前报道的最先进的倏逝波传感器的值相同。该传感器芯片通过特定的生物受体实现生物功能，并集成到一个聚合物微流控盒中。POC 仪器平台包含光激发和读出子系统以及用于实时分析患者样本的专用机载软件，该集成仪器能够用于 C-反应蛋白的检测。

Hu 等[183] 开发了一种集成微流控阀门的微流控芯片，用于包括 C-反应蛋白在内生物标志物的定量检测，具有高灵敏度和良好的重现性。该三明治结构微流控芯片由嵌入锯齿形通道的顶部微流控层、预先绘有蛋白质条纹的中间锡箔层和带有两个废液室的底部基板层组成，在此基础上进一步进行了基于芯片的自动化学发光免疫分析，检测了血清样本中的 C-反应蛋白。

Broto 等[184] 开发了一种基于纳米颗粒（NP）的血浆 C-反应蛋白定量生物条形码，该检测方法使用捕获抗体功能化磁珠，用检测抗体修饰的多功能寡核苷酸编码探针和荧光 DNA 微阵列，可以直接在血浆等复杂样本中检测 C-反应蛋白。由于在检测探针上使用的寡核苷酸链数量多（约 1800 条），每个结合事件在 DNA 微阵列检测之前都被放大，达到的 LOD（11.0ng/mL）低于健康患者血浆中发现的 C-反应蛋白浓度，这允许在分析前将样品稀释多达 50 倍。这种稀释避免了潜在的非特异性（基质效应）或特异性干扰（健康患者的生理 C-反应蛋白水平）。因此，该检测方法可以在 900～12500ng/mL 直接定量 C-反应蛋白，加标回收率为 99.5%±4.2% （$n=3$）。

Byun 等[185] 建立了基于 C-反应蛋白抗体偶联金纳米颗粒的均相比色法检测 C-反应蛋白。由于单个 C-反应蛋白分子由 5 个单独的抗体结合位点组成，它与 C-反应蛋白抗体偶联的金纳米颗粒结合导致纳米颗粒聚集，可以使用紫外/可见光谱监测。将该检测系统应用于测定血清 C-反应蛋白水平的研究表明，在 C-反应蛋白浓度为 100ng/mL 时发生钩效应。为了消除钩效应造成的问题，设计了一种利用饱和现象导致钩效应的策略，以增加 C-反应蛋白测定的动态范围为 10ng/mL~5mg/mL。

基于脱氧核糖核酸微阵列的蛋白质检测可以避免由于 cAb 通过离子相互作用固定而引起的不稳定性问题。脱氧核糖核酸定向固定技术和 DAGON 技术是使用脱氧核糖核酸共轭 cAb 在芯片上固定和随后的蛋白检测。在检测 C-反应蛋白的 DAGON 技术中，脱氧核糖核酸偶联的 cAb 和 Cy5 偶联的 dAB 与 C-反应蛋白抗原在溶液中孵育，一种生物共轭复合物形成后，溶液被加载到芯片上，芯片上有一个与脱氧核糖核酸共轭 cAb 互补的探针。Nimse 等[186] 发现杂交 1h 后，检测出 CRP 水平为 0.4pg/mL，而杂交 4h 后，检测限为 0.04pg/mL。在检测前使用抗体可以提高稳定性，提高结果的准确性和重现性。

第四节　纤维蛋白原分析技术

克劳斯法是测定凝血酶凝块时间的最常用的纤维蛋白原（Fib）测定方法。然而，制造商间试剂来源、校准标准和方法存在不一致之处。自动凝血分析仪可用于测量凝血酶原时间（PT-Fg）期间的光学密度变化，已在许多医院得到应用。然而，由于不同的片剂、试剂和分析剂的选择，PT-Fg 法的检测值会偏高。基于此，研究者们进一步开发了一系列分析方法，主要包括拉曼光谱法、比色法、生物传感器等。

一、拉曼光谱法

Poon 等[187] 以拉曼光谱法为基础，研究其准确定量血浆纤维蛋白原浓度的能力。对 34 例患者的样品进行拉曼光谱分析，并利用预先校准克劳斯法测定的纤维蛋白原值，用偏最小二乘回归模型拟合所得光谱，采用各种光谱预处理方法准备数据，进行模型校准，进而证明了拉曼光谱技术是一种强有力的技术，它能够用于血浆纤维蛋白原水平的快速、无试剂定量，是克劳斯法的一种潜在替代方法。

Parachalil 等[188] 探讨了拉曼光谱结合多元回归技术和蛋白质分离技术（离子交换色谱）定量监测液体血浆中高相对分子质量蛋白（清蛋白和纤维蛋白原）诊断相关变化的潜力。在模拟血浆蛋白混合物中，清蛋白和纤维蛋白原的浓度在生理相关范围内系统地变化，由于不易溶解的纤维蛋白原的散射是影响溶液中混合蛋白测量准确性的一个重大障碍，作者一方面通过构建一个准确的多元回归预测模型，以检测蛋白质浓度的细微变化，另一方面也采用离子交换色谱从其余的蛋白质中分离纤维蛋白原，并通过温和超声用于改善分散性，从而提高预测质量。

二、比色法

Hou 等[189] 提出了一种简便、无标记的测定血浆纤维蛋白原的比色法，其检测原理如下：纤维蛋白原与氯高铁血红素（hemin）相互作用形成 hemin-Fib 复合物，由于纤维蛋白原阻止了 hemin 形成间氧合二聚体，hemin-Fib 复合物具有良好的类过氧化物酶活性，且 Fib-hemin 的过氧化物酶活性随着纤维蛋白原浓度的增加而增加，进而利用 H_2O_2-ABTS 比色系统对纤维蛋白原进行定量分析。该方法的线性范围为 $2.0 \sim 100\text{pmol/L}$，相关系数为 0.9975，检测限为 0.7pmol/L。该方法提供了一种快速、灵敏、经济和稳健的生物测定法，用于病理和临床应用。

Rogowski 等[190] 提出了一个"化学鼻"型比色金纳米粒子传感器，并将其应用于检测、定量和鉴定单一蛋白质、蛋白质混合物以及人类血清复杂环境中的蛋白质，其原理如下：即使在纳摩尔浓度下，两种不同的金纳米粒子形态（球形和分支）与六种不同蛋白质（牛血清清蛋白、人血清清蛋白、免疫球蛋白 G、纤维蛋白原、溶菌酶和血红蛋白）的混合物之间的独特相互作用产生了可区分的蛋白质和浓度依赖性吸收光谱；此外，这种反应对溶液中不同蛋白质的相对丰度很敏感，可以分析蛋白质混合物。

Jiang 等[191] 采用柠檬酸三钠法制备了粒径为 9.0nm 的金纳米颗粒，并用于标记山羊抗人纤维蛋白原。在 pH6.2 的缓冲溶液中，在聚乙二醇（PEG）存在下，金标记山羊抗人纤维蛋白原与纤维蛋白原发生免疫反应，金标纳米颗粒从山羊抗人纤维蛋白原中释放出来，聚集在一起，导致 560nm 处的共振散射强度（$I_{560\text{nm}}$）大大增强。在 $0.027 \sim 1.07\mu\text{g/mL}$，$I_{560\text{nm}}$ 与纤维蛋白原浓度成正比，检测限为 1.14ng/mL，并将该方法用于人血浆纤维蛋白原的测定。

三、生物传感器

Sun 等[192] 将两性离子 pCB 聚合物与四个 DOPA 胶黏剂基团通过浸渍涂覆的方式应用于纤维素纸传感器，使其具有良好的抗污染性能，且改善了在复杂介质中的检测性能，并证明了 pCB-(DOPA)₄ 修饰的纸传感器在 pCB 表面共价固定抗体后对牛血清清蛋白和纤维蛋白原的特异性检测能力。

分子印迹技术在人工酶、生物分离、传感器等领域有着广泛的应用。基于此，Yu 等[193] 开发了一种新型的三维分子印迹生物传感器平台用于检测包括纤维蛋白原在内的各种不同大小的生物分子，当分析物的大小与金表面的粗糙度范围相匹配时，分子印迹过程得到了优化，进而获得最佳的生物传感性能。经过优化后，分子印迹生物传感器平台能够识别和量化范围广泛的生物分子，具有很强的识别能力，且能够很好地区分不同 pH 下的血红蛋白和几种变异的纤维蛋白原分子。

Hiep 等[194] 利用一种特殊的巯基化 RNA 适体，利用金封端纳米颗粒基质的吸光度光谱来进行抗原抗体反应的无标记检测。这些合成的 RNA 适体能够在金表面上确定抗体的方向，进而结合到人 IgG1 亚类的 Fc 部分。通过这些连接体将抗纤维蛋白原抗体附着在表面后，将基于巯基 RNA 适体的纳米结构传感器应用于纤维蛋白原的特异性检测，检测限为 0.1ng/mL。

Endo 等[195] 开发了一种基于局域表面等离激元共振（LSPR）的多阵列纳米芯片，用于免疫球蛋白（IgA、IgD、IgG、IgM）、C-反应蛋白和纤维蛋白原等蛋白质的无标记检测，检测限为 100pg/mL，其原理如下：多阵列纳米芯片由一个核-壳结构纳米颗粒层构成，其传感表面可提供 300 个纳米点，利用抗体与蛋白质 A 的相互作用，将抗体固定在纳米点上，根据 LSPR 光谱的峰值吸收强度确定抗原的浓度。基于 LSPR 的无标记监测能够解决传统方法需要大量样本和耗时的标记过程的问题，且所制备的纳米芯片易于转移到监控其他生物分子（如整个细胞或受体）的相互作用，具有高度小型化封装中的大规模并行检测能力。

Wang 和 Jin[196] 介绍了一种基于成像椭偏仪的免疫传感器及其潜在的应用，该免疫传感器是一种快速、可靠、方便的蛋白质表面浓度检测和溶液中蛋白质浓度检测技术，使其可以作为多传感器与蛋白质芯片同时检测包括纤维蛋白原在内的多个分析物。此外，该免疫传感器检测样品无需任何标记，避免了偶联标记或与放射性物质处理的干扰，极大地简化了检测操作。这些优点使得该免疫传感器具有潜在的高通量筛选技术的潜力。

Ojeda 等[197] 设计了一种新型电化学免疫传感器，该传感器以碳纳米角（CNHs）为支架，制备一次性免疫传感平台，用于纤维蛋白原的测定。该方法包括将纤维蛋白原固定在丝网印刷碳电极（SPCEs）上的活性 CNHs 上，并使用辣根过氧化物酶（HRP）和氢醌（HQ）标记的抗纤维蛋白原作为氧化还原介质进行间接竞争分析。对影响安培免疫传感分析性能的不同因素进行了优化。纤维蛋白原在 0.1~100μg/mL 线性关系良好（$R^2 = 0.994$），检测限为 58ng/mL。Fib-CNHs/SPCEs 具有良好的贮存稳定性，至少贮存 42d。所研制的免疫传感器的分析性能优于其他纤维蛋白原免疫传感器和 ELISA 试剂盒。这种简单且成本相对较低的免疫传感器结构能够实现人血浆和尿液中 Fib 的高灵敏和选择性测定。

四、其他

Bialkower 等[198] 开发了一种新的基于试纸条的诊断方法来量化室温下血液中的纤维蛋白原浓度。这一诊断过程分为两个步骤：（1）将血浆添加到凝血酶处理过的试纸条上，纤维蛋白原将转化为纤维蛋白；（2）将试纸条放入染料水浴中进行洗脱。该测试通过测量疏水性的变化来实现，在其他条件恒定下，疏水性随着纤维蛋白原浓度的增加而增加。该诊断可以精确测量 0~2g/L 范围内的纤维蛋白原浓度，且检测仅需 12μL 血浆、60mU 凝血酶和 7.5min。

Muramatsu 等[199] 采用石英晶体谐振器进行凝胶监测，并应用于纤维蛋白原浓度的测定，纤维蛋白原在 50~500mg/dL 线性关系良好。该系统采用计算机处理法测定纤维蛋白原与凝血酶溶液混合后的凝胶时间，在凝血酶溶液中加入氧化铝颗粒可避免温度的影响。

第五节 低密度脂蛋白胆固醇分析技术

低密度脂蛋白胆固醇的分析方法主要包括超速离心法、β-quantification 法、电泳法、Friedewald 计算法、沉淀法、免疫分离法和均相法等。

一、超速离心法

超速离心法分离脂蛋白是在对样本添加如溴化钠或溴化钾等盐类调整样

本密度后，根据漂浮或沉淀部分密度与水的密度的差异利用平衡法和速率法进行分离。脂蛋白的制备分离可通过将血清或血浆置于无蛋白质溶液（密度为1.006kg/L）中超速离心，使富含甘油三酯的极低密度脂蛋白（VLDL）和乳糜微粒漂浮，并使用移液器或吸管回收。1.006kg/L超速离心的下层部分［包括LDL-C、HDL-C、中密度脂蛋白和脂蛋白(a)］可通过添加溴化钾等盐类将密度调整至1.063kg/L进行超速离心使LDL-C部分漂浮，其中胆固醇的含量就是LDL-C的检测结果[200]。

作为一种分离技术，超速离心法不仅步骤烦琐、耗时，而且分离得到的不稳定的脂蛋白还可能因盐类浓度和离心力等因素而改变。另因超速离心法需要大量不同类型的仪器和试管、不同检测批次的实验环境存在一定差异、分离结果的质量高度依赖于技术人员的实际操作等原因，导致超速离心法的重复性较差、交叉污染较多且技术要求高，很难在临床实验室开展。但是，超速离心法仍作为参考方法的基础。

二、β-quantification 法

美国国家胆固醇教育计划（National Cholesterol Education Program，NCEP）推荐了LDL-C检测的二级参考方法[201]，将超速离心法和沉淀法结合，测定方法被命名为β-quantification（BQ）法，BQ法的便利性在于样本量减少和分离时间缩短。BQ法首先使用1.006kg/L的密度进行超速离心，分离漂浮的VLDL及乳糜颗粒，检测下层部分中总的胆固醇，再使用肝素锰将下层部分中的LDL-C［含有IDL和脂蛋白(a)］沉淀后检测HDL-C。LDL-C为下层总的胆固醇减去HDL-C。

三、电泳法

早期的电泳法是基于纸质电泳，随后更为便捷的醋酸纤维素薄膜电泳和聚丙烯酰胺凝胶电泳也被使用，并进一步发展，使用琼脂糖凝胶电泳分离脂蛋白，利用多聚阴离子沉淀后，使用光密度扫描得到可靠的结果。LDL-C结果还可根据与BQ法对比的校正公式进行校准。但是脂蛋白异常的样本仍会出现误差，如脂蛋白（a）条带会共迁移到前β条带。

随着电泳技术的发展，使用胆固醇酯酶、胆固醇氧化酶和氨基乙基咔唑染料的电泳方法开始用于脂蛋白的检测[202]。电泳法的胆固醇检测线性可达4000mg/L，每一条带的最低检出限为42mg/L，变异系数（CV）<3.3%。与BQ法检测结果相比，LDL-C的平均偏倚为2.9%，总误差为7.8%。对于甘

油三酯在 2000~4000mg/L 和 >4000mg/L 的样本，其偏倚分别升高至 5.5% 和 6.9%。与根据 NCEP 的 LDL-C 医学决定水平分级结果相比，68% 的个体分级一致。电泳法不仅能够对主要的脂蛋白进行定量检测，还可直接观察不同的脂蛋白变化。电泳法是检测 Ⅲ 型高脂蛋白血症患者特征性宽 β 条带的确诊试验。与使用酶法和免疫化学法检测脂蛋白的自动化仪器相比，电泳法检测脂蛋白需要较多的工作人员且操作技术要求较高，因此不适用于样本量较大的常规实验室，相对适用于某些特殊的专业实验室。

四、Friedewald 计算法（间接法）

1969 年 Friedewald 和 Levy 发现：（1）除 Ⅲ 型高脂蛋白血症患者外，所有脂蛋白正常或高脂蛋白血症患者的极低密度脂蛋白胆固醇（VLDL-C）中甘油三酯和胆固醇比例均为 5∶1；（2）无乳糜微粒的情况下，血浆中大多数甘油三酯均含有 VLDL-C。研究发现通过直接检测血浆总胆固醇和 HDL-C 并将甘油三酯检测结果除以 5，可能可以合理地估算出剩余 LDL-C 的含量[203]。

Friedewald 公式为：

$$C_{\text{LDL-C}} = C_{\text{plasma}} - C_{\text{HDL}} - TG/5 \qquad (3-1)$$

Friedewald 等在最初发表的文章中提到了 Friedewald 计算法的不足之处：由于乳糜颗粒与 VLDL 相比含有胆固醇相对较少，乳糜颗粒的存在会导致 VLDL-C 结果假性增高而 LDL-C 结果假性降低。因非空腹状态样本中常含有乳糜颗粒，所以使用 Friedewald 计算法检测 LDL-C 需要空腹样本（建议患者空腹 12h 以上）。与乳糜颗粒类似，甘油三酯浓度过高的样本会导致 VLDL 中胆固醇与 TG 的比例相对下降，影响 LDL-C 结果计算。因此建议甘油三酯 < 4000mg/L 的样本使用 Friedewald 计算法检测 LDL-C。以残留脂蛋白聚集为特征的 Ⅲ 型高脂蛋白血症患者和异常 β 脂蛋白血症患者胆固醇相对甘油三酯的比例异常升高，也会对 Friedewald 计算法检测 LDL-C 结果造成影响。Friedewald 计算法检测 LDL-C 还有一个缺陷，就是甘油三酯、总胆固醇和 HDL-C 结果的变化均会影响 LDL-C 的结果。NCEP 专家组发现经验丰富、标准化程度较好的脂质检测实验室 Friedewald 计算法检测 LDL-C 结果在 1000~2250mg/L 样本的 CV 平均为 4%（2.7%~6.8%），常规实验室的差异率更高。

Friedewald 计算法检测 LDL-C 结果准确性的一个重要指标是其与 NCEP 的 LDL-C 医学决定水平分级的一致性。使用 Friedewald 计算法对甘油三酯 < 2000mg/L 的样本检测 LDL-C，其结果是十分可靠的。对于甘油三酯浓度在

2000~4000mg/L 的样本，大多数计算法检测结果是可靠的，但仍有某些特殊患者（如 II 型高脂蛋白血症患者）结果存在一定偏倚。对于甘油三酯 > 4000mg/L、存在乳糜颗粒或 III 型高脂蛋白血症患者的样本，使用 Friedewald 计算法检测 LDL-C 的结果是不可信的。虽然 Friedewald 计算法存在很多限制条件和需要改进的方面，但仍被大多常规临床实验室广泛应用。NCEP 的脂质检测专家小组建议在直接法检测 LDL-C 达到检测标准后，使用直接法代替 Friedewald 计算法应用于临床 LDL-C 检测。

五、沉淀法

很多试剂公司研发了加入特定试剂，使 LDL 颗粒形成特异性沉淀的方法。如 Merck 公司在 pH 为 5.12 时加入肝素；Roche 公司加入聚乙烯硫酸钾；Progen 公司加入葡聚糖硫酸酯等。通过离心使 LDL 沉淀部分沉积于试管底部后，对血清总胆固醇和上层悬浮液（无 LDL 部分）的胆固醇进行检测，计算两者差值可以得到沉淀部分的 LDL-C 含量。此外，还可以通过直接检测溶解后的沉淀物得到 LDL-C 的结果。早期的沉淀法检测 LDL-C 并不能替代便捷的 Friedewald 计算法，也无研究表明与计算法相比具有更好的精密度、准确性和特异性。

六、免疫分离法

美国 Genzyme Diagnostics 和 Sigma Diagnostics 推出了检测 LDL-C 的商品化试剂，不再使用分层技术，而是利用可与聚苯乙烯胶乳磁珠结合的多克隆抗体，设计去除乳糜颗粒、HDL-C、VLDL 和 IDL 颗粒，进而直接检测 LDL-C 部分[204]。这一分离方法特异性针对 LDL，但是高甘油三酯血症患者样本仍会有 VLDL 影响检测结果。多项研究发现免疫分离法批间 CV 为 2.0%~5.2%，总误差均值为 13.8%（11.8%~15.1%）。样本可在 4℃ 条件下保存至多 3 周，但样本冻融仍会影响检测结果。此外，还有使用简易磁珠沉淀方法的免疫分离法，能够提高样本处理效率，但仍需要较大的样本吸样量和特殊的仪器，特异性有待进一步提高。

七、均相法

1998 年，Sugiuchi 等[205] 首先报道了利用均相法直接检测 LDL-C。均相法直接检测 LDL-C 的最大优点是可以实现 LDL-C 检测全自动化。全自动化检测可以自动化吸样、控制反应时间和温度，这均可以提高 LDL-C 检测的精密度。均相法可以提高 LDL-C 检测的检验质量，进一步能够达到 NCEP 专家组提出的检测标准和建议。LDL-C 商品化试剂的公司有 Kyowa Medex、Daiichi、Wako、Denka Seiken 和 International Reagents Corp。这些试剂均包括不同的清洗剂和其他化学成分，通过阻断、溶解不同类别的脂蛋白以获得 LDL-C 检测的特异性。LDL-C 过酶法在同一样本杯中进行检测。所有试剂供应商均提供双试剂，可适用于绝大多数自动化生化分析仪。对均相法检测 LDL-C 的研究发现均相法的不精密度可达到 NCEP 要求的标准（≤4%），最低检出限为 2mg/L，线性范围的高点可达 4100mg/L。均相法检测 LDL-C 是可行的，但其对低值 LDL-C 的特异性较差，且根据其检测结果进行分级与 Friedewald 计算法和 BQ 法分级结果一致性较差。但对于Ⅲ型高脂蛋白血症患者、非空腹状态患者和甘油三酯>4000mg/L 的患者来说，均相法检测 LDL-C 的准确度优于 Friedewald 计算法。

第六节　氧化固醇分析技术

在含有氧化固醇的生物基质中往往存在大量的固醇，其含量水平至少是氧化固醇的 1000 倍，因此氧化固醇的分析是颇具挑战性的一项工作。在研究过程中人们还发现有一些氧化固醇并非天然存在，而是在分析试验过程中生成的。在氩气保护下进行衍生化反应，可以减少氧化固醇人为产物的生成[206]。氧化固醇常用的分析方法如下：

一、薄层色谱法

薄层色谱法简便、快速，可用于有机污染物的分离合成反应混合物。但是不适合于在大多数复杂生物基质中复杂氧化固醇混合物的分离[207]。

二、液相色谱法

液相色谱很早就被开发用于分离复杂的氧化固醇混合物，然而，大多数氧化固醇并不具有强的抗氧化性发色团，使其通过紫外吸收进行检测变得困难。然而，Teng 和 Smith[208] 利用了胆固醇氧化酶，将 3β-羟基-5-烯基团转化为 3-氧代-4-烯，其紫外吸收峰为 231~233nm，然后再进行液相色谱分离。Zhang 等[209] 通过这种方法能够检测 24S-、25-和（25R）26-羟基胆固醇，以及大鼠肝脏中的 24S,25-环氧胆固醇，该方法的柱头进样检测限可达 2ng。

三、GC-MS 法

如今，GC-MS 广泛用于氧化固醇分析。斯德哥尔摩卡罗琳斯卡学院的

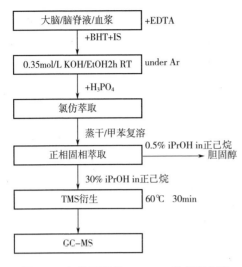

图 3-2　氧化固醇的 GC-MS 法处理步骤

Björkhem 和 Diczfalusy 建立了氧化固醇分析的金标准[210]，分析步骤如图 3-2 所示。他们的方法用于分析人血浆，随后被用于分析植物中的氧化固醇组织、细胞和包括脑脊液（CSF）其他体液。

Björkhem 和 Diczfalusy 的方法用于分析人体血浆中游离氧化固醇和脂肪酸酯化的氧化固醇。该方法进一步扩展后，可以通过硫酸酸化以及碱性水解等步骤测定硫酸酯化的氧化固醇，但在此过程中会丧失硫酸酯化位点的信息。Leoni 等[211] 使用这种方法测量了人脑脊液中的氧化固醇水平，氧化固醇水平在对照组的脑脊液样本中一般小于 2.3ng/mL，而在多发性硬化症（MS，一种最常见的中枢神经脱髓鞘疾病）患者样本中为 0.4~4.6ng/mL，其研究结果与 Diestel 等报道的数据相反。Diestel[212] 也使用 GC-MS 测量了对照样本和多发性硬化症患者样本中的 7-氧代胆固醇，对照样本中 7-氧代胆固醇竟高达（500±100）ng/mL（均值±SD，$n = 12$）。7-氧代胆固醇是胆固醇氧化的标志性产物，对照样本中如此高的 7-氧代胆固醇水平让 Leoni 等对 Diestel 等数据的可靠性提出了质疑。

四、LC-MS/MS 法

McDonald 等开发了高通量 LC-MS/MS 方法用于固醇和氧化固醇分析[213]，该方法适用于 60 多种固醇、氧化固醇和脂溶性类固醇衍生物，单日内样品处理通量处理可达 50 个，其处理步骤如图 3-3 所示。该方法的灵敏度极高，柱头上样的检测限值低至

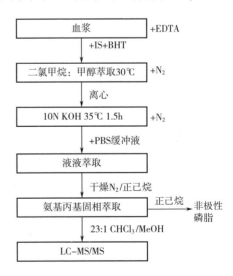

图 3-3　氧化固醇的
LC-MS/MS 法处理步骤

50pg，血浆中定量检测限定量为 1ng/mL。然而由于 MRM 的非特异性，该方法需要良好的色谱分离来区分氧化固醇的各个异构体，并借助标样定性定量，但 7α-羟基胆固醇和 7β-羟基胆固醇无法区分。

五、结合衍生化处理的 LC-MS/MS 法

LC-MS/MS 分析氧化固醇的另一个主要缺点是同分异构体的化合物往往具有非常相似的质谱图。这使得在缺乏标样的情况下基本上是不可能识别各个异构体，这对色谱分离提出了很高的要求，即使对已知的化合物也是如此。此外，氧化固醇和作为中性分子的其他固醇不易电离，ESI 和 APCI 的离子化效果均较差。为解决这些问题，衍生化的方法逐渐被开发出来。

（一）吡啶甲酸酯化法

Honda 等[214] 开发了吡啶甲酸酯化法来提高 LC-ESI-MS/MS 分析中的固醇和氧化固醇的灵敏度，检测灵敏度可提高到 2~10fg。方法原理是将羟基衍生为吡啶甲酸酯。将新鲜制备的 2-甲基-6-硝基苯甲酸酐（10mg）、4-二甲氨基吡啶（3mg）、吡啶甲酸（8mg）、吡啶（150mL）和三乙胺（20mL）加入无水的氧化固醇提取物中，并在 80℃ 下加热 60min 发生衍生化反应，操作步骤如图 3-4 所示。衍生化后氧化固醇用正己烷提取，不溶物通过离心去除。提取液蒸干后用 50μL 乙腈复溶，进 LC-ESI-MS/MS 分析。固醇分子的单个羟基基团发生酯化后，在离子化过程中形成 Na^+ 加合物；与之类似，氧化固醇的两个羟基都形成吡啶甲酸酯，再与 Na^+ 加合。如图 3-5 所示，MS/MS 主要碎片离子位是 $[M+Na-123]^+$ 和 $m/z=146$，分别对应的是氧化固醇的二吡啶甲酸酯脱去一个吡啶甲酸分子后加 Na^+，以及吡啶甲酸加 Na^+。

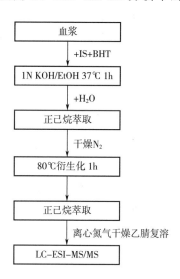

图 3-4　氧化固醇的吡啶甲酸酯化-LC-MS 法处理步骤

（二）N,N-二甲基甘氨酸酯化法

Jiang 等开发了一种将氧化固醇的羟基转化为 N,N-二甲基甘氨酸酯的衍生化方法[215]。将氧化固醇提取溶液蒸干后，添加 20 μL 0.5mol/L 二甲基甘氨

酸、2mol/L 4-二甲氨基吡啶氯仿溶液和 20 μL 1mol/L 1-乙基-3-(3-二甲氨基丙基)-碳二亚胺氯仿溶液，进行衍生化反应。衍生化反应体系在 45℃下加热 1h，并用 20μL 的甲醇淬灭反应。将所得混合物蒸干，然后用 200 μL 40% 甲醇复溶。使用配有 APCI 源的 LC-MS/MS 进行分析。如图 3-6 所示，二甲基甘氨酸酯在 APCI 上产生［M+H］⁺离子，并且产生信号较强的［M+H-103］⁺和 m/z 104 的碎片离子，分别对应脱去二甲基甘氨酸后的离子和质子化的二甲基甘氨酸。

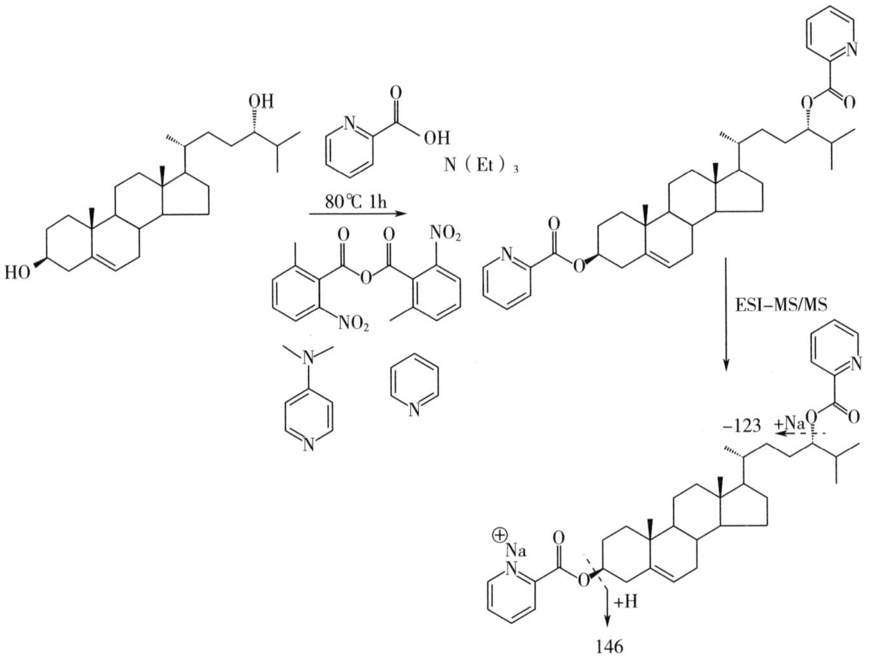

图 3-5　氧化固醇与吡啶甲酸的衍生化反应

先前的研究表明在患有尼曼-皮克 C1 型（NPC1）病（一种罕见且致命的中枢神经疾病）的患者血浆中 7-氧代胆固醇和胆甾烷-3β,5α,6β 三醇含量会增加。Jiang 等[216] 分析了 89 个对照样本、109 个 NPC1 样本和 45 个杂合子样本（父母或兄弟携带者）中的这两种氧化固醇。分析结果表明，对照组、NPC1 和杂合子样本血浆中 7-氧代胆固醇的平均水平分别为 29.0ng/mL（11.4~44.4ng/mL）、229ng/mL（24.7~489ng/mL）和 43.8ng/mL（21.2~83.7ng/mL），对照组、NPC1 和杂合子样本血浆中胆甾烷-3β,5α,6β 三醇平均水平分别为 14.6ng/mL（7.42～21.2ng/mL），80.3ng/mL（15.1～201ng/mL）和 19.7ng/mL（9.61～38.6ng/mL），实验中测定的均为游离态的氧化固醇，不考虑结合态的氧化固醇。对照组、NPC1 和杂合子样本中氧化固醇的含量水平差距非常显著。

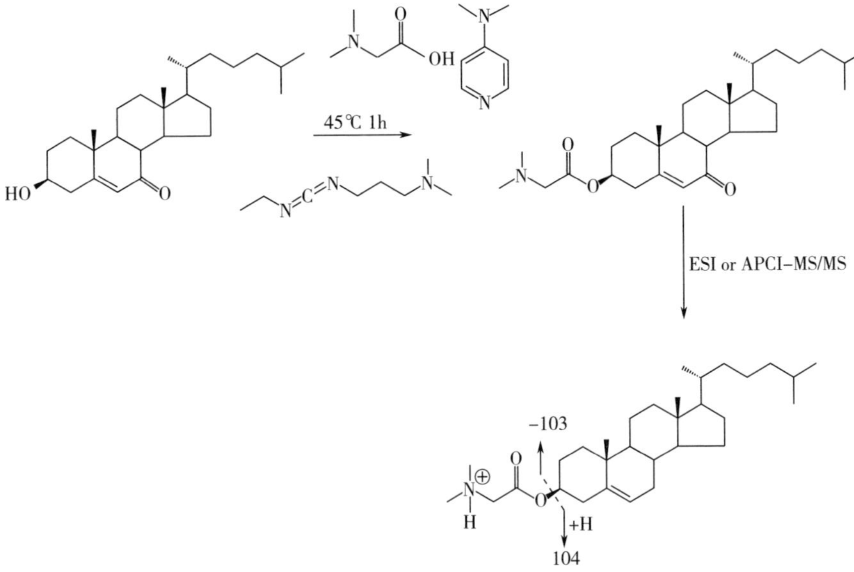

图 3-6　氧化固醇与二甲基甘氨酸的衍生化反应

（三）吉拉德腙（Girard Hydrazones）衍生化法

Girard 腙试剂衍生固醇由来已久，主要用来分离含羰基的化合物。随着 LC-ESI-MS 的出现，Girard 试剂的衍生化反应被用来增强氧化固醇的离子化效率。前面已经提到可利用胆固醇氧化酶，将 3β-羟基-5-烯基团转化为 3-氧代-4-烯，此时易于与 Girard 腙试剂发生衍生化反应，并适用于多种氧化固醇。如图 3-7 所示，我们称这种结合胆固醇氧化酶和吉拉德腙衍生化的方法为酶辅助固醇衍生化分析（EASDA）[217]。

将 100μL 血浆逐滴添加到加有内标的 1.05mL 无水乙醇溶液中，超声萃取 5min 后，添加 0.35mL 水，将溶液稀释至 70% 乙醇。再超声处理 5min，然后在 4℃以 14000g 离心 30min。上清液上样至装填 200mg 填料的 Sep-Pak C₁₈ 小柱（已依次用 4mL 无水乙醇和 6mL 70% 乙醇预处理）。用 5.5mL 70% 乙醇洗脱，控制洗脱流速约为 0.25mL/min，得到含氧化固醇的洗脱集分 SPE1-

Fr1。再用 4mL 70% 乙醇洗脱，得到洗脱集分 SPE1-Fr2。而后用 2mL 无水乙醇洗脱，得到含胆固醇和疏水固醇的洗脱集分 SPE1-Fr3。

　　每个洗脱集分被分成两个相等的部分（A 和 B），并在减压下蒸干，然后用 100μL 异丙醇复溶。A 集分中加入含有 3μL 链霉菌胆固醇氧化酶（2mg/mL，

146

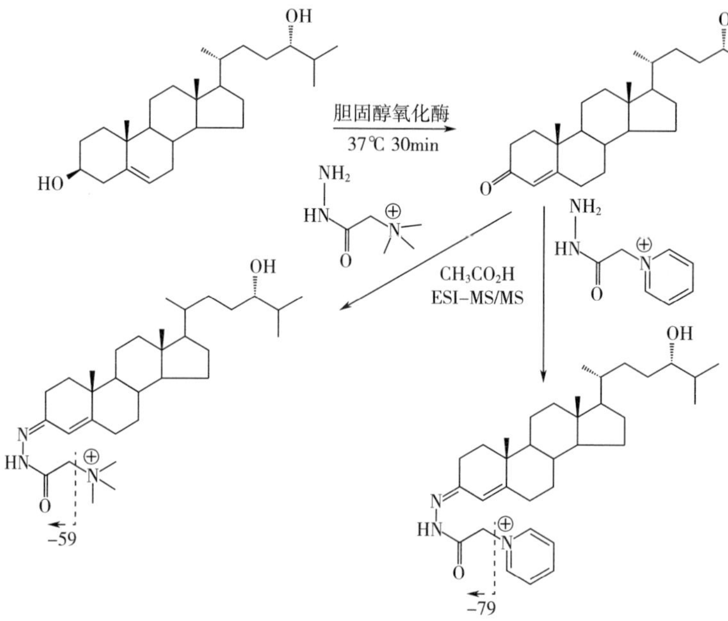

图 3-7　酶辅助的氧化固醇与 Girard 腙的衍生化反应

水溶液，44Unit/mg 蛋白）的 KH_2PO_4 缓冲液（1mL，50mmol/L，pH7）。而 B 集分中加入不含胆固醇氧化酶的 KH_2PO_4 缓冲液。反应混合物在 37℃ 下孵育 1h，然后用 20μL 甲醇淬灭。随后添加 150mg Girard P（GP）试剂［(1-吡啶基) 乙酰肼氯化物，0.80mmol］和 150μL 冰醋酸。混合后涡旋，室温孵育过夜。而后将此体积约 3.25mL 70% 有机相的混合溶液上样至装填 200mg 填料的 Sep-Pak C_{18} 小柱（已依次用 6mL 甲醇、6mL 10% 甲醇和 4mL 70% 甲醇预处理），以 0.25mL/min 的流速通过。依次用 1mL 70% 的甲醇和 1mL 35% 甲醇洗脱，收集所有洗脱液合并，加入 4mL 水稀释，得到体积约 9mL 的 35% 甲醇溶液。再次将体积约 9mL 的 35% 甲醇溶液上样于小柱上，加 1mL 17.5% 甲醇溶液洗脱，合并全部洗脱液后加入 9mL 水稀释，得到约 19mL 17.5% 甲醇溶液。再将该 19mL 17.5% 甲醇溶液上样到小柱上，用 6mL 10% 的甲醇清洗。而后再

用 1mL 甲醇、1mL 甲醇、1mL 甲醇和 1mL 无水乙醇洗脱，收集洗脱液，依次为洗脱集分 SPE2-Fr1、SPE2-Fr2、SPE2-Fr3、SPE2-Fr4。大多数氧化固醇在 SPE2-Fr1 和 SPE2-Fr2 中洗脱，而胆固醇分布在洗脱集分 SPE2-Fr1、SPE2-Fr2 和 SPE2-Fr3 中。

液相色谱柱推荐使用 Hypersil GOLD 反相色谱柱（1.9μm，50mm×2.1mm，赛默飞世尔）；流动相 A 为 33.3%甲醇、16.7%乙腈、50%水，含 0.1%甲酸的混合溶液，流动相 B 为 63.3%甲醇、31.7%乙腈，含 0.1%甲酸的混合溶液；色谱分析从 20% B 开始，到 80%结束，下次运行前恢复到 20% B，总计运行时间为 17min；流速为 200μL/min；质谱仪器为配有大气压化学电离源（APCI）的 LTQ Orbitrap 质谱仪。

鉴于上述方法太过繁冗复杂，DeBarber 等[218] 开发了一个简化版的分析方法，用于分析脑腱黄瘤病（CTX，一种罕见的常染色体隐性遗传病，其病因为 CYP27A1 基因突变所致的固醇 27-羟化酶缺乏）患者体内的固醇。方法中省略了去除胆固醇的步骤，且不使用胆固醇氧化酶，在甲醇稀释后，直接对血浆进行衍生化。Girard P（GP）试剂的用量减少至约 20mg，并将衍生化时间缩短至 2h。相比之下，DeBarber 等的方法显然更省力，但仅限于分析氧化固醇。

第七节　同型半胱氨酸分析技术

血浆中的同型半胱氨酸以游离态存在或与蛋白质结合，早期常采用氨基酸分析仪[219] 或配有电化学检测器的高效液相色谱仪检测血浆中游离的同型半胱氨酸[220]，而这些方法在灵敏度和选择性都存在缺陷，忽视了与蛋白质结合的同型半胱氨酸。而后 Kang 等[221] 采用 S-羧甲基衍生化的前处理方法，使用离子交换色谱检测样品中的总同型半胱氨酸（游离态+结合态），但灵敏度不令人满意；Refsum 等[222] 建立的放射性酶分析法也测定总同型半胱氨酸，但方法耗时费力，不适合应用于临床检测。研究者们[223,224] 试图采用液相色谱荧光法来检测血浆中的同型半胱氨酸，尝试了 N-（9-吖啶基）马来酰胺（NAM）、N-（1-芘）马来酰胺（PM）、N-（7-二甲基氨基-4-甲基-3-香豆素基）马来酰胺（DACM）和单溴二胺等衍生化试剂，然而这些方法的灵敏度都不佳，不足以对血浆中的同型半胱氨酸进行定量。

1987 年 Araki[225] 以 ammonium 7-fluorobenzo-2-oxa-1,3-diazole-4-sulphonate（SBD-F）为衍生化试剂，建立了血浆中游离和总同型半胱氨酸的分析方法。首先使用真空采血管收集 3mL 全血，然后立即在 4℃ 离心 5min。检测总同型半胱氨酸时，取 0.5mL 血浆，用 50μL 10%（体积比）三正丁基膦（TBP）的 DMF 溶液在 4℃ 处理 30min，以便使同型半胱氨酸从蛋白质上解离出来。该溶液再与 0.5mL 含 1mmol/L Na_2EDTA 的 10% 三氯乙酸溶液混合，剧烈涡旋 5min。取 0.2mL 上层清液与 0.4mL 含 4mmol/L Na_2EDTA 的 2.5mol/L 硼酸盐缓冲溶液（pH10.5）及 0.2mL 含 SBD-F（1.0mg/mL）的 2.5mol/L 硼酸盐缓冲溶液（pH9.5）混合均匀。该混合溶液在 60℃ 下水浴振荡孵育 60min，反应结束后溶液用碎冰冷却，过 0.45μm 滤膜后进液相色谱分析。检测游离同型半胱氨酸时，另取一份 0.5mL 血浆迅速加入等体积的 1mmol/L Na_2EDTA 的 10% 三氯乙酸冷溶液，混合后涡旋离心除去蛋白质。取 0.2mL 上层清液加入 0.4mL 含 4mmol/L Na_2EDTA 的 2.5mol/L 硼酸盐缓冲溶液及 0.2mL 含 SBD-F（1.0mg/mL）的 2.5mol/L 硼酸盐缓冲溶液（pH9.5）。为还原被氧化的巯醇，再加入 10μL 10%（体积比）三正丁基膦（TBP）的 DMF 溶液，然后在 60℃ 下水浴振荡孵育 60min 进行衍生化反应。该研究使用的高效液相色谱仪为 Shimadzu LC-GA，室温分离。分析柱为 Shim-pack CLC-ODS（150mm × 6.0mm 内径，5μm），预柱为 ODS（50mm × 2.1mm 内径），荧光检测器激发波长 385nm，发射波长 515nm。流动相 A：含 2%MeOH 的 0.1mol/L 乙酸盐缓冲溶液（体积比）。流动相 B：含 2%MeOH 的 0.1mol/L 磷酸盐缓冲溶液（体积比）。洗脱梯度从起始的 100%A 在 15min 内线性变化为 0%A，流速为 1mL/min。血浆样品衍生化后的液相色谱图如图 3-8 所示。

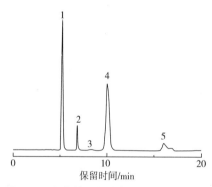

图 3-8　血浆样品衍生化后的液相色谱图

1-半胱氨酸　2-同型半胱氨酸　3-γ-谷氨酰半胱氨酸　4-半胱氨酰甘氨酸　5-谷胱甘肽

　　35 个血浆中同型半胱氨酸的测试结果如表 3-3 所示。该方法的线性范围为 1.56~50pmol 同型半胱氨酸；回收率为 94.3%~101.2%；游离态和结合态同型半胱氨酸的精密度为 4.47%（$n=9$）和 2.27%（$n=9$）。

表 3-3　　　　　　　　　血浆中同型半胱氨酸和半胱氨酸测试结果

	n	同型半胱氨酸浓度/ （nmol/mL）			半胱氨酸浓度/ （nmol/mL）			同型 半胱氨酸 游离态/合计	半胱氨酸 游离态/ 合计	同型半胱 氨酸/半胱 氨酸合计
		游离态	结合态	合计	游离态	结合态	合计			
男性	20	2.06± 0.44	4.47± 0.78	6.53± 1.08 *	92.6± 13.8	79.9± 18.1	172.5± 28.4	0.32± 0.05	0.54± 0.05	0.039± 0.009
女性	15	1.79± 0.47	3.92± 0.86	5.71± 1.20	90.2± 21.9	78.6± 13.6	168.8± 32.4	0.31± 0.05	0.53± 0.05	0.034± 0.007
合计	35	1.94± 0.46	4.24± 0.85	6.18± 1.19	91.6± 17.5	79.4± 16.1	170.9± 29.8	0.31± 0.05	0.54± 0.05	0.037± 0.008

注：* 统计结果表明男性测试结果显著高于女性（$P < 0.05$）。

雅培（Abbott）公司推出了一款基于荧光偏振免疫分析法（FPIA）的设备（IMx® analyzer，Abbott Laboratories，Abbott Park，IL）用于同型半胱氨酸的自动化分析。其原理是二硫苏糖醇（DTT）将与白蛋白和其他小分子和混合二硫化物结合的同型半胱氨酸还原为游离态。S-腺苷-同型半胱氨酸（SAH）水解酶在添加腺苷的情况下将同型半胱氨酸转化为 SAH，然后用单克隆抗体识别。该方法仅需 50μL 样品，与液相色谱法相比，不需要进行前处理，分析通量可达 120 个样品/8h，更适用于临床批量分析。

Pfeiffer 等[226] 考察了雅培 IMx® 分析仪方法的精密度、回收率、检测限等指标。发现该方法的日内及日间的变异系数（CV）小于 5%，加标回收率可达 99.6%，无显著的交叉反应，按 3 倍 SD 计算，检测限为 0.35μmol/L。其测试结果与改进后的柱前衍生化液相色谱荧光检测法（以胱胺为内标）比较的结果如图 3-9 所示，在同型半胱氨酸浓度<50μmol/L 时，二者非常吻合。有一些浑浊度较高的样品测试结果会有差异，如 HPLC 测试结果为 10.7μmol/L，雅培 IMx® 分析仪测试结果为 13.1μmol/L。但经生理盐水稀释后，雅培 IMx® 分析仪测试结果为 11.0μmol/L，几乎与 HPLC 相同。

HPLC 和雅培 IMx® 分析仪测试样品的分析时间一般需要至少 15min，为了实现快速分析测定血浆中的同型半胱氨酸，McCann[227] 建立了应用 LC-MS/MS 快速测定血浆中的同型半胱氨酸的方法，包括前处理在内的单个样品的分析时间可缩短至不到 4min，适用于干血斑点中同型半胱氨酸的测定。血浆批次样品间的精密度为 5.0%，干血斑点批次样品间的精密度为 7.9%，检测限为 1 μmol/L，定量范围至 100 μmol/L。

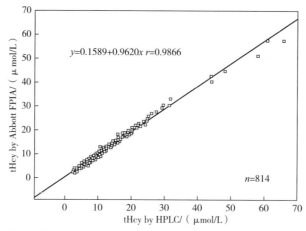

图 3-9　雅培 IMx® 法与 HPLC 测试血浆中总同型半胱氨酸（tHcy）结果相关性

该方法的前处理为将 10μL 血浆样品转移至微孔板上，加入 10μL 10μmol/L 同型半胱氨酸-d8 内标溶液混合 1min。然后加入 20μL 500μmol/L 的二硫苏糖醇，再加入 100μL 含 1g/L 甲酸和 0.25g/L 三氟乙酸的水溶液。将微孔板放置在自动进样器上，取 4μL 上清液进液质分析。色谱分析柱为 Waters Symmetry C$_8$（2.1mm×100 mm），流动相为含 1g/L 甲酸的 300g/L 甲醇水溶液，流速为 0.25mL/min。质谱分析条件为：氩气为碰撞气，碰撞池气体压力为 500Pa，碰撞电压 15eV。母离子 m/z 136，子离子 m/z 90，总同型半胱氨酸 LC-MS/MS 质谱图如 3-10 所示。

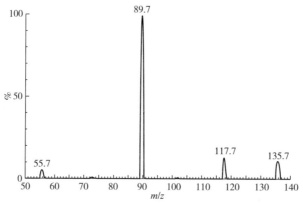

图 3-10　总同型半胱氨酸（tHcy）的 LC-MS/MS 质谱图

在液相和液质方法之外，Stabler 等[228] 于 1987 年发表了采用 GC-MS 测定血浆中总同型半胱氨酸的方法。其前处理步骤包括用巯基乙醇还原，离子交换柱净化，衍生化试剂衍生，然后进气质分析，方法相当繁杂费事。1999年 Ducros 等报道了 GC-MS 同位素稀释法在临床中测定人血浆中同型半胱氨酸，对 GC-MS 分析方法进行了改进。取 100 μL 人血浆样品，加入 100 μL 内标（10nmol DL-Homocystine-3,3,3′,3′,4,4,4′,4′-d_8），再加入 1mL 去离子水和 100 μL 含 10mg/mL 二硫苏糖醇的 1mol/L NaOH 溶液。涡旋混合后，在40℃孵育 30min，冷却后过 AG MP1 树脂柱。用 3mL 水清洗三次，3mL 甲醇清洗一次后，使用 1.1mL 0.4mol/L 的乙酸-甲醇溶液洗脱。洗脱液在氮气保护下吹干，加入 70 μL MTBSTFA 和 30 μL 乙腈，在 120℃衍生化 60min 后进 GC-MS 分析。GC 进样口温度为 250℃，接口温度 280℃，初始柱温 110℃，氦气为载气，进样量 0.5 μL。离子源温度 200℃，电离能量 70eV，检测模式为SIM，血浆样品的 GC-MS SIM 色谱图如图 3-11 所示。方法的检测限为 0.17 μmol/L，精密度为 6.8%。

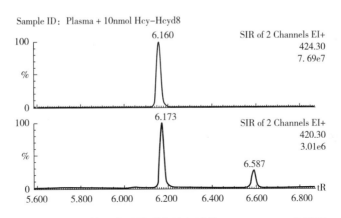

图 3-11　血浆样品中总同型半胱氨酸的 GC-MS SIM 色谱图

第八节　呼出气一氧化氮分析技术

呼出气一氧化氮（FeNO）目前常用的检测方法是化学发光法，通过这种方法可以从患者口中检测出极微量的一氧化氮，计量单位为 μg/m³。由于 NO化学性质极其不稳定，接触外界的氧立即发生反应并生成二氧化氮，所以检测仪器的精度与灵敏度要求极高。按照呼出气样品采集与 NO 浓度测定过程是否分离，可将 FeNO 的检测方法分为在线式和离线式两类。前者将呼出气采样装置与 NO 测定仪串联，采集呼出气的同时进行 NO 含量的实时测定；而后者先将呼出气样品收集到采气袋中，立即或保存一段时间后再连接至 NO 检测仪进行浓度测定。

李娜等[229] 应用离线式测定方法，采用聚对苯二甲酸乙二醇酯采气袋，以 50mL/s 流量采集哮喘儿童呼出气样品，以电化学方法测定 NO 浓度，应用于 62 名哮喘儿童的测定。方法检出限为 3.3μg/m³，对 FeNO 浓度不同的哮喘儿童重复测定 6 次的相对标准偏差（RSD）为 4.2%~9.5%，RSD 随测定浓度的升高而降低；不同浓度标准气的测定值与理论值相对偏差（RD）为 2.9%~8.7%。在方法比对实验中，本方法与传统的在线式方法测定结果间具有良好的线性正相关关系（$R^2 = 0.990$，$P<0.01$），且差异无统计学意义（$P = 0.236$）。哮喘儿童 FeNO 平均水平为（22.0 ± 16.2）μg/m³，中位数为 16.9μg/m³，范围为 6.5~83.2μg/m³；同一调查对象 3 次测定结果的变异系数（CV）均值为（7.1±4.6）%；FeNO 第 1 次测定结果与 3 次测定结果的均值间具有良好的线性关系（$R^2 = 0.997$，$P<0.01$），且二者差异无统计学意义（$P = 0.141$）；如图 3-12 所示，在室温下（20~25℃）用于 FeNO 检测的呼出气样品至少可以保存 12h。

由于离线检测操作较为费事，临床较少运用。目前用于临床研究的 NO 分析系统复杂程度各不相同，但均根据敏感的化学发光技术而具有所需要的精确度。多数分析仪由取样系统，进行数据运算的计算机 NO 分析仪和用户界面组成。仪器能够机控计算样本呼出气体中的 NO 浓度，具有高度敏感性，达到百万分之一（μg/m³）水平，它还能计算样本空气的气压和气流量。其软件能够在所选时间段内计算 NO 浓度，在监视器上显示测定和计算数据，并将数据存储在硬盘上。

呼出气一氧化氮的组成有两个来源，一个是经鼻腔呼出的 NO(nNO)，另外一个是经口腔呼出的 NO(eNO)。

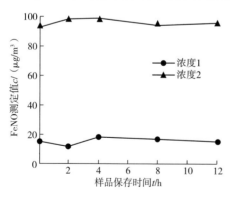

图 3-12 FeNO 测定浓度随保存时间变化的变化趋势图

鼻腔的 NO 浓度虽然明显高于口腔，但容易受外界环境的影响，所以在检测鼻腔的 NO 浓度时，需要通过减去周围环境的 NO 浓度来予以校正。为了将鼻腔与下气道的 NO 检测区分开来，需要颚咽部关闭并保持 10cm 水柱以上的吹气压。此外，由于 NO 的检测具有流速依赖性，需要患者保持 50mL/s 的吹气流速才能满足检测的要求，当高于此流速时，FeNO 值会有所降低。而且，不同的吹气流速所得的 FeNO 值反映不同肺部组织的 NO 浓度。如 50mL/s 的吹气流速测得的 FeNO 值反映的是大气道的 NO 浓度，>50mL/s 的吹气流速测得的 FeNO 值反映的是外周气道（肺泡和小气道）的 NO 浓度。基于此原理，Bazeghi 等[230] 尝试通过不同的吹气流速来检测 COPD 患者的大气道至远端气道的 FeNO 值差异。由于研究的局限性，导致反应 COPD 小气道炎症情况的低吹气流速（<50mL/s）与高吹气流速（>50mL/s）所测的 FeNO 值并无显著差异。

1997 年，欧洲呼吸学会测定微量呼气中 NO 的特别工作组发布了微量呼气及鼻呼气 NO 测定方法的建议。两年后，美国胸科学会和美国肺病协会医学部提供了一份文件，题为"成人及儿童呼气和鼻呼气 NO 实时和非实时测定标准化方法的建议"。呼气量、软腭闭合和无效腔呼气量都会影响呼出气体 NO 水平，因此呼气和鼻呼气的采样应当实现标准化操作。呼气通常采用一次呼吸过程中通过阻力的呼气测定呼气 NO，可以避免鼻呼气 NO 污染；鼻腔呼气可以检测测试者从一侧鼻孔中以 5mL/s 的速度呼出的气体样本中的 NO 浓度。

Kharitonov[231] 在一篇研究综述中指出：哮喘患者（成人及儿童，$n=30$）的 eNO 为（32.3 ± 25.9）$\mu g/m^3$，高于正常测试者（$n=30$）的（16.3 ± 8.4）$\mu g/m^3$（$P<0.005$）。该水平与以前报道的成人及儿童的测定水平相近。在研究人群中，各数据组的平均方差系数（CV）为 9.5%±4.7%。根据各组数据平均值，总平均标准偏差值为（2.50 ± 3.0）$\mu g/m^3$。鼻呼气 NO 测定结果表明，总人数（$n=49$）的平均 NO 水平为 $837\mu g/m^3$，儿童的平均 NO 水平 $751\mu g/m^3$，低于成人。研究人群的中方差系数表明，健康成人具有明显较好的可重复性（9.8%），好于健康儿童（16.6%，$P<0.008$）。

FeNO 检测主要的影响因素包括体重指数、年龄、鼻炎、肺部感染、摄入含有硝酸盐的食物；能降低 FeNO 值的因素包括吸烟（主动吸烟或被动吸烟）、激素的使用、肺功能锻炼、咖啡等。为了控制这些因素对 FeNO 检测的影响，2005 年美国胸科学会/欧洲呼吸学会（ATS/ERS）提出了关于 NO 测定的推荐意见[232]。如表 3-4 所示，Dressel 等[233] 在研究中发现吸烟、呼吸道感染、过敏性、性别、身高对 FeNO 值的影响是独立的，并不会产生交互效应，当有上述影响因素存在时，只需要对 FeNO 值进行适当的调整就可以得出实际的测量值，并不影响 FeNO 检测的运用。

表 3-4　　　　　协方差模型下哮喘受试者 lg FeNO 影响因素分析

变量	系数（95%CI）
常数项	0.453（0.061；0.846）
男性	0.07（0.028；0.111）
呼吸道过敏	0.175（0.136；0.213）
吸烟	0.203（0.240；0.165）
呼吸道感染	0.092（0.052；0.131）
身高/10cm	0.0464（0.0230；0.0700）

参考文献

［1］刘胜林. 8-羟基脱氧鸟苷检测方法的研究进展［J］. 医学综述，2006，12（17）：1073-1074.

［2］Yin B, Whyatt R M, Perera F P, et al. Determination of 8-hydroxydeoxyguanosine by an immunoaffinity chromatography-monoclonal antibody-based ELISA［J］. Free Radical Biology and Medicine, 1995, 18（6）：1023-1032.

［3］邱月，安莉莎，曹小芳，等. 8-羟基脱氧鸟苷高特异性 ELISA 检测方法的建立及其用于妊娠糖尿病的对比研究［J］. 中国计划生育学杂志，2019，27（7）：851-853，857.

［4］Ghoshdastidar S, Gangula A, Kainth J, et al. Plate-adherent nanosubstrate for improved ELISA of small molecules：A proof of concept study［J］. Analytical Chemistry, 2020, 92（16）：10952-10956.

［5］Floyd R, Watson J, Harris J, et al. Formation of 8-hydroxydeoxyguanosine, hydroxyl free radical adduct of DNA in granulocytes exposed to the tumor promoter, tetradeconylphorbolacetate［J］. Biochemical and Biophysical Research Communications, 1986, 137（2）：841-846.

［6］Samcová E, Marhol P, Opekar F, et al. Determination of urinary 8-hydroxy-2′-deoxyguanosine in obese patients by HPLC with electrochemical detection［J］. Analytica Chimica Acta, 2004, 516（1-2）：107-110.

［7］ Kato D, Komoriya M, Nakamoto K, et al. Electrochemical determination of oxidative damaged DNA with high sensitivity and stability using a nanocarbon film ［J］. Analytical Sciences, 2011, 27 (7)：703.

［8］ 鲁文红, 来瑞平, 张裕曾. HepG2 细胞 DNA 损伤中 8-OH-dG 含量测定的高效液相色谱-电化学法 ［J］. 职业与健康, 2011 (19)：2197-2199.

［9］ 鲁文红, 刘爱玲, 王先良, 等. 利用高效液相色谱-电化学法检测尿液 8-羟基脱氧鸟苷 ［J］. 广东医学, 2006, (12)：1802-1803.

［10］ Loft S, Fischer-Nielsen A, Jeding I B, et al. 8-Hydroxydeoxyguanosine as a urinary biomarker of oxidative DNA damage ［J］. Journal of Toxicology and Environmental Health, 1993, 40 (2-3)：391-404.

［11］ Koide S, Kinoshita Y, Ito N, et al. Determination of human serum 8-hydroxy-2′-deoxyguanosine (8-OHdG) by HPLC-ECD combined with solid phase extraction (SPE) ［J］. Journal of Chromatography B, 2010, 878 (23)：2163-2167.

［12］ 王旗, 贾光, 闫蕾, 等. 高效液相色谱-电化学检测法测定尿中 8-羟基脱氧鸟苷含量 ［J］. 中华预防医学杂志, 2005, 39 (4)：280-282.

［13］ 袭著革, 晁福寰, 孙咏梅, 等. 高效液相色谱-电化学检测法测定脱氧核糖核酸分子氧化损伤标志物 8-羟基脱氧鸟苷 ［J］. 分析化学, 2001, 29 (7)：765-767.

［14］ Pilger A, Ivancsits S, Germadnik D, et al. Urinary excretion of 8-hydroxy-2′-deoxyguanosine measured by high-performance liquid chromatography with electrochemical detection ［J］. Journal of Chromatography B, 2002, 778 (1-2)：393-401.

［15］ Teixeira A J, Ferreira M R, Vandijk W, et al. Analysis of 8-hydroxy-2′-deoxyguanosine in rat urine and liver DNA by stable isotope dilution gas chromatography/mass spectrometry ［J］. Analytical Biochemistry, 1995, 226 (2)：307-319.

［16］ Teixeira A J, Gommersampt J H, Vandewerken G, et al. Method for the analysis of oxidized nucleosides by gas chromatography mass spectrometry ［J］. Analytical Biochemistry, 1993, 214 (2)：474-483.

［17］ 梅素容, 许国旺, 吴采樱. 人尿中 8-羟基脱氧鸟苷的气相色谱分析方法 ［J］. 分析化学, 2001, 29 (12)：1394-1397.

［18］ 梅素容, 王鹏, 吴采樱, 等 GC/MS 法测定尿中的 8-羟基脱氧鸟苷 ［J］. 华中科技大学学报 (自然科学版), 2006, 34 (5)：118-120.

［19］ Ravanat J-L, Duretz B, Guiller A, et al. Isotope dilution high-performance liquid chromatography-electrospray tandem mass spectrometry assay for the measurement of 8-oxo-7, 8-dihydro-2′-deoxyguanosine in biological samples ［J］. Journal of Chromatography B, 1998, 715 (2)：349-356.

［20］ Wu D, Liu B, Yin J, et al. Detection of 8-hydroxydeoxyguanosine (8-OHdG) as a biomarker of oxidative damage in peripheral leukocyte DNA by UHPLC-MS/MS ［J］. Journal of Chromatography B, 2017, 1064：1-6.

［21］ 谢聪, 丁培丽, 郭成, 等 超高效液相色谱-串联质谱法测定人尿中 8-羟基脱氧鸟苷的含量——对吸烟与结直肠癌相关性的探讨 ［J］. 理化检验 (化学分册), 2018, 54 (1)：44-47.

［22］ 宋玉玲, 汪海林. 超高效液相色谱-串联质谱法测定氧化损伤标志物 8-羟基脱氧鸟

苷 [J]. 色谱, 2010, 28 (12): 1123-1127.

[23] 王丽英, 杨立新, 路杨, 等. 超高效液相色谱串联质谱法测定人尿中的 8-羟基脱氧鸟苷 [J]. 中国卫生检验杂志, 2014, 24 (23): 3370-3372.

[24] 石振宁, 金有训, 宋德伟, 等. 二维超高效液相色谱-串联质谱法测定尿液中 8-羟基脱氧鸟苷 [J]. 理化检验 (化学分册), 2020, 56 (12): 1294-1298.

[25] Podmore I D, Cooper D, Evans M D, et al. Simultaneous measurement of 8-oxo-2'-deoxyguanosine and 8-oxo-2'-deoxyadenosine by HPLC-MS/MS [J]. Biochemical and Biophysical Research Communications, 2000, 277 (3): 764-770.

[26] Chen C-Y, Jhou Y-T, Lee H-L, et al. Simultaneous, rapid, and sensitive quantification of 8-hydroxy-2'-deoxyguanosine and cotinine in human urine by on-line solid-phase extraction LC-MS/MS: Correlation with tobacco exposure biomarkers NNAL [J]. Analytical and Bioanalytical Chemistry, 2016, 408 (23): 6295-6306.

[27] 杨明岐, 袁悦, 任建伟, 等. 同位素稀释-亲水作用色谱串联质谱快速测定尿液中 8-羟基脱氧鸟苷和可替宁的研究 [J]. 四川大学学报 (医学版), 2020, 51 (1): 74-80.

[28] 吴凡, 李惠杰, 杨光宇, 等. 高效液相色谱-串联质谱法快速测定吸烟者尿液中 8-羟基脱氧鸟苷和 8-羟基鸟苷 [J]. 理化检验 (化学分册), 2021, 57 (2): 127-131.

[29] 李栋, 张芹, 张圣虎, 等. 自制混合型小柱净化-高效液相色谱-串联质谱法同时测定尿液中有机磷酸酯代谢物和 8-羟基-2'-脱氧鸟苷 [J]. 色谱, 2020, 38 (6): 647-654.

[30] Fan R, Wang D, Ramage R, et al. Fast and simultaneous determination of urinary 8-hydroxy-2'-deoxyguanosine and ten monohydroxylated polycyclic aromatic hydrocarbons by liquid chromatography/tandem mass spectrometry [J]. Chemical Research in Toxicology, 2012, 25 (2): 491-499.

[31] Kuang H, Li Y, Jiang W, et al. Simultaneous determination of urinary 31 metabolites of VOCs, 8-hydroxy-2'-deoxyguanosine, and trans-3'-hydroxycotinine by UPLC-MS/MS: 13 C-and 15 N-labeled isotoped internal standards are more effective on reduction of matrix effect [J]. Analytical and Bioanalytical Chemistry, 2019, 411 (29): 7841-7855.

[32] Wu C, Chen S-T, Peng K-H, et al. Concurrent quantification of multiple biomarkers indicative of oxidative stress status using liquid chromatography-tandem mass spectrometry [J]. Analytical Biochemistry, 2016, 512: 26-35.

[33] Sims N, Rice J, Kasprzyk-Hordern B. An ultra-high-performance liquid chromatography tandem mass spectrometry method for oxidative stress biomarker analysis in wastewater [J]. Analytical and Bioanalytical Chemistry, 2019, 411 (11): 2261-2271.

[34] Ren L, Fang J, Liu G, et al. Simultaneous determination of urinary parabens, bisphenol A, triclosan, and 8-hydroxy-2'-deoxyguanosine by liquid chromatography coupled with electrospray ionization tandem mass spectrometry [J]. Analytical and Bioanalytical Chemistry, 2016, 408 (10): 2621-2629.

[35] Gan H, Xu H. A novel aptamer-based online magnetic solid phase extraction method for the selective determination of 8-hydroxy-2'-deoxyguanosine in human urine [J]. Analyti-

ca Chimica Acta, 2018, 1008：48-56.

［36］Gan H, Xu H. A novel aptamer-based online magnetic solid phase extraction method for simultaneous determination of urinary 8-hydroxy-2′-deoxyguanosine and monohydroxylated polycyclic aromatic hydrocarbons ［J］. Talanta, 2019, 201：271-279.

［37］Ullrich O, Grune T. Detection of 8-hydroxydeoxyguanosine in K562 human hematopoietic cells by high-performance capillary electrophoresis ［J］. Journal of Chromatography B, 1997, 697（1-2）：243-249.

［38］任艳, 郭会琴, 熊萌瑶, 等. 纳米金应用于毛细管电泳检测尿液中8-OHdG ［J］. 江西化工, 2011,（1）：56-60.

［39］Weiss D J, Lunte C E. Detection of a urinary biomaker for oxidative DNA damage 8-hydroxydeoxyguanosine by capillary electrophoresis with electrochemical detection ［J］. Electrophoresis, 2000, 21（10）：2080-2085.

［40］Zhang S, Song X, Zhang W, et al. Determination of low urinary 8-hydroxy-2-deoxyguanosine excretion with capillary electrophoresis and molecularly imprinted monolith solid phase microextraction ［J］. Science of the Total Environment, 2013, 450：266-270.

［41］Inagaki S, Esaka Y, Sako M, et al. Analysis of DNA adducts bases by capillary electrophoresis with amperometric detection ［J］. Electrophoresis, 2001, 22（16）：3408-3412.

［42］梅素容, 蔡凌霜, 姚庆红, 等. 毛细管电泳-柱末安培检测癌症病人尿中8-羟基脱氧鸟苷 ［J］. 高等学校化学学报, 2003, 24（11）：1987-1989.

［43］Mei S R, Yao Q H, Cai L s, et al. Capillary electrophoresis with end-column amperometric detection of urinary 8-hydroxy-2′-deoxyguanosine ［J］. Electrophoresis, 2003, 24（9）：1411-1415.

［44］Kvasnicová V, Samcová E, Jursová A, et al. Determination of 8-hydroxy-2′-deoxyguanosine in untreated urine by capillary electrophoresis with UV detection ［J］. Journal of Chromatography A, 2003, 985（1-2）：513-517.

［45］颜流水, 任艳, 郭会琴, 等. 基于纳米金在线扫集-毛细管电泳法测定尿样中8-羟基-2′脱氧鸟嘌呤核苷 ［J］. 理化检验（化学分册）, 2011, 11：1253-1255.

［46］Jia L-P, Liu J-F, Wang H-S. Electrochemical performance and detection of 8-hydroxy-2′-deoxyguanosine at single-stranded DNA functionalized graphene modified glassy carbon electrode ［J］. Biosensors and Bioelectronics, 2015, 67：139-145.

［47］Shahzad F, Zaidi S A, Koo C M. Highly sensitive electrochemical sensor based on environmentally friendly biomass-derived sulfur-doped graphene for cancer biomarker detection ［J］. Sensors and Actuators B：Chemical, 2017, 241：716-724.

［48］Zhao Q, Zhang Q, Sun Y, et al. Design synthesis of a controllable flower-like Pt-graphene oxide architecture through electrostatic self-assembly for DNA damage biomarker 8-hydroxy-2′-deoxyguanosine biosensing research ［J］. Analyst, 2018, 143（15）：3619-3627.

［49］Shang T, Wang P, Liu X, et al. Facile synthesis of porous single-walled carbon nanotube for sensitive detection of 8-Hydroxy-2′-deoxyguanosine ［J］. Journal of Electroanalytical Chemistry, 2018, 808：28-34.

［50］ Cao G, Wu C, Tang Y, et al. Ultrasmall HKUST－1 nanoparticles decorated graphite nanosheets for highly sensitive electrochemical sensing of DNA damage biomarker 8－hydroxy－2′－deoxyguanosine ［J］. Analytica Chimica Acta, 2019, 1058: 80－88.

［51］ Guo Z, Liu X, Liu Y, et al. Constructing a novel 8－hydroxy－2′－deoxyguanosine electrochemical sensor and application in evaluating the oxidative damages of DNA and guanine ［J］. Biosensors and Bioelectronics, 2016, 86: 671－676.

［52］ 高牧丛, 张盼, 周强, 等. 金属有机框架-有序介孔碳修饰的玻碳电极用于测定8－羟基脱氧鸟苷 ［J］. 理化检验（化学分册）, 2018, 54（6）: 634－639.

［53］ Dhulkefl A J, Atacan K, Bas S Z, et al. An Ag－TiO$_2$－reduced graphene oxide hybrid film for electrochemical detection of 8－hydroxy－2′－deoxyguanosine as an oxidative DNA damage biomarker ［J］. Analytical Methods, 2020, 12（4）: 499－506.

［54］ Fan J, Liu Y, Xu E, et al. A label－free ultrasensitive assay of 8－hydroxy－2′－deoxyguanosine in human serum and urine samples via polyaniline deposition and tetrahedral DNA nanostructure ［J］. Analytica Chimica Acta, 2016, 946: 48－55.

［55］ Povey A C, Wilson V, Weston A, et al. Detection of oxidative damage by 32P－postlabelling: 8－Hydroxydeoxyguanosine as a marker of exposure ［J］. IARC Scientific Publications, 1993（124）: 105－114.

［56］ Lutgerink J T, de Graaf E, Hoebee B, et al. Detection of 8－hydroxyguanine in small amounts of DNA by 32P postlabeling ［J］. Analytical Biochemistry, 1992, 201（1）: 127－133.

［57］ 潘洪志, 常东, 那立欣, 等. 32P 后标记法检测 DNA 中8-羟基脱氧鸟苷含量 ［J］. 中国卫生检验杂志, 2004, 14（1）: 19－20.

［58］ Guo H, Xue K, Yan L. Resonance Rayleigh scattering spectral method for determination of urinary 8－hydroxy－2′－deoxyguanosine using gold nanoparticles as probe ［J］. Sensors and Actuators B: Chemical, 2012, 171: 1038－1045.

［59］ Wang J－C, Wang Y－S, Xue J－H, et al. An ultrasensitive label－free assay of 8－hydroxy－2′－deoxyguanosine based on the conformational switching of aptamer ［J］. Biosensors and Bioelectronics, 2014, 58: 22－26.

［60］ 米贤文, 王永生, 薛金花, 等. 8-羟基脱氧鸟苷与吡啰红 Y 作用的共振光散射光谱及分析应用 ［J］. 中国卫生检验杂志, 2005, 15（10）: 1161－1162, 1211.

［61］ 王嘉成, 王永生. 金纳米粒子分光光度法测定尿中8-羟基脱氧鸟苷 ［J］. 应用化工, 2013, 42（4）: 745－747.

［62］ Wang J－C, Wang Y－S, Rang W－Q, et al. Colorimetric determination of 8－hydroxy－2′－deoxyguanosine using label－free aptamer and unmodified gold nanoparticles ［J］. Microchimica Acta, 2014, 181（9）: 903－910.

［63］ Liu H, Wang Y－S, Wang J－C, et al. A colorimetric aptasensor for the highly sensitive detection of 8－hydroxy－2′－deoxyguanosine based on G－quadruplex－hemin DNAzyme ［J］. Analytical Biochemistry, 2014, 458: 4－10.

［64］ Wu L, Pu W, Liu Y, et al. Visual detection of 8－OHdG based on the aggregation of gold nanoparticles capped with the anti－8－OHdG antibody ［J］. Analytical Methods, 2015, 7（19）: 8360－8365.

[65] 颜流水，熊萌瑶，郭会琴，等. 化学发光法测定尿液中8-羟基脱氧鸟苷 [J]. 光谱实验室，2011，28（6）：52-55.

[66] 米贤文. DNA 损伤生物标志物8-羟基脱氧鸟苷检测新方法及其应用研究 [D]. 衡阳：南华大学，2006.

[67] 何天稀，王立光，周丹，等. HPLC-UV 检测病人胃黏膜活检组织中8-羟基脱氧鸟苷 [J]. 分析试验室，2007，26（11）：67-69.

[68] 汪莉君，邵华，许光，等. 高效液相色谱-紫外法检测尿中8-羟基脱氧鸟苷 [J]. 中国卫生检验杂志，2008，18（6）：1030-1032.

[69] Zhang S-W，Xing J，Cai L-S，et al. Molecularly imprinted monolith in-tube solid-phase microextraction coupled with HPLC/UV detection for determination of 8-hydroxy-2'-deoxyguanosine in urine [J]. Analytical and Bioanalytical Chemistry，2009，395（2）：479-487.

[70] Ersöz A，Diltemiz S E，Özcan A A，et al. 8-OHdG sensing with MIP based solid phase extraction and QCM technique [J]. Sensors and Actuators B：Chemical，2009，137（1）：7-11.

[71] Say R，Gültekin A，Özcan A A，et al. Preparation of new molecularly imprinted quartz crystal microbalance hybride sensor system for 8-hydroxy-2'-deoxyguanosine determination [J]. Analytica Chimica Acta，2009，640（1-2）：82-86.

[72] Liu Y，Wei M，Zhang L，et al. Chiroplasmonic assemblies of gold nanoparticles for ultra-sensitive detection of 8-hydroxy-2'-deoxyguanosine in human serum sample [J]. Analytical Chemistry，2016，88（12）：6509-6514.

[73] Zhu X，Shah P，Stoff S，et al. A paper electrode integrated lateral flow immunosensor for quantitative analysis of oxidative stress induced DNA damage [J]. Analyst，2014，139（11）：2850-2857.

[74] Darwish I A，Wani T A，Khalil N Y，et al. A highly sensitive automated flow immunosensor based on kinetic exclusion analysis for determination of the cancer marker 8-hydroxy-2'-deoxyguanosine in urine [J]. Analytical Methods，2013，5（6）：1502-1509.

[75] Berdeaux O，Scruel O，Cracowski J L，et al. F_2-Isoprostanes：Review of analytical methods [J]. Current Pharmaceutical Analysis，2006，2（1）：69-78.

[76] Wang Z，Ciabattoni G，Creminon C，et al. Immunological characterization of urinary 8-epi-prostaglandin $F_{2\alpha}$ excretion in man [J]. Journal of Pharmacology and Experimental Therapeutics，1995，275（1）：94-100.

[77] Proudfoot J，Barden A，Mori T A，et al. Measurement of urinary F_2-isoprostanes as markers of in vivo lipid peroxidation-A comparison of enzyme immunoassay with gas chromatography/mass spectrometry [J]. Analytical Biochemistry，1999，272（2）：209-215.

[78] Klawitter J，Haschke M，Shokati T，et al. Quantification of 15-F_{2t}-isoprostane in human plasma and urine：Results from enzyme-linked immunoassay and liquid chromatography/tandem mass spectrometry cannot be compared [J]. Rapid Communications in Mass Spectrometry，2011，25（4）：463-468.

[79] Morrow J D，Hill K E，Burk R F，et al. A series of prostaglandin F_2-like compounds are produced in vivo in humans by a non-cyclooxygenase，free radical-catalyzed mechanism

［J］. Proceedings of the National Academy of Sciences, 1990, 87 (23): 9383-9387.

［80］ Morrow J D, Zackert W E, Yang J P, et al. Quantification of the major urinary metabolite of 15-F_{2t}-isoprostane (8-iso-$PGF_{2\alpha}$) by a stable isotope dilution mass spectrometric assay ［J］. Analytical Biochemistry, 1999, 269 (2): 326-331.

［81］ Milne G L, Sanchez S C, Musiek E S, et al. Quantification of F_2-isoprostanes as a biomarker of oxidative stress ［J］. Nature Protocols, 2007, 2 (1): 221-226.

［82］ Mas E, Barden A, Durand T, et al. Measurement of urinary F_2-isoprostanes by gas chromatography-mass spectrometry is confounded by interfering substances ［J］. Free Radical Research, 2010, 44 (2): 191-198.

［83］ Mas E, Michel F, Guy A, et al. Quantification of urinary F_2-isoprostanes with 4 (RS) - F_{4t}-neuroprostane as an internal standard using gas chromatography-mass spectrometry: Application to polytraumatized patients ［J］. Journal of Chromatography B, 2008, 872 (1-2): 133-140.

［84］ Pratico D, Lawson J A, FitzGerald G A. Cylooxygenase-dependent formation of the isoprostane, 8-epi prostaglandin $F_{2\alpha}$ ［J］. Journal of Biological Chemistry, 1995, 270 (17): 9800-9808.

［85］ Mori T A, Croft K D, Puddey I B, et al. An improved method for the measurement of urinary and plasma F_2-isoprostanes using gas chromatography-mass spectrometry ［J］. Analytical Biochemistry, 1999, 268 (1): 117-125.

［86］ Tsikas D, Schwedhelm E, Fauler J, et al. Specific and rapid quantification of 8-isoprostaglandin $F_{2\alpha}$ in urine of healthy humans and patients with Zellweger syndrome by gas chromatography-tandem mass spectrometry ［J］. Journal of Chromatography B, 1998, 716 (1-2): 7-17.

［87］ Schweer H, Watzer B, Seyberth H W, et al. Improved quantification of 8-epi-prostaglandin $F_{2\alpha}$ and F_2-isoprostanes by gas chromatography/triple-stage quadrupole mass spectrometry: Partial cyclooxygenase-dependent formation of 8-epi-prostaglandin $F_{2\alpha}$ in humans ［J］. Journal of Mass Spectrometry, 1997, 32 (12): 1362-1370.

［88］ Signorini C, Comporti M, Giorgi G. Ion trap tandem mass spectrometric determination of F_2-isoprostanes ［J］. Journal of Mass Spectrometry, 2003, 38 (10): 1067-1074.

［89］ Bessard J, Cracowski J-L, Stanke-Labesque F, et al. Determination of isoprostaglandin $F_{2\alpha}$ type III in human urine by gas chromatography-electronic impact mass spectrometry. Comparison with enzyme immunoassay ［J］. Journal of Chromatography B, 2001, 754 (2): 333-343.

［90］ Obata T, Tomaru K, Nagakura T, et al. Smoking and oxidant stress: Assay of isoprostane in human urine by gas chromatography-mass spectrometry ［J］. Journal of Chromatography B, 2000, 746 (1): 11-15.

［91］ Obata T, Sakurai Y, Kase Y, et al. Simultaneous determination of endocannabinoids (arachidonylethanolamide and 2-arachidonylglycerol) and isoprostane (8-epiprostaglandin $F_{2\alpha}$) by gas chromatography-mass spectrometry-selected ion monitoring for medical samples ［J］. Journal of Chromatography B, 2003, 792 (1): 131-140.

[92] Liu W, Morrow J D, Yin H. Quantification of F_2-isoprostanes as a reliable index of oxidative stress in vivo using gas chromatography-mass spectrometry (GC-MS) method [J]. Free Radical Biology and Medicine, 2009, 47 (8): 1101-1107.

[93] Chu K O, Wang C C, Rogers M S, et al. Quantifying F_2-isoprostanes in umbilical cord blood of newborn by gas chromatography-mass spectrometry [J]. Analytical Biochemistry, 2003, 316 (1): 111-117.

[94] Nourooz-Zadeh J, Gopaul N, Barrow S, et al. Analysis of F_2-isoprostanes as indicators of non-enzymatic lipid peroxidation in vivo by gas chromatography-mass spectrometry: Development of a solid-phase extraction procedure [J]. Journal of Chromatography B, 1995, 667 (2): 199-208.

[95] Gopaul N, Änggård E, Mallet A, et al. Plasma 8-epi-$PGF_{2\alpha}$ levels are elevated in individuals with non-insulin dependent diabetes mellitus [J]. FEBS Letters, 1995, 368 (2): 225-229.

[96] Walter M F, Blumberg J B, Dolnikowski G G, et al. Streamlined F_2-isoprostane analysis in plasma and urine with high-performance liquid chromatography and gas chromatography/ mass spectroscopy [J]. Analytical Biochemistry, 2000, 280 (1): 73-79.

[97] Zhao Z, Hjelm N M, Lam C W, et al. One-step solid-phase extraction procedure for F_2-isoprostanes [J]. Clinical Chemistry, 2001, 47 (7): 1306-1308.

[98] Lee C-Y J, Jenner A M, Halliwell B. Rapid preparation of human urine and plasma samples for analysis of F_2-isoprostanes by gas chromatography-mass spectrometry [J]. Biochemical and Biophysical Research Communications, 2004, 320 (3): 696-702.

[99] Briskey D R, Wilson G R, Fassett R G, et al. Optimized method for quantification of total F_2-isoprostanes using gas chromatography-tandem mass spectrometry [J]. Journal of Pharmaceutical and Biomedical Analysis, 2014, 90: 161-166.

[100] Ferretti A, Flanagan V P. Isolation and measurement of urinary 8-iso-prostaglandin $F_{2\alpha}$ by high-performance liquid chromatography and gas chromatography-mass spectrometry [J]. Journal of Chromatography B, 1997, 694 (2): 271-276.

[101] Bachi A, Zuccato E, Baraldi M, et al. Measurement of urinary 8-epi-prostaglandin $F_{2\alpha}$, a novel index of lipid peroxidation in vivo, by immunoaffinity extraction/gas chromatography-mass spectrometry. Basal levels in smokers and nonsmokers [J]. Free Radical Biology and Medicine, 1996, 20 (4): 619-624.

[102] Tsikas D, Suchy M T. Protocols for the measurement of the F_2-isoprostane, 15(S)-8-iso-prostaglandin $F_{2\alpha}$, in biological samples by GC-MS or GC-MS/MS coupled with immunoaffinity column chromatography [J]. Journal of Chromatography B, 2016, 1019: 191-201.

[103] Milne G L, Gao B, Terry E S, et al. Measurement of F_2-isoprostanes and isofurans using gas chromatography-mass spectrometry [J]. Free Radical Biology & Medicine, 2013, 59: 36-44.

[104] Lee C Y, Huang S H, Jenner A M, et al. Measurement of F_2-isoprostanes, hydroxyeicosatetraenoic products, and oxysterols from a single plasma sample [J]. Free Radical Biology and Medicine, 2008, 44 (7): 1314-1322.

[105] Waugh R J, Murphy R C. Mass spectrometric analysis of fourregioisomers of F_2-isoprostanes formed by free radical oxidation of arachidonic acid [J]. Journal of the American Society for Mass Spectrometry, 1996, 7 (5): 490-499.

[106] Liang Y, Wei P, Duke R W, et al. Quantification of 8-iso-prostaglandin-$F_{2\alpha}$ and 2, 3-dinor-8-iso-prostaglandin-$F_{2\alpha}$ in human urine using liquid chromatography-tandem mass spectrometry [J]. Free Radical Biology and Medicine, 2003, 34 (4): 409-418.

[107] Bohnstedt K C, Karlberg B, Wahlund L-O, et al. Determination of isoprostanes in urine samples from Alzheimer patients using porous graphitic carbon liquid chromatography-tandem mass spectrometry [J]. Journal of Chromatography B, 2003, 796 (1): 11-19.

[108] Sigler A, He X, Bose M, et al. Simultaneous determination of eight urinary metabolites by HPLC-MS/MS for noninvasive assessment of traumatic brain injury [J]. Journal of the American Society for Mass Spectrometry, 2020, 31 (9): 1910-1917.

[109] Bulloch P, Schur S, Muthumuni D, et al. F_2-isoprostanes in Fish mucus: A new, non-invasive method for analyzing a biomarker of oxidative stress [J]. Chemosphere, 2020, 239: 124797.

[110] Petrosino T, Serafini M. Matrix effect in F_2-isoprostanes quantification by HPLC-MS/MS: A validated method for analysis of $iPF_{2\alpha}$-III and $iPF_{2\alpha}$-VI in human urine [J]. Journal of Chromatography B, 2014, 965: 100-106.

[111] Cháfer-Pericás C, Rahkonen L, Sanchez-Illana A, et al. Ultra high performance liquid chromatography coupled to tandem mass spectrometry determination of lipid peroxidation biomarkers in newborn serum samples [J]. Analytica Chimica Acta, 2015, 886: 214-220.

[112] Cháfer-Pericás C, Torres-Cuevas I, Sanchez-Illana A, et al. Development of a reliable analytical method to determine lipid peroxidation biomarkers in newborn plasma samples [J]. Talanta, 2016, 153: 152-157.

[113] Prasain J K, Arabshahi A, Taub P R, et al. Simultaneous quantification of F_2-isoprostanes and prostaglandins in human urine by liquid chromatography tandem-mass spectrometry [J]. Journal of Chromatography B, 2013, 913-914: 161-168.

[114] Langhorst M L, Hastings M J, Yokoyama W H, et al. Determination of F_2-isoprostanes in urine by online solid phase extraction coupled to liquid chromatography with tandem mass spectrometry [J]. Journal of Agricultural and Food Chemistry, 2010, 58 (11): 6614-6620.

[115] Zhang B, Saku K. Control of matrix effects in the analysis of urinary F_2-isoprostanes using novel multidimensional solid-phase extraction and LC-MS/MS [J]. Journal of Lipid Research, 2007, 48 (3): 733-744.

[116] Dupuy A, Le Faouder P, Vigor C, et al. Simultaneous quantitative profiling of 20 isoprostanoids from omega-3 and omega-6 polyunsaturated fatty acids by LC-MS/MS in various biological samples [J]. Analytica Chimica Acta, 2016, 921: 46-58.

[117] Taylor A W, Traber M G. Quantitation of plasma total 15-series F_2-isoprostanes by sequential solid phase and liquid-liquid extraction [J]. Analytical Biochemistry, 2010, 396 (2): 319-321.

[118] Fanti F, Vincenti F, Montesano C, et al. dLLME-muSPE extraction coupled to HPLC-ESI-MS/MS for the determination of $F_{2\alpha}$-IsoPs in human urine [J]. Journal of Pharmaceutical and Biomedical Analysis, 2020, 186: 113302.

[119] Tomai P, Martinelli A, Gasperi T, et al. Rotating-disc micro-solid phase extraction of F_2-isoprostanes from maternal and cord plasma by using oxidized buckypaper as sorbent membrane [J]. Journal of Chromatography A, 2019, 1586: 30-39.

[120] Mizuno K, Kataoka H. Analysis of urinary 8-isoprostane as an oxidative stress biomarker by stable isotope dilution using automated online in-tube solid-phase microextraction coupled with liquid chromatography-tandem mass spectrometry [J]. Journal of Pharmaceutical and Biomedical Analysis, 2015, 112: 36-42.

[121] Janicka M, Kubica P, Kot-Wasik A, et al. Sensitive determination of isoprostanes in exhaled breath condensate samples with use of liquid chromatography-tandem mass spectrometry [J]. Journal of Chromatography B, 2012, 893-894: 144-149.

[122] Sircar D, Subbaiah P V. Isoprostane measurement in plasma and urine by liquid chromatography-mass spectrometry with one-step sample preparation [J]. Clinical Chemistry, 2007, 53 (2): 251-258.

[123] Martinez M P, Kannan K. Simultaneous analysis of seven biomarkers of oxidative damage to lipids, proteins, and DNA in urine [J]. Environmental Science & Technology, 2018, 52 (11): 6647-6655.

[124] Nartnampong A, Santaveesuk A, Porasuphatana S. Determination of urinary F_2-isoprostanes as an oxidaitve biomarker in patients with diabetes mellitus type 2 by liquid chromatography-electrospray tandem mass spectrometry [J]. Journal of Health Research, 2008, 22 (1): 21-27.

[125] Lee YY, Lee J C. LC-MS/MS analysis of lipid oxidation products in blood and tissue samples [J]. Methods in Molecular Biology, 2018, 1730: 83-92.

[126] Larose J, Julien P, Bilodeau J F. Analysis of F_2-isoprostanes in plasma of pregnant women by HPLC-MS/MS using a column packed with core-shell particles [J]. Journal of Lipid Research, 2013, 54 (5): 1505-1511.

[127] Janicka M, Kot-Wasik A, Paradziej-Lukowicz J, et al. LC-MS/MS determination of isoprostanes in plasma samples collected from mice exposed to doxorubicin or tert-butyl hydroperoxide [J]. International Journal of Molecular Sciences, 2013, 14 (3): 6157-6169.

[128] Liu X, Whitefield P D, Ma Y. Determination of F_2-isoprostanes in cultured human lung epithelial cells after exposure to metal oxide and silica nanoparticles by high-performance liquid chromatography/tandem mass spectrometry [J]. Toxicological & Environmental Chemistry, 2010, 92 (5): 1005-1016.

[129] Cavalca V, Minardi F, Scurati S, et al. Simultaneous quantification of 8-iso-prostaglandin-$F_{2\alpha}$ and 11-dehydro thromboxane B_2 in human urine by liquid chromatography-tandem mass spectrometry [J]. Analytical Biochemistry, 2010, 397 (2): 168-174.

[130] Zhang H, Il'yasova D, Sztaray J, et al. Quantification of the oxidative damage biomarker

2,3-dinor-8-isoprostaglandin-$F_{2\alpha}$ in human urine using liquid chromatography-tandem mass spectrometry [J]. Analytical Biochemistry, 2010, 399 (2): 302-304.

[131] Bastani N E, Gundersen T E, Blomhoff R. Determination of 8-epi $PGF_{2\alpha}$ concentrations as a biomarker of oxidative stress using triple-stage liquid chromatography/tandem mass spectrometry [J]. Rapid Communications in Mass Spectrometry, 2009, 23 (18): 2885-2890.

[132] Taylor A W, Bruno R S, Traber M G. Women and smokers have elevated urinary F_2-isoprostane metabolites: A novel extraction and LC-MS methodology [J]. Lipids, 2008, 43 (10): 925-936.

[133] Haschke M, Zhang Y L, Kahle C, et al. HPLC-atmospheric pressure chemical ionization MS/MS for quantification of $15-F_{2t}$-isoprostane in human urine and plasma [J]. Clinical Chemistry, 2007, 53 (3): 489-497.

[134] Davies S S, Zackert W, Luo Y, et al. Quantification of dinor, dihydro metabolites of F_2-isoprostanes in urine by liquid chromatography/tandem mass spectrometry [J]. Analytical Biochemistry, 2006, 348 (2): 185-191.

[135] Bohnstedt K C, Karlberg B, Basun H, et al. Porous graphitic carbon chromatography-tandem mass spectrometry for the study of isoprostanes in human cerebrospinal fluid [J]. Journal of Chromatography B, 2005, 827 (1): 39-43.

[136] 李静芳. 胶体金免疫层析法快速检测 C 反应蛋白的研究 [D]. 新乡: 新乡医学院, 2015.

[137] Sonawane M D, Nimse S B. C-Reactive protein: A major inflammatory biomarker [J]. Analytical Methods, 2017, 9 (23): 3400-3413.

[138] Vashist S K, Venkatesh A G, Marion Schneider E, et al. Bioanalytical advances in assays for C-reactive protein [J]. Biotechnology Advances, 2016, 34 (3): 272-290.

[139] 彭凤, 徐晓萍, 王琳, 等. 免疫透射比浊法和免疫散射比浊法检测特定蛋白的抗干扰能力比较 [J]. 检验医学, 2013, 28 (2): 142-145.

[140] 宋娜, 张家云, 余小红, 等. 两种检测方法测定 C-反应蛋白的比较 [J]. 检验医学, 2012, 27 (4): 257-260.

[141] 曹慧, 曹正欣. 两种 CRP 检测方法的灵敏度比较 [J]. 临床医学工程, 2011, 18 (12): 1865-1866.

[142] Heegaard P M H, Pedersen H G, Jensen A L, et al. A robust quantitative solid phase immunoassay for the acute phase protein C-reactive protein (CRP) based on cytidine 5'-diphosphocholine coupled dendrimers [J]. Journal of Immunological Methods, 2009, 343 (2): 112-118.

[143] 沈丹丹, 卞智萍, 何国平, 等. 定量检测人超敏 C-反应蛋白双抗体夹心 ELISA 方法的建立及初步临床应用 [J]. 中国临床药理学与治疗学, 2009, 14 (1): 84-89.

[144] Kvas M, Teixeira A G, Chiang B, et al. Aqueous two-phase system antibody confinement enables cost-effective analysis of protein analytes by sandwich enzyme-linked immunosorbent assay with minimal optical crosstalk [J]. Analyst, 2020, 145 (16): 5458-5465.

[145] Sloan-Dennison S, Laing S, Shand N C, et al. A novel nanozyme assayutilising the cat-

alytic activity of silver nanoparticles and SERRS [J]. Analyst, 2017, 142 (13): 2484-2490.

[146] Shimizu H, Kumagai M, Mori E, et al. Whole blood analysis using microfluidic plasma separation and enzyme-linked immunosorbent assay devices [J]. Analytical Methods, 2016, 8 (42): 7597-7602.

[147] Hu C, Zeimpekis I, Sun K, et al. Low-cost nanoribbon sensors for protein analysis in human serum using a miniature bead-based enzyme-linked immunosorbent assay [J]. Analytical Chemistry, 2016, 88 (9): 4872-4878.

[148] Li Z, Li M, Li F, et al. Paper-based chemiluminescence enzyme-linked immunosorbent assay enhanced by biotin-streptavidin system for high-sensitivity C-reactive protein detection [J]. Analytical Biochemistry, 2018, 559: 86-90.

[149] Shen H, Khan R, Wang X, et al. Capillary-based chemiluminescence immunoassay for C-reactive protein with portable imaging device [J]. Analytical and Bioanalytical Chemistry, 2018, 410 (27): 7177-7183.

[150] Cai Y, Kang K, Liu Y, et al. Development of a lateral flow immunoassay of C-reactive protein detection based on red fluorescent nanoparticles [J]. Analytical Biochemistry, 2018, 556: 129-135.

[151] Sobolev A M, Byzova N A, Goryacheva I Y, et al. Silanized quantum dots as labels in lateral flow test strips for C-reactive protein [J]. Analytical Letters, 2019, 52 (12): 1874-1887.

[152] Wu R, Zhou S, Chen T, et al. Quantitative and rapid detection of C-reactive protein using quantum dot-based lateral flow test strip [J]. AnalyticaChimica Acta, 2018, 1008: 1-7.

[153] Nooney R, Rebello V, Keegan G, et al. Highly sensitive detection of C-reactive protein using a novel dissolution approach in a dye-doped silica nanoparticle-based fluorescence immunoassay [J]. Analytical Methods, 2017, 9 (6): 994-1003.

[154] Hu J, Zhang Z-L, Wen C-Y, et al. Sensitive and quantitative detection of C-reaction protein based on immunofluorescent nanospheres coupled with lateral flow test strip [J]. Analytical Chemistry, 2016, 88 (12): 6577-6584.

[155] 李静芳, 王云龙, 李玉林, 等. 感染性指标C-反应蛋白胶体金检测法的初步建立 [J]. 郑州轻工业学院学报 (自然科学版), 2015, 30 (Z1): 30-33.

[156] Dhara K, Mahapatra D R. Review on electrochemical sensing strategies for C-reactive protein and cardiac troponin I detection [J]. Microchemical Journal, 2020, 156: 104857.

[157] Chen X, Dong T, Wei X, et al. Electrochemical methods for detection of biomarkers of chronic obstructive pulmonary disease in serum and saliva [J]. Biosensors and Bioelectronics, 2019, 142: 111453.

[158] Zhang J, Zhang W, Guo J, et al. Electrochemical detection of C-reactive protein using Copper nanoparticles and hybridization chain reaction amplifying signal [J]. Analytical Biochemistry, 2017, 539: 1-7.

[159] Buch M, Rishpon J. An electrochemical immunosensor for C-reactive protein based on

multi-walled carbon nanotube - modified electrodes [J]. Electroanalysis, 2008, 20 (23): 2592-2594.

[160] Jampasa S, Siangproh W, Laocharoensuk R, et al. Electrochemical detection of c-reactive protein based on anthraquinone-labeled antibody using a screen-printed graphene electrode [J]. Talanta, 2018, 183: 311-319.

[161] Kokkinos C, Prodromidis M, Economou A, et al. Disposable integrated bismuth citrate-modified screen-printed immunosensor for ultrasensitive quantum dot-based electrochemical assay of C-reactive protein in human serum [J]. Analytica Chimica Acta, 2015, 886: 29-36.

[162] Boonyasit Y, Chailapakul O, Laiwattanapaisal W. A folding affinity paper-based electrochemical impedance device for cardiovascular risk assessment [J]. Biosensors and Bioelectronics, 2019, 130: 389-396.

[163] de Ávila B E-F, Escamilla-Gómez V, Campuzano S, et al. Ultrasensitive amperometric magnetoimmunosensor for human C-reactive protein quantification in serum [J]. Sensors and Actuators B: Chemical, 2013, 188: 212-220.

[164] de Ávila B E F, Escamilla-Gómez V, Lanzone V, et al. Multiplexed determination of amino-terminal pro-B-type natriuretic peptide and C-reactive protein cardiac biomarkers in human serum at a disposable electrochemical magnetoimmunosensor [J]. Electroanalysis, 2014, 26 (2): 254-261.

[165] Liu T-Z, Hu R, Zhang X, et al. Metal-organic framework nanomaterials as novel signal probes for electron transfer mediated ultrasensitive electrochemical immunoassay [J]. Analytical Chemistry, 2016, 88 (24): 12516-12523.

[166] Molinero-Fernández A, López M A, Escarpa A. Electrochemical microfluidic micromotors-based immunoassay for C-reactive protein determination in preterm neonatal samples with sepsis suspicion [J]. Analytical Chemistry, 2020, 92 (7): 5048-5054.

[167] Piccoli J, Hein R, El-Sagheer A H, et al. Redox capacitive assaying of C-reactive protein at a peptide supported aptamer interface [J]. Analytical Chemistry, 2018, 90 (5): 3005-3008.

[168] Thangamuthu M, Santschi C, JF Martin O. Label-free electrochemical immunoassay for C-reactive protein [J]. Biosensors, 2018, 8 (2): 34.

[169] Jung H-W, Chang Y W, Lee G-y, et al. A capacitive biosensor based on an interdigitated electrode withnanoislands [J]. Analytica Chimica Acta, 2014, 844: 27-34.

[170] Zhang X, Hu R, Zhang K, et al. An ultrasensitive label-free immunoassay for C-reactive protein detection in human serum based on electron transfer [J]. Analytical Methods, 2016, 8 (32): 6202-6207.

[171] Kallempudi S S, Gurbuz Y. A nanostructured-nickel based interdigitated capacitive transducer for biosensor applications [J]. Sensors and Actuators B: Chemical, 2011, 160 (1): 891-898.

[172] Qureshi A, Niazi J H, Kallempudi S, et al. Label-free capacitive biosensor for sensitive detection of multiple biomarkers using gold interdigitated capacitor arrays [J]. Biosensors and Bioelectronics, 2010, 25 (10): 2318-2323.

［173］ Magliulo M, De Tullio D, Vikholm-Lundin I, et al. Label-free C-reactive protein electronic detection with an electrolyte-gated organic field-effect transistor-based immunosensor ［J］. Analytical and Bioanalytical Chemistry, 2016, 408 (15): 3943-3952.

［174］ Macchia E, Manoli K, Holzer B, et al. Selective single-molecule analytical detection of C-reactive protein in saliva with an organic transistor ［J］. Analytical and Bioanalytical Chemistry, 2019, 411 (19): 4899-4908.

［175］ Teggert A, Datta H, McIntosh S, et al. Portable, low cost and sensitive cavity enhanced absorption (CEA) detection ［J］. Analyst, 2021, 146 (1): 196-206.

［176］ James-Pemberton P, Łapińska U, Helliwell M, et al. Accuracy and precision analysis for a biophotonic assay of C-reactive protein ［J］. Analyst, 2020, 145 (7): 2751-2757.

［177］ Gao J, Meyer K, Borucki K, et al. Multiplex immuno-MALDI-TOF MS for targeted quantification of protein biomarkers and their proteoforms related to inflammation and renal dysfunction ［J］. Analytical Chemistry, 2018, 90 (5): 3366-3373.

［178］ Rong Z, Xiao R, Xing S, et al. SERS-based lateral flow assay for quantitative detection of C-reactive protein as an early bio-indicator of a radiation-induced inflammatory response in nonhuman primates ［J］. Analyst, 2018, 143 (9): 2115-2121.

［179］ Kim H, Kim E, Choi E, et al. Label-free C-reactive protein SERS detection with silver nanoparticle aggregates ［J］. RSC Advances, 2015, 5 (44): 34720-34729.

［180］ Zhang M, An B, Qu Y, et al. Sensitive, high-throughput, and robust trapping-micro-LC-MS strategy for the quantification of biomarkers and antibody biotherapeutics ［J］. Analytical Chemistry, 2018, 90 (3): 1870-1880.

［181］ Tsai M-Z, Hsiung C-T, Chen Y, et al. Real-time CRP detection from whole blood using micropost-embedded microfluidic chip incorporated with label-free biosensor ［J］. Analyst, 2018, 143 (2): 503-510.

［182］ Martens D, Ramirez-Priego P, Murib M S, et al. A low-cost integrated biosensing platform based on SiN nanophotonics for biomarker detection in urine ［J］. Analytical Methods, 2018, 10 (25): 3066-3073.

［183］ Hu B, Liu Y, Deng J, et al. An on-chip valve-assisted microfluidic chip for quantitative and multiplexed detection of biomarkers ［J］. Analytical Methods, 2018, 10 (21): 2470-2480.

［184］ Broto M, Galve R, Marco M P. Sandwich NP-based biobarcode assay for quantification C-reactive protein in plasma samples ［J］. Analytica Chimica Acta, 2017, 992: 112-118.

［185］ Byun J-Y, Shin Y-B, Kim D-M, et al. A colorimetric homogeneous immunoassay system for the C-reactive protein ［J］. Analyst, 2013, 138 (5): 1538-1543.

［186］ Nimse S B, Song K-S, Kim J, et al. 9G DNAChip technology: Self-assembled monolayer (SAM) of ssDNA for ultra-sensitive detection of biomarkers ［J］. International Journal of Molecular Sciences, 2013, 14 (3): 5723-5733.

［187］ Poon K W, Lyng F M, Knief P, et al. Quantitative reagent-free detection of fibrinogen levels in human blood plasma using Raman spectroscopy ［J］. Analyst, 2012, 137 (8):

1807-1814.

[188] Parachalil D R, Brankin B, McIntyre J, et al. Raman spectroscopic analysis of high molecular weight proteins in solution-Considerations for sample analysis and data pre-processing [J]. Analyst, 2018, 143 (24): 5987-5998.

[189] Hou T, Zhang Y, Wu T, et al. Label-free detection of fibrinogen based on the fibrinogen-enhanced peroxidase activity of a fibrinogen-hemin composite [J]. Analyst, 2018, 143 (3): 725-730.

[190] Rogowski J L, Verma M S, Chen P Z, et al. A "chemical nose" biosensor for detecting proteins in complex mixtures [J]. Analyst, 2016, 141 (19): 5627-5636.

[191] Jiang Z L, Sun S J, Liang A H, et al. A new immune resonance scattering spectral assay for trace fibrinogen with gold nanoparticle label [J]. Analytica Chimica Acta, 2006, 571 (2): 200-205.

[192] Sun F, Wu K, Hung H C, et al. Paper sensor coated with a poly (carboxybetaine) -multiple DOPA conjugate via dip-coating for biosensing in complex media [J]. Analytical Chemistry, 2017, 89 (20): 10999-11004.

[193] Yu Y, Zhang Q, Chang C C, et al. Design of a molecular imprinting biosensor with multi-scale roughness for detection across a broad spectrum of biomolecules [J]. Analyst, 2016, 141 (19): 5607-5617.

[194] Hiep H M, Saito M, Nakamura Y, et al. RNA aptamer-based optical nanostructured sensor for highly sensitive and label-free detection of antigen-antibody reactions [J]. Analytical and Bioanalytical Chemistry, 2010, 396 (7): 2575-2581.

[195] Endo T, Kerman K, Nagatani N, et al. Multiple label-free detection of antigen-antibody reaction using localized surface plasmon resonance-based core-shell structured nanoparticle layer nanochip [J]. Analytical Chemistry, 2006, 78 (18): 6465-6475.

[196] Wang Z H, Jin G. A label-free multisensing immunosensor based on imaging ellipsometry [J]. Analytical Chemistry, 2003, 75 (22): 6119-6123.

[197] Ojeda I, Garcinuño B, Moreno-Guzmán M, et al. Carbon nanohorns as a scaffold for the construction of disposable electrochemical immunosensing platforms. Application to the determination of fibrinogen in human plasma and urine [J]. Analytical Chemistry, 2014, 86 (15): 7749-7756.

[198] Bialkower M, Mcliesh H, Manderson C A, et al. Rapid paper diagnostic for plasma fibrinogen concentration [J]. Analyst, 2019, 144: 4848-4857.

[199] Muramatsu H, Tamiya E, Suzuki M, et al. Quartz-crystal gelation detector for the determination of fibrinogen concentration [J]. Analytica Chimica Acta, 1989, 217: 321-326.

[200] 董军, 国汉邦, 王抒, 等. 超速离心-高效液相色谱测定血清高密度和低密度脂蛋白胆固醇 [J]. 中华检验医学杂志, 2006, 29 (8): 742-746.

[201] Bairaktari E T, Seferiadis K I, Elisaf M S. Evaluation of methods for the measurement of low-density lipoprotein cholesterol [J]. Journal of Cardiovascular Pharmacology & Therapeutics, 2005, 10 (1): 45-54.

［202］Benlian P, Cansier C, Hennache G, et al. Comparison of a new method for the direct and simultaneous assessment of LDL-and HDL-cholesterol with ultracentrifugation and established methods ［J］. Clinical Biochemistry, 2000, 46 (4): 493-505.

［203］Friedewald W T, Levy R I, Fredrickson D S. Estimation of the concentration of low-density lipoprotein cholesterol in plasma, without use of the preparative ultracentrifuge ［J］. Clinical Chemistry, 1972, 18 (6): 499-502.

［204］Cobbaert C, Broodman I, Roel Swart G, et al. Performance of a direct, immunoseparation based LDL-cholesterol method compared to friedewald calculation and a polyvinyl sulphate precipitation method ［J］. Clinical Chemistry and Laboratory Medicine, 1995, 33 (7): 417-424.

［205］Sugiuchi H, Irie T, Uji Y, et al. Homogeneous assay for measuring low-density lipoprotein cholesterol in serum with triblock copolymer and α-cyclodextrin sulfate ［J］. Clinical Chemistry, 1998, 44 (3): 522-531.

［206］Griffiths W J, Crick P J, Wang Y. Methods for oxysterol analysis: Past, present and future ［J］. Biochemical Pharmacology, 2013, 86 (1): 3-14.

［207］Schroepfer Jr G J. Oxysterols: Modulators of cholesterol metabolism and other processes ［J］. Physiological Reviews, 2000, 80 (1): 361-554.

［208］Teng J I, Smith LL. High-performance liquid chromatographic analysis of human erythrocyte oxyterols as Δ4-3-ketone derivatives ［J］. Journal of Chromatography A, 1995, 619 (1-2): 247-254.

［209］Zhang Z, Li D, Blanchard D E, et al. Key regulatory oxysterols in liver: Analysis as Δ4-3-ketone derivatives by HPLC and response to physiological perturbations ［J］. Journal of Lipid Research, 2001, 42 (4): 649-658.

［210］Dzeletovic S, Breuer O, Lund E, et al. Determination of cholesterol oxidation products in human plasma by isotope dilution-mass spectrometry ［J］. Analytical Biochemistry, 1995, 225 (1): 73-80.

［211］Leoni V, Lutjohann D, Masterman T. Levels of 7-oxocholesterol in cerebrospinal fluid are more than one thousand times lower than reported in multiple sclerosis ［J］. Journal of Lipid Research, 2005, 46 (2): 191-195.

［212］Diestel A, Aktas O, Hackel D, et al. Activation of microglial poly (ADP-ribose) - polymerase-1 by cholesterol breakdown products during neuroinflammation: A link between demyelination and neuronal damage ［J］. The Journal of Experimental Medicine, 2003, 198 (11): 1729-1740.

［213］McDonald J G, Smith DD, Stiles A R, et al. A comprehensive method for extraction and quantitative analysis of sterols and secosteroids from human plasma ［J］. Journal of Lipid Research, 2012, 53 (7): 1399-1409.

［214］Honda A, Yamashita K, Hara T, et al. Highly sensitive quantification of key regulatory oxysterols in biological samples by LC-ESI-MS/MS ［J］. Journal of Lipid Research, 2009, 50 (2): 350-357.

［215］Jiang X, Ory D S, Han X. Characterization of oxysterols by electrospray ionization tandem mass spectrometry after one-step derivatization with dimethylglycine ［J］. Rapid

Communications in Mass Spectrometry, 2007, 21 (2): 141-152.

[216] Jiang X, Sidhu R, Porter F D, et al. A sensitive and specific LC-MS/MS method for rapid diagnosis of Niemann-Pick C1 disease from human plasma [J]. Journal of Lipid Research, 2011, 52 (7): 1435-1445.

[217] Karu K, Turton J, Wang Y, et al. Nano-liquid chromatography-tandem mass spectrometry analysis of oxysterols in brain: Monitoring of cholesterol autoxidation [J]. Chemistry and Physics of Lipids, 2011, 164 (6): 411-424.

[218] DeBarber A E, Sandlers Y, Pappu A S, et al. Profiling sterols in cerebrotendinous xanthomatosis: Utility of Girard derivatization and high resolution exact mass LC-ESI-MS^n analysis [J]. Journal of Chromatography B, 2011, 879 (17-18): 1384-1392.

[219] Wilcken D E L, Gupta V J. Cysteine-homocysteine mixed disulphide: Differing plasma concentrations in normal men and women [J]. Clinical Science, 1979, 57 (2): 211-215.

[220] Saetre R, Rabenstein D L. Determination of cysteine in plasma and urine and homocysteine in plasma by high-pressure liquid chromatography [J]. Analytical Biochemistry, 1978, 90 (2): 684-692.

[221] Kang S S, Wong P W, Cook H Y, et al. Protein-bound homocyst (e) ine. A possible risk factor for coronary artery disease [J]. The Journal of Clinical Investigation, 1986, 77 (5): 1482-1486.

[222] Refsum H, Helland S, Ueland P M. Radioenzymic determination of homocysteine in plasma and urine [J]. Clinical Chemistry, 1985, 31 (4): 624-628.

[223] Newton G L, Dorian R, Fahey R C. Analysis of biological thiols: Derivatization with monobromobimane and separation by reverse-phase high-performance liquid chromatography [J]. Analytical Biochemistry, 1981, 114 (2): 383-387.

[224] Takahashi H, Nara Y, Meguro H, et al. A sensitive fluorometric method for the determination of glutathione and some thiols in blood and mammalian tissues by high performance liquid chromatography [J]. Agricultural and Biological Chemistry, 2014, 43 (7): 1439-1445.

[225] Araki A, Sako Y. Determination of free and total homocysteine in human plasma by high-performance liquid chromatography with fluorescence detection [J]. Journal of Chromatography B, 1987, 422: 43-52.

[226] Pfeiffer C M, Twite D, Shih J, et al. Method comparison for total plasma homocysteine between the AbbottIMx analyzer and an HPLC assay with internal standardization [J]. Clinical Chemistry, 1999, 45 (1): 152-153.

[227] McCann S J, Gillingwater S, Keevil B G, et al. Measurement of total homocysteine in plasma and blood spots using liquid chromatography-tandem mass spectrometry: Comparison with the plasma Abbott IMx method [J]. Annals of Clinical Biochemistry, 2003, 40 (2): 161-165.

[228] Stabler S P, Marcell P D, Podell E R, et al. Quantitation of total homocysteine, total cysteine, and methionine in normal serum and urine using capillary gas chromatography-mass spectrometry [J]. Analytical Biochemistry, 1987, 162 (1): 185-196.

［229］李娜，刘喆，杨一兵，等. 哮喘儿童呼出气一氧化氮离线式测定方法的适用性研究［J］. 环境与健康杂志，2018，35（3）：246-250.

［230］Bazeghi N, Gerds T A, Budtz-Jorgensen E, et al. Exhaled nitric oxide measure using multiple flows in clinically relevant subgroups of COPD［J］. Respiratory Medicine, 2011, 105（9）：1338-1344.

［231］Kharitonov S A. Exhaled markers of inflammatory lung diseases: Ready for routine monitoring?［J］. Swiss Medical Weekly, 2004, 134（13-14）：175-192.

［232］Exhaled N O. ATS/ERS recommendations for standardized procedures for the online and offline measurement of exhaled lower respiratory nitric oxide and nasal nitric oxide, 2005［J］. American Journal of Respiratory and Critical Care Medicine, 2005, 171（8）：912-930.

［233］Dressel H, de la Motte D, Reichert J, et al. Exhaled nitric oxide: Independent effects of atopy, smoking, respiratory tract infection, gender and height［J］. Respiratory Medicine, 2008, 102（7）：962-969.

第四章
生物标志物在卷烟评估中的应用

与烟气有害成分释放量暴露评估方法相比，生物标志物法能更真实地反映吸烟者烟气暴露情况及个体代谢水平差异，可以促进对烟气暴露引发癌症机理的理解，对流行病学研究、吸烟潜在危险及对低危害卷烟的安全评价也都具有重要意义，因此烟气生物标志物在卷烟评估中的应用研究引起了人们的广泛重视。目前，生物标志物的应用主要包括：烟气有害成分暴露量评估、吸烟状态评估、二手烟暴露评估、低危害卷烟产品评估等。

第一节　烟气有害成分暴露量评估

烟气生物标志物最直接的应用是检测呼出气体、体液（包括血液、唾液、尿液）或头发中的烟气有害成分及其代谢物的浓度，评估吸烟者可能的暴露量，与非吸烟者进行比较，并考察相关影响因素，如每日吸烟支数等。许多生物标志物包括总 NNAL、1-羟基芘，4-氨基联苯的脱氧核糖核酸加合物、CO、巯基尿酸类代谢物等都用于研究吸烟者、非吸烟者对卷烟烟气有害成分暴露情况，研究结果均表明吸烟会增加有害物质暴露量，吸烟者的生物标志物的含量高于非吸烟者。

血液中的可替宁浓度能较为准确反映烟碱摄入量。烟碱摄入量和血液中可替宁浓度之间的关系（稳态感受条件），可表达如下：

$$Dnic \times f = CL_{COT} \times C_{COT} \tag{4-1}$$

式中　Dnic——每日烟碱摄入量（剂量）；

　　　　f——烟碱转化成可替宁的量；

　　CL_{COT}——可替宁的清除速度；

　　C_{COT}——血液中可替宁的浓度。

$$Dnic(mg/24h) = (CL_{COT} \div f) \times C_{COT} = K \times C_{COT}(ng/mL) \tag{4-2}$$

式中　K——血液中可替宁浓度与每日烟碱摄入量转化关系的常数。

K 的平均值为 0.08（范围：0.05～1.1，CV = 21.9%）。这样，血液中 300ng/mL 可替宁浓度相当于平均每天吸入 24mg 的烟碱[1]。在许多吸烟者和非吸烟者的大型流行病学研究中，血液中可替宁的浓度范围为 100～350ng/mL[2-4]，含量和每天抽吸卷烟支数呈正相关[5]。

一些大型流行病学研究，如美国国家卫生局营养检查调查表明吸烟者尿液中总 NNAL 的浓度为 1～2pmol/mL[6-9]，存在环境暴露的非吸烟者的尿液中的浓度为吸烟者的 1%～5%，无暴露的非吸烟者则检测不到总 NNAL[10-12]。

吸烟者 CO 生物标志物显著高于非吸烟者，与吸烟支数正相关[13]，一项美国吸烟者（$n = 3585$）和非吸烟者的横断面研究（$n = 1077$）表明，吸烟者 CO 血红蛋白加合物浓度为非吸烟者的 3.6 倍[14]。

在血液中测得的挥发性有机化合物中，2,5-二甲基呋喃在敏感性和特异性方面与血清可替宁相当，而苯、甲苯、乙苯、二甲苯和苯乙烯与每日吸烟支数存在剂量–反应关系[15-17]；挥发性有机化合物如丙烯醛、巴豆醛、1,3-丁二烯、苯、丙烯腈、丙烯酰胺等的暴露常采用尿液中的巯基尿酸类生物标志物物进行评估，与非吸烟者相比，吸烟者尿液中许多化合物的含量显著增加[18]。研究表明，吸烟者尿液中 3-HPMA 的浓度为非吸烟者的 4 倍[19]。

一些可以与 N-末端缬氨酸反应的加合物含量还可以用于估计吸烟者的体内致癌剂量[20]，如环氧乙烷、丙烯腈和丙烯酰胺的加合物等[21]。

Joseph 等[22] 研究了吸烟者每天抽吸卷烟数量和尿样中四种生物标志物（总 NNAL、CO、总可替宁、1-羟基芘）含量之间的关系（图 4-1），结果表明：随着每天抽吸卷烟数量的增加，总 NNAL、CO、总可替宁含量逐渐增加，而 1-羟基芘含量变化并不明显，相比于自我报告吸烟支数的统计结果，生物标志物可以更准确地反映吸烟者的烟气暴露情况。

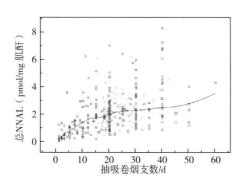

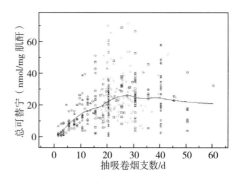

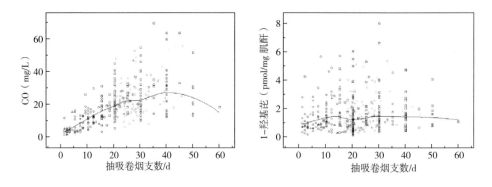

图 4-1　吸烟者抽吸卷烟支数和生物标志物含量相关性[22]

第二节　吸烟状态评估

准确评估吸烟状况对于记录烟草流行程度、估计人口风险和吸烟引起的疾病风险以及评估全球烟草控制计划的进展至关重要。标准化问卷是评估吸烟状态最常用工具。然而，自我报告的吸烟状况由于存在受试者回忆、准确度的偏差，并受主观意愿的影响，并不总是代表受试者的真实吸烟状况。基于这些原因，烟草暴露生物标志物已用于流行病学研究，以验证所报告的吸烟状况的准确性。当生物标志物浓度超过某一数值时，认定该个体为吸烟者。在进行判定时，有两个重要的参数，即敏感性和特异性。敏感性为通过生物标志物临界值将自述吸烟者判定为吸烟的比例；特异性为通过生物标志物临界值将自述非吸烟者判定为非吸烟的比例。

可替宁、总 NNAL、呼出 CO、硫氰酸盐（SCN）等被用于吸烟状态的评估。可替宁作为烟碱的主要代谢产物，在不同生物样品如唾液、血清、尿液中均可检测到，因为其特异性最强，在吸烟状态评估中的应用最为广泛。总 NNAL 特异性强，在吸烟状态评估时一般具有较好的敏感性和特异性，但因为该生物标志物含量较低，分析测定时存在较大困难；呼出 CO 可作为吸烟时 CO 暴露生物标志物，测定方法简单而且相对便宜。CO 在区分重度吸烟者方面有一定的特异性，但由于吸烟产生 CO 的量较低，与环境中 CO 的量级接近，在检测轻度吸烟方面没有优势，且不能用于不产生 CO 的烟草制品（如无烟气烟草制品、加热卷烟、电子烟）的判断；SCN 可在血浆、唾液和尿液中进行检测，可采用相对简单和廉价的分光光度计进行测定，该化合物对区分重度吸烟者方面有一定的特异性，但由于存在饮食来源，在检测轻度吸烟方面没有优势。

一、可替宁

唾液中可替宁用于区分吸烟者非吸烟者的临界值从 10ng/mL 到 44ng/mL 不等。Etzel[23] 在回顾了 22 项研究的结果后，提出 10ng/mL 的临界值用于区分吸烟和不吸烟者，该值为通过比较唾液中可替宁的分布与吸烟状态的关系确定：被动吸烟者低于 5ng/mL；重度被动吸烟者的数值为 10ng/mL 或稍高；不经常吸烟的人为 10～100ng/mL；经常活动吸烟者的水平为 100ng/mL 或更高。Jarvis 等[24] 使用受试者工作特征曲线（ROC）提出区分吸烟和不吸烟者唾液中可替宁的临界值为 12ng/mL，该值在对 1996—2004 年英格兰健康调查中 16 岁及以上的参与者进行分析时，敏感性为 96.7%，特异性为 96.9%。Pierce 等[25] 报告对 975 名年龄在 14 岁及以上的澳大利亚研究人群的临界值为 44ng/mL，该值的敏感性为 92.6%，特异性为 93.4%。

文献报道的用于区分吸烟者和非吸烟者的血清中可替宁的临界值为 3.0～20ng/mL。Pirkle 等[26] 选择 15ng/mL 作为血清可替宁的临界值，因为它代表了第三次美国国家健康和营养检查调查（NHANES Ⅲ，1988—1991 年）（n=10270，4 岁及以上）中吸烟者和非吸烟者中血清可替宁含量分离点。该研究未提及敏感性和特异性。Caraballo 等[27] 采用 15ng/mL 的临界点，对美国 NHANES Ⅲ（1988—1991 年）数据以及扩展数据（1988—1994 年）和美国 17 岁以上成年人数据（n=15357）进行验证，发现该值的敏感性和特异性分别为 89.5% 和 98.5%。Caraballo 等[28] 利用 NHANES Ⅲ 数据中的青少年数据（n=2107），采用 ROC 曲线，得出 11.4ng/mL 的临界值，敏感性和特异性分别为 73.2% 和 98.4%。Benowitz 等[29] 依据 NHANES（1999—2004 年）数据，采用 ROC 分析，提出成年人和青少年吸烟者和非吸烟者血清中可替宁的临界值为 3.08ng/mL 和 2.99ng/mL。

文献报道的用于区分吸烟者和非吸烟者的尿液中可替宁的临界值为 31.5～550ng/mL。Pickett 等[30] 使用 ROC 曲线，通过美国东波士顿社区健康诊所 998 例孕妇资料分析，提出了 200ng/mL 的临界值。Zielinska-Danch 等[31] 在波兰开展的一项 327 名参与者的研究中，选择了自报吸烟者和非吸烟者尿液可替宁双峰分布的分离点临界值 550ng/mL 作为吸烟者和非吸烟者的临界值。Kim 等[32] 使用韩国国家健康和营养检查调查数据库（2008—2010 年，$n=11629$）获得了吸烟者和非吸烟者尿可替宁的最佳临界值（164ng/mL），该值的敏感性为 93.2%，特异性为 95.7%。

Wall 等[33] 研究了非吸烟者、主动吸烟者和被动吸烟者尿样、唾液以及血液中可替宁的含量，发现三种体液中的可替宁都可以用来区分主动吸烟者、非吸烟者和被动吸烟者，但血液和唾液中的可替宁不能用于区分非吸烟者和被动吸烟者，被动吸烟者尿样中可替宁的平均含量高于非吸烟者，但存在少量重叠现象。

二、总 NNAL

Goniewicz 等[34] 提出尿液中总 NNAL 浓度为 47.3pg/mL 可作为区分吸烟者和被动吸烟者的临界值，敏感性和特异性分别为 87.4% 和 93.4%。

Agaku 等[35] 提出区分成年吸烟者和无烟气烟草制品使用者的尿液中总 NNAL 的临界值为 34.0pg/mL，敏感性和特异性分别为 95.2% 和 93.4%。

Jain 等[36] 采用美国健康与营养检查调查数据，对尿液中总 NNAL 浓度的临界点进行估计，以区分不同类别吸烟状态的参与者。13.4pg/mL 可作为区分吸烟者与非吸烟者的临界值，特异性和敏感性为 92%；区分无烟气烟草制品和非吸烟者的临界值为 25.6pg/mL，特异性和敏感性为 95.3%；区分无烟气烟草制品和吸烟者的临界值为 414.0pg/mL，特异性和敏感性为 70%；区分吸烟者和环境烟气暴露的非吸烟者的临界值为 35.9pg/mL，特异性和敏感性为 85.9%；区分无环境烟气暴露量的非吸烟者和环境烟气暴露的非吸烟者的临界值为 1.4pg/mL，特异性和敏感性为 70%。

三、呼出 CO

Emery 等[37] 的研究结果表明，呼出 CO 的值为 2mg/L 和 3mg/L，可作为确认黑人和白人妇女整个产后一年的吸烟状况。

Benowitz 等[38] 发现呼出 CO 的半衰期随活动量存在差异，从积极锻炼（如慢跑）的 2h 到睡眠中的 8h 不等，平均 4h。最初，在戒烟研究中，验证自我报告戒烟的 CO 临界点为 8~10mg/L，且 CO<10mg/L 已应用于临床实验中验证过去 7 天内自我报告已戒烟。然而，随着前些年吸烟率和环境烟气暴露的下降，现在许多研究表明，CO<6mg/L 可能是检验自我报告戒烟至少 1 周的最佳临界点，这个值现在正被用于临床试验[39]。

四、硫氰酸盐

由于氰化物来源广泛，吸烟者和不吸烟者的硫氰酸盐浓度有很大的重叠，因此该化合物在区分吸烟状态时，大部分研究的敏感性和特异性一般。

文献报道的血清中硫氰酸盐区分吸烟和非吸烟的临界值为 66～83μmol/L[40-42]，敏感性和特异性在 85% 和 90%。唾液中的临界值为 800～1600μmol/L[42,43]，敏感性和特异性约为 80% 和 70%。

Buratti 等[44] 对 99 位健康男性尿样中的硫氰酸盐进行了分析，发现吸烟者尿样中硫氰酸盐含量的平均值高于非吸烟者，且吸烟者抽吸卷烟支数越多，硫氰酸盐的含量越高，他把尿样中 38μmol/L 硫氰酸盐/肌苷酸作为临界值区分吸烟者和非吸烟者，吸烟者判定的准确率为 96%，非吸烟者判定的准确率为 93%。Waage 等[45] 根据 145 名男性血液中的硫氰酸盐、可替宁以及呼出气体中的 CO 的分析结果，建立了区分吸烟者和非吸烟者的实验方法，结果表明受试者呼出的 CO 含量分析足以用于划分吸烟者和非吸烟者，但对于那些正在戒烟的吸烟者会存在错误判断，将可替宁和 SCN 的分析结果考虑在内，就可消除这种错误划分情况。

值得注意的是，随着对吸烟与健康问题的关注，公众的吸烟率在逐步下降，烟草公司也在通过各种技术手段积极研发低释放量的卷烟产品，用于区分吸烟者和非吸烟者区分的临界值很大可能性会随着时间推进和产品更新换代逐步降低。

第三节　低危害卷烟评估

在 WHO 及反吸烟运动日益增强的压力和影响下，减害成了国际烟草界研究的热点，各个烟草研究机构努力研制和开发低危害卷烟，评价这些产品危害性是否降低也是研究的重点，生物标志物在这方面也发挥了一定的作用。

20 世纪 80 年代以来，烟草公司普遍采用降低卷烟焦油释放量来降低烟气有害成分释放量和卷烟危害性。然而，随着低焦油卷烟产品的发展，公共卫生界的质疑和批判也日益激烈。由于吸烟者抽吸低焦油卷烟时存在补偿抽吸和深度抽吸行为，卫生部门并不认同吸烟者抽吸低焦油卷烟会降低有害成分暴露量和健康危害性的观点。事实上，根据文献调研，依据生物标志物方法对低焦油卷烟产品的暴露评估结果存在很大争议。在流行病学研究中，横断面研究和现场试验研究是描述流行病学和实验流行病学中应用最为广泛的方法。横断面研究是在某一特定时间对一定范围内的人群，以个人为单位收集和描述人群的特征以及疾病或健康状况。现场试验研究以人群为研究对象，以医院、社区、工厂、学校等现场为"实验室"的实验性研究，因为在研究中施加了人为的干预因素，也常称之为干预研究，这两种研究方法在低焦油卷烟暴露评定中已经发挥了重要作用。

综合文献调研结果，国际上采用生物标志物法开展的低焦油卷烟产品的暴露评价结果有两种截然不同的观点。

观点一：低焦油卷烟降低了吸烟者有害成分暴露量[46-52]。Mendes等[46] 招募了 4000 名吸烟者，根据他们平时习惯抽吸卷烟品牌的焦油量分为四组，T_1：≤2.9mg；T_2：3.0~6.9mg；T_3：7.0~12.9mg；T_4：≥13mg，对他们血液中 CO 血红蛋白加合物、4-氨基联苯血红蛋白加合物、血清中的可替宁、24h 尿液中的烟碱及其 5 种代谢物、总 NNAL、1-羟基芘、HPMA、DHBMA 和 MHBMA 进行了测定。结果表明，随抽吸卷烟焦油释放量的降低，吸烟者尿液中生物标志物的含量会随之降低，证实低焦油卷烟可降低吸烟者有害成分的暴露量。该研究小组还开展了吸烟者从高焦油转向低焦油卷烟的短期及长期实验研究[47]。短期实验研究中，抽吸 15mg 焦油卷烟的吸烟者被随机分为 3 组，分别继续抽吸 15mg 或改抽 11mg、6mg 的卷烟产品，持续 8 日，收集抽吸卷烟的滤嘴和 24h 尿液。长期实验持续 24 周，吸烟者继续按照以前的分组抽吸卷烟，每 4 周测试一次 24h 尿液和血液中的生物标志物。数据分析结果表明，短期实验中，从 15mg 转抽 11mg 的吸烟者烟碱暴露量降低 13%，CO 暴露量降低不明显，从 15mg 转抽 6mg 的吸烟者烟碱和 CO 暴露量分别降低 27% 和 13%；长期实验结果表明，吸烟者尽管存在抽吸支数和抽吸频率增加的现象，但烟碱、CO、总 NNAL、1-羟基芘、HPMA 等都具有降低趋势，此项研究结果证明低焦油卷烟确实可以降低吸烟者有害成分暴露量；英美烟草公司（BAT）采用滤嘴评估和生物标志物两种评价方法，对抽吸不同焦油量卷烟的吸烟者及转抽低焦油卷烟的吸烟者进行了研究[48-50]，数据分析表明两种暴露评价方法得到的结果具有一致性，低焦油卷烟产品确实降低了吸烟者有害成分的暴露量。

观点二：低焦油卷烟并不降低吸烟者有害成分暴露量[53-57]。美国癌症协会根据卷烟焦油释放量将吸烟者分为极低、低和中等焦油三组，进行了 6 年随访，结果表明，三组吸烟者死于肺癌的风险没有差别[53]。Hecht等[54] 招募了 175 名吸烟者，分为常规、低和超低焦油组，对吸烟者 24h 尿液中的 NNAL、1-羟基芘、总可替宁进行了分析，以肌酐校正，结果表明，三组之间并无显著差异。Bernert 等[55] 对抽吸不同焦油量的 150 名吸烟者尿液中的总 NNAL 和 4-氨基联苯血红蛋白加合物进行分析，结果无显著差异。该研究小组还开展了吸烟者改抽低焦油卷烟的短期实验研究[56]，吸烟者在第一周和第三周抽吸自己习惯性品牌卷烟，第二周抽吸低焦油卷烟，研究结果表明，当改抽低焦油卷烟时，吸烟者抽吸支数增加，有害成分暴露量并未明显降低。Gan 等[57] 根据抽吸卷烟焦油量将上海 543 名吸烟者分为三组，尽管问卷调查表明，抽吸低焦油组吸烟者吸烟支数较少，但吸烟者尿液中可替宁、多环芳烃和焦油量并无相关性，低焦油组吸烟者尿液中总 NNAL 反而高于高焦油组，从而得出结论：吸烟者抽吸低焦油卷烟时，烟碱、烟草特有亚硝胺和多环芳烃等有害成分暴露量并不比抽常规焦油卷烟者低。

第四节　二手烟暴露评估

二手烟，又称环境烟草烟气，主要是由卷烟阴燃时产生的侧流烟气和吸烟者呼出主流烟气组成。长期流行病学研究已证实二手烟具有致癌风险。生物标志物在二手烟暴露评估中也发挥着一定作用。

可替宁作为烟碱生物标志物，常被用于二手烟的暴露评估。大部分研究表明，非吸烟者暴露于环境烟气后，体内可替宁的含量显著增加。相当于吸烟者体液中含量的百分之几。Thompson 等[58] 对 200 名在家或在办公室暴露于环境烟气的志愿者研究表明，尿液中可替宁的含量和环境烟气暴露量密切相关。尿液中本底可替宁含量为 5.6ng/mL，随环境暴露量的增加，可替宁含量显著增加。作者认为在环境中增加暴露时间 10h，尿液中可替宁含量增加了 44%。Riboli 等[59] 对 1300 名女性非吸烟者的研究表明，当无环境烟气暴露时，尿液中可替宁的含量最低为 2.7ng/mg 肌酐，存在环境烟气暴露时，尿液中可替宁的含量可达为 10.0mg/mg 肌酐。可替宁的含量与暴露浓度和暴露时间相关。该研究小组通过对可替宁含量的分析，认为家庭烟气暴露，采用配偶吸烟支数可较好进行评估，而职业暴露，采用暴露时间可较好地进行评估[60]。

由于亚硝胺只存在于烟草制品中，因此其加合物或代谢物经常作为烟草特有的暴露生物标志物。Anderson 等[61] 对 45 名非吸烟女性（23 名配偶吸烟，22 名配偶不吸烟）尿液中可替宁和总 NNAL 的含量进行了分析。研究结果表明，与无环境烟气暴露的女性相比，存在环境暴露的女性的可替宁和总 NNAL 的含量高 5~6 倍；Hecht 等[62] 的研究表明，受二手烟暴露的小学生的尿液中的总 NNAL 含量可达未受二手烟暴露的 90 倍。

其他有害成分如芳香胺、多环芳烃、挥发性有机化合物（苯，环氧乙烯）等来源广泛，并不只存在于卷烟烟气中。尽管这些化合物的生物标志物也曾用于环境烟气暴露评估，但一些生物标志物不同文献的研究结果存在矛盾，还有一些生物标志物的含量并未明显变化。

Hammond 等[63] 的研究表明：暴露于环境烟气的怀孕妇女体内的 4-氨基联苯血红蛋白加合物的含量升高。Maclure 等[64] 发现环境烟气暴露的人群体内 4-氨基联苯和 3-氨基联苯血红蛋白加合物的含量高于未暴露人群，与其他两篇研究的结果却完全不同，芳香胺加合物的含量水平随环境烟气暴露量的增加并未明显变化[65,66]。Richter 等[67] 的研究结果甚至发现邻甲苯胺和间甲苯胺加合物的含量显著下降。

1-羟基芘和羟基菲是芘和菲的尿液代谢物，常被用作多环芳烃的生物标志物。Scherer 等[68-69] 的研究表明，尿液中 1-羟基芘和羟基菲的含量并没有随环境烟气暴露而增加。其他因素如吸烟、职业暴露和饮食可能是尿液中这些化合物的主要来源。苯并［a］芘和其他多环芳烃的代谢物可产生血红蛋白和血清蛋白加合物，也经常作为多环芳烃暴露生物标志物。Crawford[70] 和 Tang[71] 等发现暴露于环境烟气中的儿童体内的多环芳烃血清蛋白加合物的含量明显升高，但 Nielsen[72] 和 Autrup[73] 的研究却未发现显著性差异。

8-羟基脱氧鸟苷是一种广泛应用的脱氧核糖核酸氧化损伤生物标志物。在 van Zeeland[74] 和 Daube[75] 等的研究中，存在环境烟气暴露个体的胎盘和白细胞中的 8-羟基脱氧鸟苷无明显增加。然而，在内华达州里诺市的一项职业暴露研究中[76]，存在环境烟气暴露的个体全血脱氧核糖核酸中 8-羟基脱氧鸟苷的平均水平比未暴露者高 63%，差异有显著性。Pignatelli 等[77] 研究表明暴露于环境烟气中的非吸烟者血浆中硝态蛋白水平显著低于无环境烟气暴露的非吸烟者，环境烟气对氧化蛋白水平无影响。

第五节　低危害卷烟评估案例详解

本节以 BAT 开展的研究为例[78]，对生物标志物在低危害卷烟评估中的应用进行了较详细的介绍。

一、研究目的

通过分析志愿者转抽低危害卷烟产品后体液中生物标志物的变化情况，了解吸烟者抽吸低危害卷烟产品有害成分暴露情况。

二、志愿者招募方法

通过网站和广告招聘，在德国汉堡附近招募健康成年（>21 岁）的吸烟者和非吸烟者。

三、吸烟者纳入标准

抽吸焦油释放量 6~7mg 或者 1~2mg 的吸烟者，每日抽烟 6~30 支，烟龄 3 年以上。抽吸习惯性卷烟品牌 6 个月以上（要求是市场上畅销的常规尺寸混合型卷烟，醋酸纤维素滤嘴），愿意遵从要求参加转抽实验。

四、非吸烟者纳入标准

不吸烟 5 年以上，尿液中可替宁浓度低于 10ng/mL。

五、排除标准

参与临床试验前的 90d 内身体异常或体检异常；过去 90d 内献血或失血 400mL；前 4 周内治疗急性病；使用卷烟外的其他烟草制品；任何药物或酒精滥用史；前 12 个月使用支气管扩张剂；前 14d 全身用药（激素避孕或激素替代疗法除外）；在烟草、新闻、公共部门工作或存在广告关系；女性怀孕期或哺乳期。

六、志愿者要求

所有志愿者均进行体检、进行心电图、临床、肺功能测试，询问病史、进行尿可替宁测试（非吸烟者），能够理解研究方案，签署书面知情同意书，愿意每次实验前，禁咖啡因 24h，禁酒精 72h。

七、实验卷烟产品信息

实验中使用的卷烟产品信息如表 4-1 所示，包括卷烟规格、通风率、有害成分释放量。由于部分有害成分释放量低于测试方法报道的检测限，表中列出的为加拿大深度抽吸条件下的有害成分释放量。五种产品中的两种作为对照, 一种焦油释放量为 6mg (CC6), 另一种焦油释放量为 1mg (CC1)。这些产品为德国销售的英美烟草公司卷烟产品, 与市场上畅销的其他产品在规格、烟液类型和滤嘴方面上一致。其他三种产品为低危害卷烟产品, 采用了两种技术降低有害成分释放量: (1) 烟叶薄片技术 (TSS), 通过降低燃烧烟叶量和稀释烟气降低有害成分释放量; (2) 烟叶混合处理技术 (BT), 通过减低烟叶中蛋白质和多酚, 降低芳香胺、HCN 和酚类化合物的释放量。为了降低烟气气相物中的有害成分, 在滤嘴中添加了两种吸附剂, 一种为活性炭, 一种为氨基功能化的树脂, 对羰基物和挥发酸有吸附性。借助这些技术的综合使用, 两种卷烟的国际标准化组织 (ISO) 抽吸条件下焦油释放量降低至 1mg。TSS1 卷烟使用了烟液薄片技术和活性炭、氨基功能化复合滤嘴; BT1 使用了烟叶处理技术和同 TSS1 相同的滤嘴技术, TSS6 卷烟焦油释放量为 6mg, 采用了烟叶薄片技术和活性炭滤嘴。

表 4-1 研究中使用卷烟和加热卷烟的产品参数及有害成分释放量[78]

	1mg 对照卷烟 (CC1)	1mg 薄片卷烟 (TSS1)	1mg 烟叶混合处理卷烟 (BT1)	6mg 对照卷烟 (CC6)	6mg 薄片卷烟 (TSS6)
烟叶组成	烟叶	80%烟叶/20%薄片	75.4%清洗、萃取、酶处理的烟叶/20.3%弗吉尼亚烟叶/4.5%香料烟	烟叶	80%烟叶/20%薄片
烟支长度/mm	57	54	57	57	57
质量/mg	570	572	654	605	622
卷烟纸	50CU	50CU	50CU	50CU	50CU
27mm 滤嘴类型	单段	三段	三段	单段	两段
滤嘴通风率/%	78	81	79	52	43
压降/MMWG	97	97	91	85	109
滤嘴近嘴端	27mm 醋酸纤维素	7mm 醋酸纤维素	7mm 醋酸纤维素	27mm 醋酸纤维素	15mm 醋酸纤维素
滤嘴中段	—	10mm 醋酸纤维素 (含 20mg 氨基功能化树脂)	10mm 醋酸纤维素 (含 20mg 氨基功能化树脂)	—	—
滤嘴近烟支端	—	10mm 醋酸纤维素 (含 60mg 多孔活性炭)	10mm 醋酸纤维素 (含 60mg 活性炭)	—	12mm 醋酸纤维素 (含 60mg 多孔炭)

续表

	1mg 对照卷烟（CC1）	1mg 薄片卷烟（TSS1）	1mg 烟叶混合处理卷烟（BT1）	6mg 对照卷烟（CC6）	6mg 薄片卷烟（TSS6）
目标焦油量/（ISO 抽吸条件）	1	1	1	6	6
烟碱/（mg/支）	1.3	1.2	1.5	1.6	1.4
烟草特有亚硝胺/（ng/支）	—	—	—	—	—
NAB/（定量限 0.1ng/支）	13.6	6.6	1.4	12.1	7.6
NAT/（定量限 0.1ng/支）	124.5	70.3	19.1	117.6	69.5
NNK/（定量限 0.1ng/支）	57.9	48.2	10.1	80.0	44.5
NNN/（定量限 0.1ng/支）	245.2	46.0	10.2	146.9	72.8
芳香胺/（定量限 ng/支）	—	—	—	—	—
2-氨基萘/（定量限 0.5ng/支）	13.1	11.5	7.4	14.6	14.8
3-氨基联苯/（定量限 0.1ng/支）	3.5	3.0	1.8	4.1	3.3
4-氨基联苯/（定量限 0.1ng/支）	2.8	2.5	1.2	3.1	2.7
邻甲苯胺/（定量限 2.3ng/支）	41.6	6.0	10.9	45.2	7.0
羰基物	—	—	—	—	—
丙烯醛/（定量限 1.0ng/支）	39.6	27.2	53.4	63.6	36.8
巴豆醛/（定量限 1.1ng/支）	41.6	6.0	10.9	45.2	7.0
碳氢化合物和多环芳烃	—	—	—	—	—
1,3-丁二烯/（定量限 7.0ng/支）	39.6	27.2	53.4	63.6	36.8

续表

	1mg 对照 卷烟 （CC1）	1mg 薄片 卷烟 （TSS1）	1mg 烟叶混合 处理卷烟 （BT1）	6mg 对照 卷烟 （CC6）	6mg 薄片 卷烟 （TSS6）
萘/（定量限 62.5ng/支）	2182.5	643.8	484.9	2952.3	565.6
芴/（定量限 62.5ng/支）	230.5	148.3	247.3	315.7	240.9
菲/（定量限 62.5ng/支）	524.4	191.4	541.5	739.8	589.7
芘/（定量限 9.4ng/支）	70.4	64.6	75.3	108.1	80.3

八、实验分组

抽吸 6~7mg 卷烟的志愿者分至 CC6 组（组 1）或 6mg 低危害卷烟 TSS6 组（组 2），抽吸 1~2mg 卷烟的志愿者分至 CC1 组（组 3）或低危害 TSS1 组（组 4）或低危害卷烟 BT1 组（组 5）。志愿者在分组过程中没有任何异议。

九、实验方案

实验方案如图 4-2 所示。第 1d，7d，21d 和 35d，吸烟者自由前往实验点领取发放的卷烟样品。每次志愿者发放的卷烟数量比平时自我报告抽吸的卷烟数量多两盒。所有的产品为白盒包装，标注有产品编号，除警示语外无其他标记。实验过程中，志愿者需完成日常问卷，收集抽吸卷烟的滤嘴以及退回未抽吸的卷烟。受试者尽管被要求在研究期间只抽供应的卷烟产品，但仍采用了"诚实"政策，使他们能够记录任何使用其他卷烟的情况。实验过程

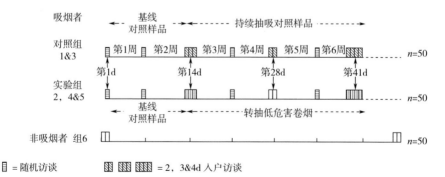

图 4-2　实验设计方案[78]

中，没有限制参与者的抽吸烟支数量。第1d，志愿者被要求禁止使用煎烤油炸食品，并记录下饮食情况。第1~14d，所有志愿者按照分组情况分发CC6或CC1卷烟。第12d，参与者进入实验点进行第一次封闭实验，发放实验卷烟，收集滤嘴，记录抽烟情况。第14d晚上第1组继续抽吸CC6，第2组从CC6转抽TSS6，第3组继续抽吸CC1，第4组从CC1转抽TSS1，第5组从CC1转抽BT1。第15d晚上，所有志愿者离开实验点，直至下次封闭实验第21d，随后的封闭实验期为26~28d和38~42d。非吸烟者完成了两个阶段的临床禁闭期（第5~6d和第54~56d）。

为尽可能减少饮食对所有受试者生物标志物含量的影响，受试者每次实验前，禁咖啡因24h，禁酒精72h，接受标准化饮食（不包括烧烤、烟熏、油炸和烧烤食物）。

在实验封闭期内，收集受试者的24h尿样进行21种暴露生物标志物的分析，收集唾液用于可替宁的分析。对吸烟者而言，第14d的样品为基线，第28d为中间点，第41d为最终样品。非吸烟者第56d的样品为对照样品。同时收集吸烟者封闭期24h内的滤嘴，通过滤嘴分析评估口腔暴露量。第14d，15d，28d和42d的时候，吸烟者需要完成对样品认知的问卷调查，包括样品的接受度、刺激性等。

十、数据分析

样本量根据低危害卷烟产品与对照卷烟烟气有害成分释放量降低率进行估算。比较中间值、最终值和数据采用方差分析或非参检验。显著性水平为0.05，小于该值存在显著性差异，否则无显著性差异。

十一、研究结果

招募了301名志愿者，100名抽吸6~7mg卷烟，151名抽吸1~2mg卷烟，50名非吸烟者。志愿者信息如表4-2所示。285名志愿者完成了研究（95%），16人未完成研究，8人由于个人原因，4人违反预定，2人怀孕，1人未按照实验要求，还有8人不符合数据要求未进行统计分析。因此，最终277名完成实验。

志愿者个人信息如表4-2所示。2组6mg组平均年龄均为38岁，1mg的两组的平均年龄为39岁、43岁、46岁，标准偏差基本一致。

各组别生物标志物变化情况如表4-3、表4-4和图4-3所示。

表4-2　　　　　　　　　　　　　志愿者个人信息[78]

	组1（CC6 n=50）	组2（TSS6 n=50）	组3（CC1 n=51）	组4（TSS1 n=50）	组5（BT1 n=50）	组6（非吸烟者 n=50）
招募	50	50	50	50	50	50
完成	49	49	45	47	47	48
符合条件人数	46	49	42	45	47	48
性别	—	—	—	—	—	—
男性	23（50%）	23（47%）	20（48%）	24（53%）	23（49%）	24（50%）
女性	23（50%）	26（53%）	22（52%）	21（47%）	26（51%）	24（50%）
年龄	—	—	—	—	—	—
21~30	13（28%）	19（39%）	13（31%）	9（20%）	15（32%）	9（19%）
31~60	30（65%）	27（55%）	25（60%）	31（69%）	28（60%）	26（54%）
>60	3（7%）	3（6%）	4（9%）	5（11%）	4（8%）	13（27%）
平均值	38±10	38±13	39±13	46±12	43±12	47±16
种族	—	—	—	—	—	—
白色人种	44	48	42	45	47	47
非白色人种	2	1	0	0	0	1

组1：3-羟基菲和4-羟基菲降低，DHBMA未明显变化，其他的生物标志物含量最终值与基线相比均有所增加，NNN、3-氨基联苯、2-羟基菲外的化合物均为显著增加。

组2：与基线相比，除总烟碱代谢物和4-氨基联苯外，其他化合物含量均下降，且除4-氨基联苯、1-羟基芘、2-羟基菲、3-羟基菲、4-羟基菲外均为显著下降。烟碱总代谢物显著增加，每日抽吸支数无显著增加。挥发性有机化合物暴露下降最多，巴豆醛、丙烯醛和1-3丁二烯暴露量分别下降75%、45%和63%。亚硝胺暴露量下降率为10%~26%。

组3：大部分的生物标志物在基线和第41d值基本一致。丙烯醛生物标志物3-HPMA和萘的生物标志物2-氨基萘由显著增加。

组4：9种生物标志物增加，8种生物标志物下降。丙烯醛、巴豆醛、1,3-丁二烯这些挥发性有机化合物的生物标志物含量下降最多，分别为58%、40%和46%。烟碱、NNK、4-氨基联苯、3-氨基联苯、1-氨基萘和2-氨基萘

表4-3 抽吸6mg卷烟对照组和抽吸6mg低危害卷烟组生物标志物对比

烟气成分	生物标志物	组1（CC6）			组2（TSS6）			P值（组2）第14d	P值（组1）第41d
		第14d	第41d	变化率/%	第14d	第41d	变化率/%		
烟碱	烟碱总代谢物/（mg/24h）	12.0±5.9 （0.2~23.6） P=0.0047	13.6±6.6 （0.4~29.0）	13	11.7±7.0 （2.1~30.6） P=0.0253	12.9±8.9 （1.4~38.6）	10	0.8344	0.6429
NNK	NNAL/（ng/24h）	287±164 （13~678） P<0.0001	377±196 （2~981）	31	315±184 （64~652） P=0.0200	282±175 （37~667）	−10	0.442	0.0098
NNN	NNN/（ng/24h）	13.9±11.4 （0.4~55.7） P=0.6108	14.6±10.7 （0.4~63.8）	5	14.8±8.8 （0.4~33.4） P=0.0174	11.5±7.6 （0.3~46.0）	−22	0.8044	0.3714
NAB	NAB/（ng/24h）	29.8±19.8 （0.6~84.2） P<0.0001	39.0±24.7 （0.6~110）	31	35.3±27.5 （0.6~105.5） P<0.0001	26.2±20.4 （0.5~99）	−26	0.2205	0.005
NAT	NAT	160±116 （2.4~448） P<0.0001	214±137 （2.6~611）	34	187±144 （0.4~527） P<0.0001	143±109 （0.3~495）	−24	0.2813	0.0044
4-氨基联苯	4-氨基联苯/（ng/24h）	13.9±7.1 （3.1~33.0） P=0.0202	15.4±8.1 （3.6~48.8）	11	15.7±8.8 （3.6~39.6） P=0.1287	14.7±9.0 （1.9~45.0）	−6	0.281	0.6681

续表

烟气成分	生物标志物	组1 (CC6)			组2 (TSS6)			P值 (组2)	P值 (组1)
		第14d	第41d	变化率/%	第14d	第41d	变化率/%	第14d	第41d
3-氨基联苯	3-氨基联苯/(ng/24h)	6.6±3.7 (0.3~15.5) $P=0.2511$	6.9±4.9 (0.8~27.3)	5	6.8±4.1 (1.0~16.6) $P=0.0086$	6.1±3.5 (0.7~14.6)	−10	0.7408	0.1997
邻甲苯胺	邻甲苯胺/(ng/24h)	149±62.3 (40~277) $P=0.0204$	163±64.2 (43.0~315.4)	9	143±61.6 (52~291) $P=0.0371$	131±56.5 (48.3~244.1)	−8	0.6352	0.0138
巴豆醛	HMPMA/(μg/24h)	1046±532 (217~2293) $P<0.0001$	1429±636 (362~3186)	37	1215±725 (226~3867) $P<0.0001$	308±150 (101~698)	−75	0.1276	<0.0001
2-氨基萘	2-氨基萘/(ng/24h)	21.6±10.9 (1.3~45.1) $P<0.0001$	26.1±13.9 (1.5~82.6)	21	23.7±14.9 (5.1~72.3) $P=0.0136$	21.1±14.3 (3.0~56.1)	−11	0.4526	0.0705
芴	2-羟基芴/(ng/24h)	2562±1179 (529~4959) $P=0.0057$	2852±1333 (723~6952)	11	2587±1395 (665~6943) $P=0.2130$	2232±1350 (449~6206)	−14	0.9269	0.0205
芘	1-羟基芘/(ng/24h)	254±101 (71~511) $P=0.011$	287±125 (110~756)	13	283±157 (57~634) $P=0.0005$	267±19 (61~881)	−6	0.3134	0.486

续表

烟气成分	生物标志物	组1 (CC6)			组2 (TSS6)			P值(组2)	P值(组1)
		第14d	第41d	变化率/%	第14d	第41d	变化率/%	第14d	第41d
萘	1-羟基萘/(ng/24h)	6569±3156 (375~13332) P=0.0004	7772±3645 (434~17951)	18	7103±4526 (1379~20983) P=0.0015	6065±4134 (817~20318)	−15	0.5019	0.0327
萘	2-羟基萘/(ng/24h)	13540±6417 (2471~35849) P=0.0009	15695±6423 (3536~33809)	16	13904±7607 (3969~35525) P=0.0111	12323±7421 (2577~33485)	−11	0.796	0.0173
丙烯醛	3-HPMA/(μg/24h)	1342±743 (18.9~2903.6) P=0.0001	1803±882 (338~4241)	34	1365±874 (272~3782) P=0.0001	751±486 (226~2388)	−45	0.884	<0.0001
1,3-丁二烯	MHBMA/(ng/24h)	4501±3614 (376~18739) P=0.0031	5385±4568 (302~23820)	20	4028±3961 (94~17490) P=0.0001	1487±1729 (78~8456)	−63	0.5112	<0.0001
1,3-丁二烯	DHBMA/(ng/24h)	484±156 (205~846) P=0.9852	484±138 (240~832)	0	440±158 (150~811) P=0.0305	407±132 (193~736)	−8	0.1374	0.0091
菲	2-羟基菲/(ng/24h)	119±47 (30~224) P=0.1484	124±50 (43~255)	4	123±46 (38~267) P=0.2463	108±47 (31~263)	−4	0.5425	0.0558

续表

烟气成分	生物标志物	组1 (CC6)			组2 (TSS6)			P值 (组2)	P值 (组1)
		第14d	第41d	变化率/%	第14d	第41d	变化率/%	第14d	第41d
菲	3-羟基菲/ (ng/24h)	240±92 (79~441) $P=0.1094$	226±83 (86~438)	-6	217±87 (72~459) $P=0.2263$	207±93 (44~457)	-5	0.1211	0.2016
菲	4-羟基菲/ (ng/24h)	183±155 (27~684) $P=0.0001$	74±30 (17~174)	-60	55±26 (17~123) $P=0.2894$	68±31 (15~157)	-24	<0.0001	0.7025
菲	1+9-羟基菲/ (ng/24h)	570±226 (166~1025) $P=0.0373$	625±259 (235~1269)	10	578±253 (203~1256) $P=0.2894$	526±251 (178~1411)	-9	0.881	0.0489

表4-4　抽吸1mg卷烟对照组和低危害卷烟TSS1组或烟叶混合处理卷烟BT1组生物标志物对比

烟气成分	生物标志物	组3 (CC1) 第14d	第41d	变化率	组4 (TSS1) 第14d	第41d	变化率	组5 (BT1) 第14d	第41d	变化率	P值(组4)/P值(组3) 第14d	第41d	P值(组5)/P值(组3) 第14d	第41d
烟碱	烟碱总代谢物/(mg/24 h)	8.9±4.4 (1.9~22.1) $P=0.0706$	9.6±4.7 (1.6~19.8)	+8	7.3±4.6 (0.7~20.5) $P<0.0001$	9.8±5.2 (0.6~20.8)	+34	8.0±4.5 (1.0~17.9) $P<0.0001$	9.8±6.2 (1.0~26.1)	+23	0.1622	0.9117	0.4448	0.8636
NNK	NNAL/(ng/24h)	280±130 (91~608) $P=0.0867$	305±156 (89~658)	+9	207±131 (18~535) $P<0.0001$	271±168 (64~751)	+31	238±131 (45~673) $P<0.0001$	128±65 (2~284)	−46	0.012	0.2353	0.142	<0.0001
NNN	NNN/(ng/24h)	15.1±10.8 (0.9~52.6) $P=0.1040$	17.6±13.4 (1.3~65.4)	+17	12.2±9.0 (0.4~43.9) $P=0.1051$	8.3±7.4 (0.6~37.3)	−32	15.8±17.7 (1.3~116) $P<0.0001$	2.2±3.2 (0.4~20.2)	−86	0.2193	<0.0001	0.7324	<0.0001
NAB	NAB/(ng/24h)	29.4±18.7 (3.4~103) $P=0.0011$	35.6±22.9 (4.7~103)	+21	23.5±16.2 (0.5~56.9) $P=0.0004$	20.5±14.4 (1.1~60.1)	−13	30.1±21.1 (1.8~97.4) $P<0.0001$	5.9±4.2 (1.0~18.4)	−80	0.1025	<0.0001	0.8514	<0.0001
NAT	NAT/(ng/24h)	180±118 (14~575) $P=0.0006$	224±150 (26~600)	+24	144±112 (1~491) $P=0.0004$	99±74 (1~305)	−31	186±139 (1~645) $P<0.0001$	28.5±23.1 (1~104)	−85	0.1252	<0.0001	0.8061	<0.0001
4-氨基联苯	4-氨基联苯/(ng/24h)	12.2±5.3 (3.3~21.1) $P=0.0891$	13.1±5.4 (3.3~24.3)	+7	10.1±4.7 (2.2~23.2) $P<0.0001$	12.6±6.2 (2.1~26.9)	+25	11.1±5.9 (2.4~24.8) $P<0.0001$	6.9±3.4 (1.7~16.1)	−38	0.0701	0.6585	0.3135	<0.0001

续表

烟气成分	生物标志物	组3（CC1）第14d	组3（CC1）第41d	变化率	组4（TSS1）第14d	组4（TSS1）第41d	变化率	组5（BT1）第14d	组5（BT1）第41d	变化率	P值（组4）/P值（组3）第14d	P值（组4）/P值（组3）第41d	P值（组5）/P值（组3）第14d	P值（组5）/P值（组3）第41d
3-氨基联苯	3-氨基联苯/（ng/24h）	5.1±3.5（0.6~13.8）P=0.0230	5.7±3.6（0.7~14.2）	+12	4.2±2.8（0.2~12.3）P<0.0001	5.4±3.5（0.5~15.5）	+29	4.3±2.2（0.6~10.5）P<0.0001	2.7±1.4（0.5~6.3）	-37	0.1665	0.6388	0.2282	<0.0001
邻甲苯胺	邻甲苯胺/（ng/24h）	133±47（66~273）P=0.0152	146±55（62~282）	+10	122±44（34~242）P=0.0471	111±43（44~224）	-9	130±50（55~282）P=0.2749	124±49（51~258）	-5	0.1961	<0.0001	0.6927	0.0107
巴豆醛	HMPMA/（mg/24h）	889±521（216~2558）P=0.0845	980±528（235~2179）	+10	680±450（164~2356）P<0.0001	288±135（115~769）	-58	741±401（153~1657）P<0.0001	275±108（108~545）	-62	0.016	<0.0001	0.0828	<0.0001
2-氨基萘	2-氨基萘/（ng/24 h）	17.5±7.6（4.1~34.8）P<0.0001	21.0±10.1（5.5~41.9）	+20	15.0±8.2（1.7~36.0）P<0.0001	19.6±10.6（2.4~44.8）	+30	16.3±9.3（0.8~38.7）P=0.0011	13.8±7.7（2.3~34.7）	-15	0.2012	0.5057	0.5462	0.0003
苊	2-羟基芴/（ng/24h）	1968±1818（390~3838）P=0.0434	2132±986（583~4379）	+8	1627±1888（327~4197）P=0.1151	1751±924（223~3883）	+8	1794±891（465~4639）P<0.0001	2134±1136（443~4773）	+19	0.1025	0.0695	0.3991	0.9908
芘	1-羟基芘/（ng/24h）	246±160（49~829）P=0.8589	244±179（55~1122）	<1	175±77（33~372）P=0.2833	190±83（63~422）	+9	190±95（51~545）P=0.5871	197±109（40~575）	+4	0.0031	0.026	0.0168	0.0473

续表

烟气成分	生物标志物	组3（CC1）			组4（TSS1）			组5（BT1）			P值（组4）/P值（组3）		P值（组5）/P值（组3）	
		第14d	第41d	变化率	第14d	第41d	变化率	第14d	第41d	变化率	第14d	第41d	第14d	第41d
萘	1-羟基萘/（ng/24h）	5090±2657（1097~11986）P=0.2180	5443±2302（1189~10005）	+7	4201±2672（267~12370）P=0.9654	4213±3069（305~15623）	<1	4847±2955（354~12522）P=0.0010	5744±13558（902~16202）	+16	0.0703	0.0126	0.6152	0.5333
萘	2-羟基萘/（ng/24h）	9994±5002（2657~266308）P=0.0631	11067±6246（3186~36739）	+11	8377±4218（2003~18835）P=0.8032	8234±4551（2298~18966）	-2	9185±3866（2405~19287）P=0.0243	10415±4758（2658~23536）	+13	0.0549	0.0008	0.3278	0.4309
丙烯醛	3-HPMA/（pg/24 h）	1240±688（278~3219）P<0.0001	1508±742（467~3444）	+22	1016±597（157~2761）P<0.0001	619±279（48~1188）	-39	1137±651（285~2854）P<0.0001	596±301（211~1311）	-48	0.0662	<0.0001	0.3885	<0.0001
1,3-丁二烯	MHBMA/（ng/24h）	3707±2943（103~16005）P=0.0106	4336±3556（311~16214）	+17	3109±2789（147~11375）P<0.0001	1684±1773（67~7688）	-46	4146±3954（236~15869）P<0.0001	1882±1991（112~8827）	-55	0.3113	<0.0001	0.4532	<0.0001
	DHBMA/（ng/24h）	476±122（231~728）P=0.935	478±121（195~743）	<1	448±140（209~739）P=0.0229	413±109（197~689）	-8	463±112（185~710）P=0.0229	421±111（184~623）	-9	0.2586	0.0118	0.5971	0.0239
菲	2-羟基菲/（ng/24h）	128±127（40~723）P=0.6901	109±34（48~189）	-15	86±36（41~175）P=0.0029	124±150（34~996）	44	100±43（41~256）P=0.0214	111±46（47~244）	11	0.0205	0.4112	0.1116	0.9211

续表

烟气成分	生物标志物	组3（CC1）第14d	组3（CC1）第41d	变化率	组4（TSS1）第14d	组4（TSS1）第41d	变化率	组5（BT1）第14d	组5（BT1）第41d	变化率	P值（组4）/P值（组3）第14d	P值（组4）/P值（组3）第41d	P值（组5）/P值（组3）第14d	P值（组5）/P值（组3）第41d
菲	3-羟基菲/（ng/24h）	176±78 （56~434） $P=0.6901$	179±63 （73~374）	2	150±54 （53~289） $P=0.0029$	172±68 （63~332）	15	165±72 （56~351） $P=0.0214$	181±74 （83~337）	10	0.0684	0.6493	0.4178	0.8968
菲	4-羟基菲/（ng/24h）	59±24 （18~140） $P=0.4859$	54±18 （25~109）	-8	43±26 （7~124） $P=0.2493$	51±25 （16~132）	19	37±21 （9~91） $P=0.0001$	63±36 （20~167）	70	0.0463	0.7374	0.0052	0.2131
菲	1+9-羟基菲/（ng/24h）	418±135 （121~746） $P=0.4161$	450±158 （198~793）	8	347±161 （149~918） $P<0.0001$	524±463 （134~2852）	51	360±152 （120~730） $P=0.0367$	429±181 （133~911）	19	0.1928	0.1649	0.2197	0.7623

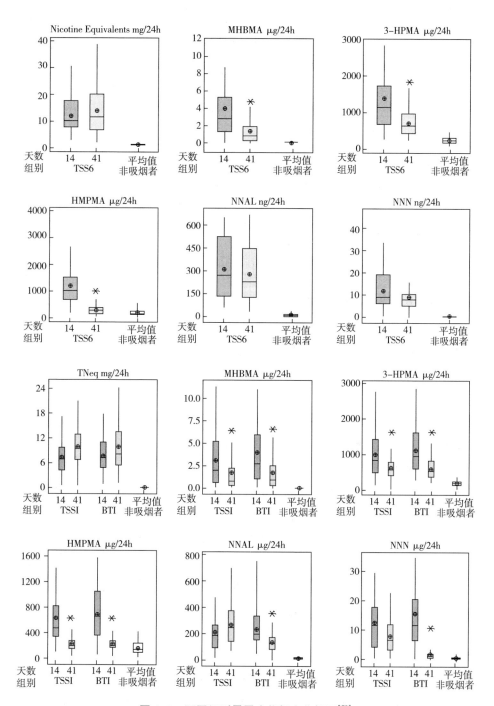

图 4-3 不同组别暴露生物标志物框图[78]

和一种菲的标志物含量显著增加。NNK 生物标志物 NNAL 含量显著增加，但 NNN、NAB 和 NAT 含量都减小，41d 时每日抽吸支数显著增加了 19%，也许可以解释总 NNAL 含量的增加。

组 5：11 种暴露生物标志物显著下降。亚硝胺下降率在 46%~86%，芳香胺最多下降 38%，巴豆醛下降 62%，丙烯醛下降 48%，1,3-丁二烯下降 55%。NNN、NAB 和 NAT 暴露量下降率和烟气释放量下降率一致，总 NNAL 下降率和这三种标志物不同，这可能是由于 NNAL 半衰期较长，而 NNN、NAB 和 NAT 半衰期较短。烟碱总代谢物显著增加 23%，这和 BT1 和 CC1 烟碱释放量结果一致。2-羟基芴和 1-羟基萘和菲的三种羟基化生物标志物显著增加。

非吸烟者尿液中可检测到烟碱总代谢物，其含量约为吸烟者的 0.3%，可能是受到环境烟气暴露造成的。非吸烟者 1,3-丁二烯暴露生物标志物 MHB-MA 的含量为 117ng/24h，第一组的含量水平为 4501ng/24h；非吸烟者 DHB-MA 的含量为 332ng/24h，第一组的含量水平为 484ng/24h。

对于第 2，4 和 5 组，没有任何一组最终标志物的含量水平达到非吸烟者组水平，但巴豆醛最终暴露量水平已接近非吸烟者组。

卷烟烟气有害成分释放量下降数据和生物标志物变化情况如表 4-5 和表 4-6 所示。

6mg 组：组 1 和组 2，CC6 和 TSS6，气相物的暴露生物标志物下降比例和有害成分释放量的降低率一致。如烟气中丙烯醛释放量下降 55%，对应的生物标志物 3-HPMA 下降 44%，1,3-丁二烯标志物的下降率高于烟气释放量降低率。粒相物的暴露生物标志物下降比例则低于有害成分释放量的降低率。如 NNN 有害成分释放量降低 50%，暴露生物标志物下降 28%。

1mg 组：与对照卷烟相比，TSS1 的有害成分释放量低于 CC1，但暴露生物标志物变化同释放量变化并不一致。如烟气 NNK 释放量下降，但从 CC1 转抽 TSS1，总 NNAL 增加。第 5 组，暴露生物标志物下降率和烟气有害成分释放量下降率一致。NNN、NAB 和 NAT 释放量下降率为 85%~96%，生物标志物下降率在 81%~87%。但 NNK 烟气释放量下降 83%，总 NNAL 平均下降 49%。

对所有的低危害卷烟而言，NNAL 和萘的生物标志物下降率和烟气释放量下降率不一致，而 NNN、NAB、NAT、丙烯醛、巴豆醛生物标志物含量显著下降，同烟气释放量下降一致。

表 4-5 6mg 常规卷烟和低危害卷烟组有害成分释放量和暴露生物标志物结果[78]

烟气成分	释放量			生物标志物	生物标志物含量（TSS1）		
	CC1 释放量	TSS1 释放量	变化率/%		14d	41d	变化率/%
烟碱/(mg/支)	1.6	1.4	-13	烟碱总代谢物/(mg/24h)	11.7	12.9	10
NNK/(ng/支)	80	44.5	-44	NNAL/(ng/24h)	315	282	-10
NNN/(ng/支)	146.9	72.8	-50	NNN/(ng/24h)	14.8	11.5	-22
NAB/(ng/支)	12.1	7.6	-37	NAB/(ng/24h)	35.3	26.2	-26
NAT/(ng/支)	117.6	69.5	-41	NAT/(ng/24h)	187	143	-24
4-氨基联苯/(ng/支)	3.1	2.7	-13	4-氨基联苯/(ng/24h)	15.7	14.7	-6
3-氨基联苯/(ng/支)	4.1	3.3	-20	3-氨基联苯/(ng/24h)	6.8	6.1	-10
邻甲苯胺/(ng/支)	88.1	76.2	-14	邻甲苯胺/(ng/24h)	143	131	-8
巴豆醛/(μg/支)	45.2	7	-85	HMPMA/(μg/24h)	1215	308	-75
2-氨基萘/(ng/支)	14.6	14.8	1	2-氨基萘/(ng/24h)	23.7	21.1	-11
芴/(ng/支)	315.7	240.9	-24	2-羟基芴/(ng/24h)	2587	2232	-14
芘/(ng/支)	108.1	80.3	-26	1-羟基芘/(ng/24h)	283	267	-6
萘/(ng/支)	2952.3	565.6	-81	1-羟基萘/(ng/24h)	7103	6065	-15
				2-羟基萘/(ng/24h)	13904	12323	-11

续表

烟气成分	释放量			生物标志物	生物标志物含量（TSS1）		
	CC1	TSS1	变化率/%		14d	41d	变化率/%
	释放量	释放量					
巴豆醛/（mg/支）	139.4	62.3	-55	3-HPMA/（μg/24h）	1365	751	-45
				MHBMA/（ng/24h）	4028	1487	-63
1, 3-丁二烯/（mg/支）	63.6	36.8	-42	DHBMA/（mg/24h）	440	407	-8
				2-羟基菲/（ng/24h）	113	108	-4
				3-羟基菲/（ng/24h）	217	207	-5
菲/（ng/支）	739.8	589.7	-20	4-羟基菲/（ng/24h）	55	68	24
				1+9-羟基菲/（ng/24h）	578	526	-9

表 4-6　1mg常规卷烟和低危害卷烟有害成分释放量和暴露生物标志物结果

烟气成分	释放量			生物标志物	生物标志物含量（TSS1）		
	CC1 释放量	TSS1 释放量	变化率/%		14d	41d	变化率/%
烟碱/(mg/支)	1.3	1.2	-8	烟碱总代谢物/(mg/24h)	7.3	9.8	34
NNK/(ng/支)	57.9	48.2	-17	NNAL/(ng/24h)	207	271	31
NNN/(ng/支)	245.2	76	-69	NNN/(ng/24h)	12.2	8.3	-32
NAB/(ng/支)	13.6	6.6	-51	NAB/(ng/24h)	23.5	20.5	-13
NAT/(ng/支)	124.5	70.3	-44	NAT/(ng/24h)	144	99.0	-31
4-氨基联苯/(ng/支)	2.8	2.5	-11	4-氨基联苯/(ng/24h)	10.1	12.6	25
3-氨基联苯/(ng/支)	3.5	3	-14	3-氨基联苯/(ng/24h)	4.2	5.4	29
邻甲苯胺/(ng/支)	68.1	60.1	-12	邻甲苯胺/(ng/24h)	122	111	-9
巴豆醛/(μg/支)	41.6	6	-86	HMPMA/(μg/24h)	680	288	-58
2-氨基萘/(ng/支)	13.1	11.5	-12	2-氨基萘/(ng/24h)	15.0	19.6	30
苊/(ng/支)	230.5	148.3	-36	2-羟基芴/(ng/24h)	1627	1751	8
芘/(ng/支)	70.4	64.6	-8	1-羟基芘/(ng/24h)	175	190	9
萘/(ng/支)	2182.5	643.8	-71	1-羟基萘/(ng/24h)	4201	4213	<1
				2-羟基萘/(ng/24h)	8377	8234	-2

续表

烟气成分	释放量			生物标志物	生物标志物含量（TSS1）		
	CC1 释放量	TSS1 释放量	变化率/%		14d	41d	变化率/%
丙烯醛/（μg/支）	130.5	52.5	-60	3-HPMA/（μg/24h）	1016	619	-39
1,3-丁二烯/（μg/支）	39.6	27.2	-31	MHBMA/（ng/24h）	3109	1684	-46
				DHBMA/（μg/24h）	448	413	-8
菲/（ng/支）	524.4	191.4	-64	2-羟基菲/（ng/24h）	86	124	44
				3-羟基菲/（ng/24h）	150	172	15
				4-羟基菲/（ng/24h）	43	51	19
				1+9-羟基菲/（ng/24h）	347	524	51

十二、研究结论

该研究是为了考察健康吸烟者从对照烟转抽低危害卷烟后，吸烟者有害成分暴露量变化情况。研究结果表明：（1）卷烟烟气中有害成分释放量的显著下降可以使吸烟者的暴露量降低，如丙烯醛、巴豆醛和1,3-丁二烯等。但吸烟行为（如每天抽吸支数等）对有害成分的暴露有显著影响。吸烟机测试的有害成分释放量的降低并不一定能引起暴露量的降低；（2）不同生物标志物之间存在差异，亚硝胺的四种生物标志物降低率不同，在今后的研究中尽可能设计更多的标志物；（3）本研究表明通过降低烟气有害成分释放量有可能降低吸烟者部分有害成分的暴露量，但暴露量的降低率和释放量的降低率并不一致。对低危害产品的研究将来应考虑其使用对健康的长期影响。

参考文献

［1］Benowitz N L, Jacob P. Metabolism of nicotine to cotinine studied by a dual stable isotope method［J］. Clinlical Pharmology Therapeutics, 1994, 56：483-493.

［2］Hukkanen J, Jacob P, Benowitz N L. Metabolism and disposition kinetics of nicotine［J］. Pharmacological Reviews, 2005, 57：79-115.

［3］Pirkle J L, Bernert J T, Caudill S P, et al. Trends in the exposure of nonsmokers in the U. S. population to secondhand smoke：1988-2002［J］. Environmental Health Perspectives, 2006, 114：853-858.

［4］Rostron B. NNAL exposure by race and menthol cigarette use among U. S. smokers［J］. Nicotine & Tobacco Research, 2013, 15：950-956.

［5］Yuan J M, Gao Y T, Murphy S E, et al. Urinary levels of cigarette smoke constituent metabolites are prospectively associated with lung cancer development in smokers［J］. CancerResearch, 2011, 71：6749-6757.

［6］Carmella S G, Ming X, Olvera N, et al. High throughput liquid and gas chromatography-tandem mass spectrometry assays for tobacco-specific nitrosamine and polycyclic aromatic hydrocarbon metabolites associated with lung cancer in smokers［J］. Chemical Research in Toxicology, 2013, 26：1209-1217.

［7］Roethig H J, Munjal S, Feng S, et al. Population estimates for biomarkers of exposure to cigarette smoke in adult US cigarette smokers［J］. Nicotine & Tobacco Research, 2009, 11（10）：1216-1225.

［8］Vogel R I, Carmella S G, Stepanov I, et al. The ratio of a urinary tobacco-specific lung carcinogen metabolite to cotinine is significantly higher in passive than in active smokers［J］.

Biomarkers，2011，16：491-497.

[9] Xia Y，Bernert J T，Jain R B，et al. Tobacco - specific nitrosamine 4 - (methylnitrosamino)-1-(3-pyridyl)-1-butanol (NNAL) in smokers in the United States：NHANES 2007-2008 [J]. Biomarkers，2011，16：112-119.

[10] Hecht SS，Carmella S G，Chen M，et al. Quantitation of urinary metabolites of a tobacco-specific lung carcinogen after smoking cessation [J]. Cancer Research，1999，59：590-596.

[11] Goniewicz M L，Havel C M，Peng M W，et al. Elimination kinetics of the tobacco-specific biomarker and lung carcinogen 4-(methylnitrosamino)-1-(3-pyridyl)-1-butanol [J]. Cancer Epidemiology，Biomarkers and Prevention，2009，18：3421-3425.

[12] Goniewicz M L，Havel C M，Peng M W，et al. Elimination kinetics of the tobacco-specific biomarker and lung carcinogen 4-(methylnitrosamino)-1-(3-pyridyl)-1-butanol [J]. Cancer Epidemiology，Biomarkers and Prevention，2009，18：3421-3425.

[13] Hatsukami D K，Le C T，Zhang Y，et al. Toxicant exposure in cigarette reducers versus light smokers [J]. Cancer Epidemiology，Biomarkers and Prevention，2006，15：2355-2358.

[14] Roethig H J，Munjal S，Feng S，et al. Population estimates for biomarkers of exposure to cigarette smoke in adult U. S. cigarette smokers [J]. Nicotine & Tobacco Research，2009，11：1216-1225.

[15] Jia C，Ward K D，Mzayek F，et al. Blood 2,5-dimethylfuran as a sensitive and specific biomarker for cigarette smoking [J]. Biomarkers，2014，19：457-462.

[16] Chambers D M，Ocariz J M，McGuirk M F，et al. Impact of cigarette smoking on volatile organic compound (VOC) blood levels in the U. S. population：NHANES 2003-2004 [J]. Environment International，2011，37：1321-1328.

[17] Ashley D L，Bonin M A，Cardinali F L，et al. Measurement of volatile organic compounds in human blood [J]. Environmental Health Perspectives，1996，104 (Suppl 5)：871-877.

[18] Yuan J M，Gao Y T，Wang R，et al. Urinary levels of volatile organic carcinogen and toxicant biomarkers in relation to lung cancer development in smokers [J]. Carcinogenesis，2012，33：804-809.

[19] Alwis K U，Blount B C，Britt A S，et al. Simultaneous analysis of 28 urinary VOC metabolites using ultra high performance liquid chromatography coupled with electrospray ionization tandem mass spectrometry (UPLC-ESI/MSMS) [J]. Analytica Chimica Acta，2012，750：152-160.

[20] Tornqvist M，Ehrenberg L. Estimation of cancer risk caused by environmental chemicals based on in vivo dose measurement [J]. Journal of Environmental Pathology，Toxicology

and Oncology, 2001, 20: 263-271.

[21] Fennell T R, MacNeela J P, Morris R W, et al. Hemoglobin adducts from acrylonitrile and ethylene oxide in cigarette smokers: Effects of glutathione S-transferase T1-null and M1-nullgenotypes [J]. Cancer Epidemiology, Biomarkers and Prevention, 2000, 9: 705-712.

[22] Joseph A M, Hecht SS, Murphy S E, et al. Relationships between cigarette consumption and biomarkers of tobacco toxin exposure [J]. Cancer Epidemiology, Biomarkers and Prevention, 2005, 14 (12): 2963-2968.

[23] Etzel R A. A review of the use of saliva cotinine as a marker of tobacco smoke exposure [J]. Preventive Medicine, 1990, 19: 190-197.

[24] Jarvis M J, Fidler J, Mindell J, et al. Assessing smoking status in children, adolescents and adults: Cotinine cut-points revisited [J]. Addiction, 2008, 103 (9): 1553-1561.

[25] Pierce J P, Dwyer T, DiGiusto E, et al. Cotinine validation of self-reported smoking in commercially run community surveys [J]. Journal of Chronic Diseases, 1987, 40: 689-695.

[26] Pirkle J L, Flegal K M, Bernert J T, et al. Exposure of the U. S. population to environmental tobacco smoke: The third national health and nutrition examination survey, 1988 to 1991 [J]. Journal of the American Medical Association, 1996, 275: 1233-1240.

[27] Caraballo R S, Giovino G A, Pechacek T F, et al. Factors associated with discrepancies between self-reports on cigarette smoking and measured serum cotinine levels among persons aged 17 years or older: Third national health and nutrition examination survey, 1988-1994 [J]. American Journal of Epidemiology, 2001, 153: 807-814.

[28] Caraballo R S, Giovino G A, Pechacek T F. Self-reported cigarette smoking vs. serum cotinine among U. S. adolescents [J]. Nicotine & Tobacco Research, 2004, 6: 19-25.

[29] Benowitz N L, Bernert J T, Caraballo R S, et al. Optimal serum cotinine levels for distinguishing cigarette smokers and nonsmokers within different racial/ethnic groups in the United States between 1999 and 2004 [J]. American Journal of Epidemiology, 2009, 169: 236-248.

[30] Pickett K E, Rathouz P J, Kasza K, et al. Self-reported smoking, cotinine levels, and patterns of smoking in pregnancy [J]. Paediatric and Perinatal Epidemiology, 2005, 19: 368-376.

[31] Zielinska-Danch W, Wardas W, Sobczak A, et al. Estimation of urinary cotinine cut-off points distinguishing non-smokers, passive and active smokers [J]. Biomarkers, 2007, 12: 484-496.

[32] Kim S, Jung A. Optimum cutoff value of urinary cotinine distinguishing South Korean adult

smokers from nonsmokers using data from the KNHANES (2008-2010) [J]. Nicotine & Tobacco Research, 2013, 15: 1608-1616.

[33] Wall M A, Johnson J, Jacob P, et al. Cotinine in the serum, saliva and urine of non-smokers, passive smokers and active smokers [J]. American Journal of Public Health, 1988, 78: 699-701.

[34] Goniewicz M L, Eisner M D, Lazcano-Ponce E, et al. Comparison of urine cotinine and the tobacco-specific nitrosamine metabolite 4-methylnitrosamino-1-3-pyridyl-1-butanonol NNAL and their ratio to discriminate active from passive smoking [J]. Nicotine & Tobacco Research, 2011, 13: 202-208.

[35] Agaku I T, Vardavas C I, Connolly G. Proposed cut off for identifying adult smokeless tobacco users with urinary total 4-methylnitrosamino-1-3-pyridyl-1-butanonol: An aggregated analysis of NHANES 2007-2010 [J]. Nicotine & Tobacco Research, 2013, 15: 1956-1961.

[36] Jain R B. Serumcotinine and urinary 4-methylnitrosamino-1-3-pyridyl-1-butanonol levels among non-hispanic asian american smokers and nonsmokers as compared to other race/ethnicities: Data from NHANES 2011-2012 [J]. Chemosphere, 2015, 120: 584-591.

[37] Emery R L, Levine M D. Optimalcarbon monoxide criteria to confirm smoking status among postpartum women [J]. Nicotine & Tobacco Research, 2016, 18 (5): 966-970.

[38] Benowitz N L, Jacob P, Ahijevych K, et al. Subcommittee on biochemical verification. Biochemical verification of tobacco use and cessation [J]. Nicotine & Tobacco Research, 2002, 4: 149-159.

[39] Baker T B, Piper M E, Stein J H, et al. Effects ofnicotine patch vs varenicline vs combination nicotine replacement therapy on smoking cessation at 26 weeks: A randomized clinical trial [J]. Journal of the American Medical Association, 2016, 315: 371-379,

[40] Ruth K J, Neaton J D. Evaluation of two biological markers of tobacco exposure [J]. Preventive Medicine, 1991, 20: 574-589.

[41] Nikitin Y P, Shalaurova I Y, Serova N V. The validation of serum thiocyanate smoking data in a population survey [J]. Revue d'épidémiologie et de santé publique, 1990, 38 (5-6): 469-472.

[42] Jarvis M J, Tunstall-Pedoe H, Feyerabend C, et al. Comparison of tests used to distinguish smokers from nonsmokers [J]. American Journal of Public Health, 1987, 77: 1435-1438.

[43] Murray D M, McBride C, Lindquist R, et al. Sensitivityand specificity of saliva thiocyanate and cotinine for cigarette smoking: A comparison of two collection methods [J]. Addiction Behavebior, 1991, 16: 161-166.

[44] Buratti M, Xaiz D, Caravelli G, et al. Validation of urinary thiocyanate as a biomarker of

tobacco smoking [J]. Biomarkers, 1997, 2: 81−85.

[45] Waage H, Silsand T, Urdal P, et al. Discrimination of smoking status by thiocyanate and cotinine in serum, and carbon monoxide in expired air [J]. International Journal of Epidemiology, 1992, 21: 488−493.

[46] Mendes P, Liang Q W, Frost−Pineda K, et al. The relationship between smoking machine derived tar yields and biomarkers of exposure in adult cigarette smokers in the US [J]. Regulatory Toxicology and Pharmacology, 2009, 55: 17−27.

[47] Mendes P, Kapur S, Wang J, et al. A randomized, controlled exposure study in adult smokers of full flavor Marlboro cigarettes switching to Marlboro Lights or Marlboro Ultra Lights cigarettes [J]. Regulatory Toxicology and Pharmacology, 2008, 51 (3): 295−305.

[48] Shepperd C J, Eldridge A C, Errington G, et al. A study to evaluate the effect on Mouth Level Exposure and biomarkers of exposure estimates of cigarette smoke exposure following a forced switch to a lower ISO tar yield cigarette [J]. Regulatory Toxicology and Pharmacology, 2011, 61 (3): 13−24.

[49] Shepperd C J, Eldridge A C, Mariner D C, et al. A study to estimate and correlate cigarette smoke exposure in smokers in Germany as determined by filter analysis and biomarkers of exposure [J]. Regulatory Toxicology and Pharmacology, 2009, 55: 97−109.

[50] Morin A, Shepperd C J, Eldridge A C, et al. Estimation and correlation of cigarette smoke exposure in Canadian smokers as determined by filter analysis and biomarkers of exposure [J]. Regulatory Toxicology and Pharmacology, 2011, 61: 3−12.

[51] St Charles F K, Kabbani A A, Borgerding M F. Estimating tar and nicotine exposure: Human smoking versus machine generated smoke yields [J]. Regulatory Toxicology and Pharmacology, 2010, 56: 100−110.

[52] Scherer G, Engl J, Urban M, et al. Relationship between machine−derived smoke yields and biomarkers in cigarette smokers in Germany [J]. Regulatory Toxicology and Pharmacology, 2007, 47: 171−183.

[53] Harris J E, Thun M J, Mondul A M. Cigarette tar yields in relation to mortality from lung cancer in the cancer prevention study II prospective cohort, 1982−8 [J]. The British Medical Journal, 2004, 328 (7431): 72.

[54] Hecht SS, Murphy S E, Carmella S G, et al. Similar uptake of lung carcinogens by smokers of regular, light, and ultralight cigarettes [J]. Cancer Epidemiology, Biomarkers and Prevention, 2005, 14: 693−698.

[55] Bernert J T, Jain R B, Pirkle J L, et al. Urinary tobacco−specific nitrosamines and 4−aminobiphenyl hemoglobin adducts measured in smokers of either regular or light cigarettes [J]. Nicotine & Tobacco Research, 2005, 7: 729−738.

［56］ Benowitz N L, Jacob P, Bernert J T, et al. Carcinogen exposure during short‐term switching from regular to "light" cigarettes ［J］. Cancer Epidemiology, Biomarkers and Prevention, 2005, 14: 1376–1383.

［57］ Gan Q, Lu W, Xu J Y, et al. Chinese 'low‐tar' cigarettes do not deliver lower levels of nicotine and carcinogens ［J］. Tobacco Control, 2010, 19: 374–379.

［58］ Thompson S G, Stone R, Nanchahal K, et al. Relation of urinary cotinine concentrations to cigarette smoking and to exposure to other people's smoke ［J］. Thorax, 1990, 45: 356–361.

［59］ Riboli E, Preston‐Martin S, Saracci R, et al. Exposure of nonsmoking women to environmental tobacco smoke: A 10‐country collaborative study ［J］. Cancer Causes Control, 1990, 1: 243–252.

［60］ Riboli E, Haley N J, Tredaniel J, et al. Misclassification of smoking status among women in relation to exposure to environmental tobacco smoke ［J］. European Respiratory Journal, 1995, 8: 285–290.

［61］ Anderson K E, Carmella S G, Ye M, et al. Metabolites of a tobacco‐specific lung carcinogen in the urine of nonsmoking women exposed to environmental tobacco smoke in their homes ［J］. Journal of the National Cancer Institute, 2001, 93: 378–381.

［62］ Hecht SS, Ye M, Carmella S G, et al. Metabolites of a tobacco‐specific lung carcinogen in the urine of elementary school‐aged children ［J］. Cancer Epidemiology, Biomarkers and Prevention, 2001, 10: 1109–1116.

［63］ Hammond S K, Gochlin J, Gann P H, et al. Relationship between environmental tobacco smoke exposure and carcinogen hemoglobin adduct levels in nonsmokers ［J］. Journal of the National Cancer Institute, 1993, 85: 474–478.

［64］ Maclure M, Katz R B A, Bryant M S, et al. Elevated blood levels of carcinogens in passive smokers ［J］. American Journal of Public Health, 1989, 79: 1381–1384.

［65］ Branner B, Kutzer C, Zwickenpflug W, et al. Haemoglobin adducts from aromatic amines and tobacco‐specific nitrosamines in pregnant smoking and non‐smoking women ［J］. Biomarkers, 1998, 3: 35–47.

［66］ Bartsch H, Caporaso N, Coda M, et al. Carcinogen hemoglobin adducts, urinary mutagenicity, and metabolic phenotype in active and passive cigarette smokers ［J］. Journal of the National Cancer Institute, 1990, 82: 1826–1831.

［67］ Richter E, Rosler S, Scherer G, et al. Haemoglobin adducts from aromatic amines in children in relation to area of residence and exposure to environmental tobacco smoke ［J］. International Archives of Occupational and Environmental Health, 2001, 74: 421–428

［68］ Scherer G, Frank S, Riedel K, et al. Biomonitoring of exposure to polycyclic aromatic hydrocarbons of nonoccupationally exposed persons ［J］. Cancer Epidemiology, Biomarkers and Prevention 2000, 9: 373-380.

[69] Scherer G, Conze C, Tricker A R, et al. Uptake of tobacco smoke constituents on exposure to environmental tobacco smoke (ETS) [J]. The Clinical Investigator, 1992, 70: 352-367.

[70] Crawford F, Mayer J, Santella R M, et al. Biomarkers of environmental tobacco smoke in preschool children and their mothers [J]. Journal of the National Cancer Institute, 1994, 86: 1398-1402.

[71] Tang D, Warburton D, Tannenbaum S R, et al. Molecular and genetic damage from environmental tobacco smoke in young children [J]. Cancer Epidemiology, Biomarkers and Prevention, 1999, 8: 427-431.

[72] Nielsen P S, Okkels H, Sigsgaard T, et al. Exposure to urban and rural air pollution: DNA and protein adducts and effect of glutathione-S-transferase genotype on adduct levels [J]. International Archives of Occupational and Environmental Health, 1996, 68: 170-176.

[73] Autrup H, Beck Vestergaard A, Okkels H. Transplacental transfer of environmental genotoxins: Polycyclic aromatic hydrocarbon-albumin in non-smoking women, and the effect of maternal GSTM1 genotype [J]. Carcinogenesis, 1995, 16: 1305-1309.

[74] van Zeeland A A, de Groot A J, Hall J, et al. 8-Hydroxydeoxyguanosine in DNA from leukocytes of healthy adults: Relationship with cigarette smoking, environmental tobacco smoke, alcohol and coffee consumption [J]. Mutation Research, 1999, 439: 249-257.

[75] Daube H, Scherer G, Riedel K, et al. DNA adducts in human placenta in relation to tobacco smoke exposure and plasma antioxidant status [J]. Journal of Cancer Research and Clinical Oncology, 1997, 123: 141-151.

[76] Howard D J, Ota R B, Briggs L A, et al. Environmental tobacco smoke in the workplace induces oxidative stress in employees, including increased production of 8-hydroxy-2'-deoxyguanosine [J]. Cancer Epidemiology, Biomarkers and Prevention, 1998, 7: 141-146.

[77] Pignatelli B, Li C Q, Boffetta P, et al. Nitrated and oxidized plasma proteins in smokers and lung cancer patients [J]. Cancer Research, 2001, 61: 778-784.

[78] Shepperd C J, Eldridge A, Camacho O M. Changes in levels of biomarkers of exposure observed in a controlled study of smokers switched from conventional to reduced toxicant prototype cigarettes [J]. RegulatoryToxicology and Pharmacology, 2013, 66: 147-162.

第五章
生物标志物在加热卷烟评估中的应用

第一节　加热卷烟的发展及健康风险

为降低卷烟烟气危害性，20世纪70~80年代起，国外跨国烟草公司就开始了新型烟草制品研究。特别是近些年来，不断加大研发力度，新型烟草制品取得了明显进展。其中，以"加热而非燃烧烟丝"为特征的新型卷烟，既满足了消费者对于烟气消费的需求，又减少了烟草高温燃烧产生的有害成分，大幅降低了对吸烟者的危害[1,2]。加热非燃烧烟草制品最早由雷诺烟草公司推出，由于全球范围控烟力度的持续增大以及其在减小环境污染和吸烟健康潜在风险方面存在的明显优势，国际烟草领域一直认为该类产品是未来烟草产品发展的重要方向。

在加热非燃烧卷烟发展的前期，市场主要有两类加热原理完全不同的产品形式，即碳加热系列和电加热系列。这两类产品虽都经历了不断的技术改进，但基本原理和形式都没有根本性的改变，口感特征也没有得到消费者的普遍认可。近些年新兴的加热不燃烧卷烟产品发展非常迅速。

第二节　生物标志物在加热卷烟评估中的应用研究

目前已有多篇对加热不燃烧卷烟的生物标志物评估工作的文献。作为可能的低危害烟草制品，开展的工作重点集中在与常规卷烟的比较，包括有害成分暴露和疾病风险因子评估。早期，针对"Accord"电加热卷烟，菲莫公司等采用生物标志物方法在有害成分暴露评估、疾病风险评估等方面开展了全面的、详细的研究。实验在多个国家和地区包括北爱尔兰、韩国、日本、波兰等开展，涵盖了短期（小于2周）及中长期（2周以上）临床实验，产品涉及"EHCSS-E4""EHCSS-JLI"和"EHCSS-K"不同系列产品。在试验过程中，志愿者（吸烟者）转抽电加热产品，然后通过吸烟者血液或尿液中的多种有害成分的暴露生物标志物及效应生物标志物的变化情况考察吸烟者有害成分暴露及相关风险变化情况[1-11]。研究中涉及的暴露和效应生物标志物涵盖种类较多，暴露生物标志物包括1,3-丁二烯、丙烯醛、苯、CO、巴豆醛、烟碱、NNK、芘、邻甲苯胺、2-萘胺、4-氨基联苯、丙烯酰胺多种有害成分的生物标志物，效应生物标志物包括尿液致突变性、心血管风险因子等。多项研究结果表明，吸烟者转抽电加热卷烟后，烟碱、亚硝胺、CO、多种挥发性有机化合物、多环芳烃、芳香胺、丙烯酰胺等有害成分的暴露量明显降低[1-9]，且吸烟者尿液致突变性降低[1-4,9]，心血管风险因子包括血细胞计数、血红蛋白、血细胞比积、高密度胆固醇及尿液中11-脱氢凝血噁烷 B_2 等有不同程度的降低[9]，这些结果表明该类电加热卷烟产品可以降低使用者的有害成分暴露量。

早期，雷诺公司开发的碳加热卷烟"premier"和"Eclipse"比较具有代表性。相比而言，"premier"和"Eclipse"的相关生物标志物研究工作较少一些。Breland 等[12] 考察了吸烟者转抽"Eclipse"卷烟后尿液中烟碱、亚硝胺、多环芳烃等暴露生物标志物的变化情况。结果显示，"Eclipse"可降低吸烟者烟碱和 NNK 暴露量，但会增加 CO 的暴露量。Bowman 及 Smith[13,14] 研究结果表明转抽"premier"和"Eclipse"，尿液致突变性降低。Rennard 等[15] 考察了重度吸烟者转抽"Eclipse"后，肺功能、纤维支气管镜、外周血细胞计数呼吸症状等变化情况，证实转抽"Eclipse"降低了吸烟者呼吸道炎症。Stewart 等[16] 研究了 10 名吸烟者转抽"Eclipse"后，肺功能、血中白细胞活力、产生活性氧能力的变化情况等，结果表明，改抽 Eclipse 后，部分吸烟者肺泡上皮细胞损伤降低，但氧化应激损伤有所增加。

近些年，针对电加热卷烟 THS1.1、2.2（薄荷或非薄荷）、IQOS 以及碳加热 CHTP 等产品，菲莫公司等在波兰、美国、日本等多地开展了短期（5d）及中长期（90d）的人群实验，对这些产品与传统卷烟的有害成分暴露差异、疾病风险差异等方面开展了详细的研究[17-24]。吸烟者在限定的 5d 内转抽加热卷烟，通过血液中 COHb、可替宁，尿液中 MHBMA、HPMA、1-羟基芘、邻甲苯胺、2-氨基萘、4-氨基联苯、SPMA、总 NNAL、烟碱总代谢物、尿液致突变性及代谢活化酶 CYP1A1 的变化，评估转抽加热卷烟后，有害成分暴露情况及与持续吸烟组、戒烟组进行比较。然后，转抽组自由抽吸加热卷烟

3 个月，考察上述暴露生物标志物及一些疾病效应生物标志物血清高密度胆固醇、可溶性细胞间黏附分子-1、全血白细胞、COHb、第一秒用力呼气量（FEV1）、FEV1 占预计值的百分比（FEV 1% pred）、尿液中 11-脱氢三溴乙烷 B_2、8-肾上腺素-前列腺素等的变化情况。研究表明，与持续抽烟相比，转抽加热卷烟 5d 后，烟碱暴露无明显差异，其他大部分有害成分暴露量显著降低，部分成分暴露量降低水平和戒烟一致。持续抽吸 90d 后，烟碱暴露量和持续吸烟组一致，有害成分生物标志物含量水平和第 5d 基本一致，与持续吸烟相比显著降低，而吸烟相关疾病相关的临床相关风险生物标志物均有所改善。

如图 5-1 所示，日本烟草公司针对开发的加热卷烟（HC），开展了短期人群实验[25]。招募的 70 名日本吸烟者，47 名转抽 HC 加热卷烟，23 名转抽指定的 10mg 焦油量卷烟，实验共持续 28d。实验过程中，对志愿者血液及尿液中的 10 种有害成分包括烟碱、CO、苯、1,3-丁二烯、丙烯醛、HCN、巴豆醛、NNK、芘的暴露生物标志物以及尿液致突变性进行了分析。研究表明：除 CO 外，其他 9 种有害成分的暴露生物标志物含量及尿液致突变性显著降低。

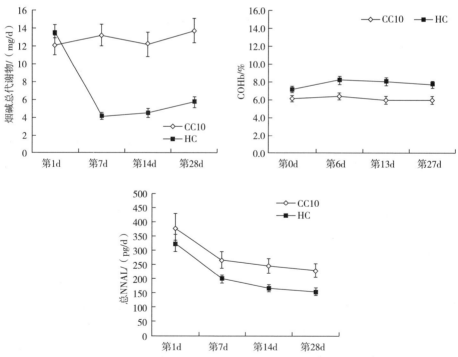

图 5-1　持续吸烟组和转抽加热卷烟组生物标志物变化情况[25]

第三节 加热卷烟生物标志物评估案例详解

本节以 PMI 开展的研究为例，对生物标志物在加热卷烟评估中的应用进行了较详细的介绍[22,23]。

一、研究目的

通过分析志愿者转抽加热卷烟产品后体液中暴露、效应生物标志物的变化情况，了解加热卷烟有害成分以及疾病风险因子与传统卷烟的差异。

二、志愿者招募方法

通过网站和广告招聘，招募健康吸烟者。

三、吸烟者纳入标准

23~65 岁，BMI 指数 $18.5 \sim 32 \mathrm{kg/m}^2$，过去四周内每日抽吸薄荷卷烟（烟碱释放量最大 $1 \mathrm{mg/}$支）支数大于等于 10 支，烟龄 3 年以上。过去三个月没有戒烟意愿，愿意接受 5d 的吸烟干预，签署知情同意书。

四、排除标准

不能签署知情同意书，正在或准备接受治疗，患有需要戒烟的临床相关疾病，除卷烟外抽吸其他烟草制品，使用的药物影响 CYP1A2 或者 CYP2A6 活性，同时使用非甾体抗炎药或乙酰水杨酸，酗酒或药物滥用，人类免疫缺陷病毒 1/2 型肝炎血清学 B 或者丙型肝炎病毒阳性，实验前 3 个月内捐献/接收全血/血液制品，烟草行业相关职员或其直系亲属，研究机构人员及其直系亲属，怀孕或哺乳等。

五、实验设计

实验设计如图 5-2 所示。研究时长包括为 4 周筛选时间、8d 限制性抽吸实验、85d 的自由抽吸时间、28d 的安全跟踪期（用于记录自报告的不良事件和严重反应）。限制性抽吸实验期间，志愿者抽吸习惯性卷烟 2d 作为基线，然后按照 2∶1∶1 的比例随机分至转抽加热卷烟组，持续吸烟组或戒烟组。随机分组时考虑性别和每日吸烟支数。随后 5d，转抽加热卷烟组、持续吸烟组自由抽吸指定的加热卷烟或卷烟，戒烟组不抽吸任何烟草制品。85d 的自由抽吸实验过程中，志愿者抽吸加热卷烟（允许同时抽吸卷烟）、卷烟（不允许同时使用加热卷烟）或戒烟，并于第 30d、第 60d 和第 90d 时返回实验点进行样品收集和测试。

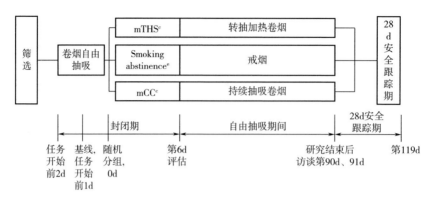

图 5-2　实验设计[23]

六、暴露生物标志物测试指标

第一终点，1,3-丁二烯标志物 MHBMA、丙烯醛标志物 HPMA、苯生物标志物 SPMA、NNK 生物标志物总 NNAL、CO-血红蛋白结合物、总 1-羟基芘、总 NNN、4-氨基联苯、1-氨基萘、2-氨基萘、邻甲苯胺、丙烯腈生物标志物 CEMA、环氧乙烷生物标志物 HEMA；第二终点，苯并芘生物标志物 3-羟基苯并芘、巴豆醛生物标志物 HMPMA、总烟碱代谢物、CYP1A2 活性、致突变性。

七、效应生物标志物测试指标

如表 5-1 所示。氧化应激：8-异构前列腺素 $F_{2\alpha}$（8-epi-$PGF_{2\alpha}$）；血小板活性：11-脱氢血氧烷 B_2（11-DTX-B_2）；内皮细胞功能：可溶性细胞内黏附分子-1（sICAM-1）；脂质过氧化：高密度脂蛋白胆固醇（HDL-C）、低密度脂蛋白胆固醇（LDL-C）、甘油三酯和总胆固醇；炎症：总白细胞计数（WBC）；心血管风险因子：同型半胱氨酸、超敏 C 反应蛋白（hs-CRP）、纤维蛋白原、收缩压和舒张压；代谢综合征：血糖、糖化血红蛋白（HbA1c）、体重和腰围。肺功能以第一秒用力呼气量计。

八、结果分析

最终完成实验的共 160 名志愿者，包括转抽加热卷烟组 78 人，持续吸烟组 42 人，戒烟组 40 人。志愿者信息如表 5-2 所示。

表 5-3 和图 5-3 列出了暴露生物标志物的变化情况。基线时，3 组的大部分第一终点暴露生物标志物含量水平相当，持续吸烟组的 MHBMA 含量比持续吸烟组和戒烟组的约高 11%。在限制抽吸的第 5d，转抽组的 COHb、HPMA、

表 5-1　研究中涉及的效应生物标志物

变量	基质	筛选 实验开始前30d至实验开始前3d	限制期								自由抽吸期						
			-2	-1	0	1	2	3	4	5	6	30	31	60	61	90	91
安全相关变量 生命体征	—	√	√	√	√	√	√	√	√	√	√	√	—	√	—	—	√
身高体重	—	√	√	—	—	—	—	—	—	√	√	√	—	√	—	—	√
腰围	—	—	√	—	√	—	—	—	—	√	—	—	√	—	√	—	√
血液、临床、尿液分析	血液/尿液	√	—	—	—	√	√	√	√	√	√	√	√	√	√	—	√
暴露生物标志物 COHb	血液	—	—	√	√	√	√	√	√	√	√	√	—	√	—	√	—
尿液生物标志物	尿液	—	—	√	√	√	√	√	√	√	√	√	√	√	√	√	√
风险标志物和其他临床标志物：超敏C反应蛋白、纤维蛋白原、同型半胱氨酸、低密度脂蛋白胆固醇、高密度脂蛋白胆固醇、可溶性细胞间黏附分子-1、糖化血红蛋白、8-异构前列腺素、11-脱氢血栓烷 B_2	尿液	—	—	—	√	—	—	—	—	—	—	—	—	√	—	√	√

表 5-2　　　　　　　　　　　　　　志愿者基本信息[22]

变量	转抽加热烟组	持续吸烟组	戒烟组	总数
人数	78	42	40	160
年龄/岁				
平均值±SD	37.1±10.58	37.4±11.23	37.0±9.96	37.2±10.54
范围	23~65	23~64	23~55	23~65
BMI/（kg/m^2）				
平均值±SD	22.85±2.963	22.44±2.876	22.48±3.386	22.65±3.03
范围	18.7~32.7	18.9~28.4	18.5~31.8	18.5~32.7
性别，n（%）				
男	45（57.7%）	25（59.5%）	22（55.0%）	92（57.5%）
女	33（42.3%）	17（40.5%）	18（45.0%）	68（42.5%）
每日抽吸支数，支/d，n（%）				
10~19	40（51.3）	23（54.8）	21（52.5）	84（52.5）
>19	38（48.7）	19（45.2）	19（47.5）	76（47.5）
ISO 焦油量，mg，n（%）				
1~5mg	46（59.0%）	22（52.4%）	23（57.5%）	91（56.9%）
6~8mg	21（26.9%）	14（33.3%）	12（30.0%）	47（29.4%）
9~10mg	7（9.0%）	4（9.5%）	2（5.0%）	13（8.1%）
>10mg	4（5.1%）	2（4.8%）	3（7.5%）	9（5.6%）
烟碱成瘾性量表				
平均值±SD	4.3±1.78	4.3±1.81	4.7±2.08	4.4±1.86
范围	1~9	1~8	0~9	0~9
加热卷烟支数/卷烟抽吸指数，平均数±SD（n）[a]				
限制期				
第 0d（CCs）	13.1±3.83（76）	12.5±3.87（42）	12.8±3.95	—
第 1d	11.4±3.91（76）	11.0±4.01（42）	—	—
第 2d	12.0±4.14（76）	12.5±4.16（41）	—	—
第 3d	12.1±3.76（76）	12.1±4.17（41）	—	—
第 4d	12.4±3.84（76）	11.3±3.96（41）	—	—
第 5d	13.9±4.33（76）	13.6±4.68（41）	—	—
自由抽吸期				
6~30d	11.7±5.95（74）	13.8±4.16（41）	—	—
30~60d	12.7±6.25（71）	14.9±5.70（41）	—	—
60~90d	12.7±6.48（70）	15.2±5.04（41）	—	—

表 5-3　基线、第 5d 和第 90d 生物标志物含量[22]

	转抽加热烟组	持续吸烟组	戒烟组
总 NNAL/ (pg/mg 肌酐)			
基线	85.64 (72.96, 100.51)	84.77 (68.88, 104.33)	79.54 (61.76, 102.42)
第 5d	37.90 (32.29, 44.48)	85.94 (70.93, 104.13)	29.58 (22.24, 39.35)
第 90d	23.23 (19.34, 27.91)	95.03 (77.31, 116.82)	13.95 (9.00, 21.60)
总 NNN/ (pg/mg 肌酐)			
基线	4.45 (338, 5.86)	3.97 (2.87, 5.47)	4.13 (2.84, 6.00)
第 5d	1.20 (0.97, 1.49)	4.10 (2.94, 5.73)	0.15 (0.12, 0.18)
第 90d	1.40 (1.13, 1.73)	4.28 (3.03, 6.05)	0.26 (0.17, 0.40)
COHb			
基线	5.11 (4.75, 5.49)	5.17 (4.70, 5.70)	5.15 (4.72, 5.62)
第 5d	2.48 (2.40, 2.57)	5.55 (5.06, 6.08)	2.50 (2.38, 2.64)
第 90d	2.97 (2.88, 3.06)	5.73 (5.24, 6.25)	3.04 (2.84, 3.26)
MHBMA/ (pg/mg 肌酐)			
基线	653.78 (530.04, 806.39)	737.29 (554.67, 980.04)	614.87 (451.06, 838.16)
第 5d	81.71 (75.32, 88.41)	622.58 (454.60, 852.04)	80.72 (70.92, 91.88)
第 90d	141.74 (120.62, 166.57)	785.27 (576.82, 1069.04)	136.83 (114.40, 163.66)

续表

	转抽加热烟组	持续吸烟组	戒烟组
3-HPMA/(ng/mg 肌酐)			
基线	667.53 (599.28, 743.54)	642.20 (552.68, 746.21)	691.14 (587.29, 813.34)
第5d	304.68 (284.63, 326.14)	591.33 (507.72, 688.69)	186.71 (163.39, 213.36)
第90d	386.37 (356.30, 418.97)	695.58 (602.43, 803.13)	276.13 (242.11, 314.93)
S-PMA/(ng/mg 肌酐)			
基线	1058.84 (857.94, 1306.79)	1096.79 (823.05, 1461.57)	1027.37 (751.76, 1404.03)
第5d	118.36 (107.37, 130.48)	1096.47 (805.13, 1493.22)	102.51 (85.19, 123.34)
第90d	145.58 (121.67, 174.18)	1157.25 (848.59, 1573.17)	144.07 (109.87, 188.92)
总1-羟基芘/(pg/mg 肌酐)			
基线	153.98 (138.85, 170.75)	164.33 (143.20, 188.58)	148.01 (127.26, 172.14)
第5d	46.36 (41.08, 51.55)	122.90 (104.71, 144.26)	41.14 (35.42, 47.78)
第90d	85.47 (76.64, 95.33)	167.38 (146.23, 191.58)	88.21 (75.53, 103.01)
4-氨基联苯/(pg/mg 肌酐)			
基线	9.33 (8.44, 10.32)	8.75 (7.44, 10.29)	7.99 (6.57, 9.71)
第5d	1.97 (1.76, 2.21)	9.50 (8.15, 11.07)	2.16 (1.87, 2.50)
第90d	2.07 (1.82, 2.36)	9.62 (8.12, 11.39)	2.35 (1.90, 2.89)

续表

	转抽加热烟组	持续吸烟组	戒烟组
1-氨基萘/（pg/mg 肌酐）			
基线	61.45（55.12，68.52）	57.24（49.04，66.80）	53.48（44.92，63.68）
第5d	3.14（2.85，3.46）	53.27（45.86，61.89）	2.85（2.50，3.26）
第90d	3.55（2.96，4.26）	55.34（46.21，66.26）	4.22（3.20，5.55）
2-氨基萘/（pg/mg 肌酐）			
基线	15.49（13.82，17.37）	15.32（13.13，17.87）	13.64（11.43，16.28）
第5d	1.97（1.80，2.15）	14.23（12.18，16.02）	2.04（1.82，2.28）
第90d	2.34（2.11，2.59）	14.84（12.63，17.44）	2.63（2.20，3.15）
邻甲苯胺/（pg/mg 肌酐）			
基线	128.19（112.28，146.36）	136.04（107.42，172.27）	120.54（96.23，150.98）
第5d	51.64（45.52，58.59）	127.28（103.27，156.88）	48.82（40.94，58.21）
第90d	68.35（53.91，86.67）	125.64（96.13，164.20）	77.86（56.72，106.88）
CEMA/（pg/mg 肌酐）			
基线	75.32（66.47，85.36）	75.19（62.27，90.80）	76.74（63.97，92.05）
第5d	12.43（11.12，13.90）	68.17（56.39，82.40）	11.78（9.84，14.10）
第90d	7.91（6.74，9.29）	83.98（69.17，101.95）	8.41（5.99，11.81）

续表

	转拍加热烟组	持续吸烟组	戒烟组
HEMA/（pg/mg 肌酐）			
基线	3203.95 (2699.53, 3802.02)	3148.47 (2465.16, 4021.17)	3201.31 (2477.20, 4137.07)
第5d	1137.96 (995.50, 1300.81)	2235.37 (1742.88, 2867.03)	1113.73 (923.72, 1342.83)
第90d	1741.53 (1510.19, 2008.30)	3739.46 (2858.39, 4892.12)	1633.12 (1286.77, 2072.69)
3-HMPMA/（pg/mg 肌酐）			
基线	300.07 (266.94, 337.32)	298.73 (256.46, 347.96)	298.08 (258.32, 343.96)
第5d	124.47 (115.36, 134.30)	286.80 (251.37, 327.21)	113.48 (99.38, 129.59)
第90d	154.30 (137.07, 173.70)	299.41 (260.62, 343.97)	158.57 (132.95, 189.14)
3-羟基苯并芘/（pg/mg 肌酐）			
基线	83.73 (70.69, 99.18)	82.00 (67.42, 99.71)	71.96 (59.20, 87.47)
第5d	20.72 (18.61, 23.07)	75.10 (62.60, 90.08)	17.84 (15.45, 20.58)
第90d	30.02 (25.29, 3505)	86.92 (71.78, 105.27)	28.88 (22.56, 36.98)
烟碱总代谢物/（mg/g 肌酐）			
基线	5.71 (5.08, 6.41)	5.56 (4.64, 6.65)	5.40 (4.43, 6.59)
第5d	6.16 (5.55, 6.83)	5.22 (4.35, 6.27)	0.16 (0.12, 0.20)
第90d	6.85 (5.96, 7.88)	6.33 (5.11, 7.84)	0.37 (0.18, 0.78)

MHBMA 和 S-PMA 的含量与持续吸烟组相比，分别降低 55%、49%、87% 和 89%。第 90d 时，转抽组的总 NNAL 比持续吸烟组降低 77%。转抽组的暴露生物标志物降低水平和戒烟组的基本一致。第二终点：限制实验期的第 5d 时，转抽加热卷烟组与持续吸烟组相比，降低率为 50%~94%；自由抽吸的第 90d，降低率仍维持在 41%~94%，达到了戒烟组的降低效果。第 5d，转抽组的肌酐校正的烟碱总代谢物比持续吸烟组高 16%。这种差异随着转抽时间的延长逐渐降低，自由抽吸的第 90d 时，两组烟碱总代谢物含量基本持平。相比之下，戒烟组的烟碱总代谢物从第 5d 的降低 96.2%，第 90d 时降低率还稳定在 90%。

基线时，三组的 CYP1A2 活性基本一致。使用加热卷烟 5d 后，转抽加热卷烟组的 CYP1A2 活性相比于持续吸烟组降低 28.04%，与戒烟组持平。第 90d，转抽加热卷烟组的 CYP1A2 活性相比于持续吸烟组降低 30.91%，与戒烟组持平。

使用 5d 后，戒烟组的尿液致突变性从 14508rev/24h 降低至 9237rev/24h，转抽加热卷烟组从 17294rev/24h 降低至 7500rev/24h；90d 时，戒烟组和转抽加热卷烟组分别为 8137rev/24h 和 6761rev/24h。持续吸烟组的基线、第 5d 和第 90d 值无明显变化。

效应生物标志物的变化如表 5-4 所示。

氧化应激：基线时，三组 8-epi-PGF$_{2\alpha}$ 含量持平，自由抽吸第 90d 时，转抽加热烟组的 8-epi-PGF$_{2\alpha}$ 含量比持续吸烟组低 12.7%，平均值和戒烟组接近。

血小板活性：基线时，持续抽吸卷烟组的 11-DTX-B2 略低于其他组；自由抽吸第 90d 时，转抽加热烟组的 11-DTX-B2 低于持续抽吸卷烟组 9.0%。

内皮细胞功能：基线时，持续抽吸卷烟组的 sICAM-1 略低于其他组；自由抽吸第 90d 时，转抽加热烟组的 sICAM-1 低于持续抽吸卷烟组 8.7%，和戒烟组的降低趋势一致。

脂质过氧化：基线时，除戒烟组的甘油三酯略低外，其他指标各组基本一致。在自由抽吸 90d 时，转抽加热烟组的 HDL-C 平均值为 4.5mg/dL，高于持续抽吸卷烟组，增加幅度低于戒烟组（差值为 1.8mg/dL），持续抽吸卷烟组甘油三酯在 90d 时降低，但持续抽吸卷烟组和戒烟组增加，转抽加热烟组和持续抽吸卷烟组差值为 -6.3mg/dL，转抽加热烟组和戒烟组的差值

−18.7mg/dL。转抽加热烟组和持续抽吸卷烟组总胆固醇降低，戒烟组升高。但总体上，持续吸烟组和戒烟组的 LDL-C、总胆固醇、甘油三酯浓度无显著差异。

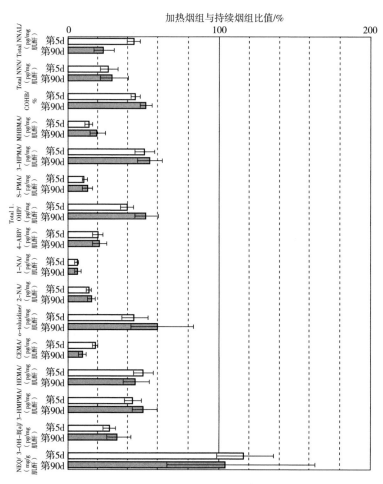

图 5-3　加热卷烟组相比于持续吸烟组的生物
标志物的比值（基线、第 5d 和第 90d）[22]

炎症：自由抽吸的第 90d，相比于基线转抽加热卷烟组的 WBC 降低，持续吸烟组的 WBC 增加，两组平均值差值为−0.57GI/L，与戒烟组相比，转抽加热卷烟组的白细胞降低值略小。

心血管风险因子：自由抽吸的第 90d，转抽加热卷烟组的 hs-CRP 浓度比持续吸烟组低 6.4%，但比戒烟组平均值高 10.7%。三组的同型半胱氨酸、纤维蛋白原、收缩压和舒张压无显著差异。

表5-4　不同组别效应生物标志物变化情况[23]

组间平均值 (95% CD)	转抽加热烟组	持续抽吸卷烟组	戒烟组	转抽加热烟组/持续抽吸卷烟组 差异分析 (95% CI) [P]	转抽加热烟组/戒烟组 差异分析 (95% CI) [P]
内皮功能障碍：可溶性细胞间黏附分子1/ (ng/mL)					
基线	222.92 (205.10, 242.28)	198.70 (171.01, 230.86)	207.89 (176.09, 245.42)	—	—
第90d	188.43 (176.13, 201.59)	188.40 (163.69, 216.83)	174.07 (149.35, 202.88)	91.28 (85.06, 97.95) [0.0116]	102.41 (95.24, 110.12) [0.5180]
氧化应激：8-异构前列腺素/ (pg/mg 肌酐)					
基线	201.95 (186.30, 218.92)	202.65 (183.33, 224.00)	198.47 (176.89, 222.68)	—	—
第90d	194.40 (177.99, 212.32)	222.48 (203.07, 243.75)	206.59 (178.59, 238.98)	87.29 (78.19, 97.45) [0.0159]	92.78 (82.80, 103.96) [0.1947]
血小板活性：11-脱氢血氧烷B2/ (pg/mg 肌酐)					
基线	580.41 (531.09, 634.32)	533.13 (487.32, 583.24)	604.77 (540.20, 677.06)	—	—

续表

	转抽加热烟组	持续抽吸卷烟组	戒烟组	转抽加热烟组/持续抽吸卷烟组 差异分析（95% CI）[P]	转抽加热烟组/戒烟组 差异分析（95% CI）[P]
第90d	498.22 (447.54, 554.63)	515.18 (466.99, 568.35)	450.76 (398.12, 510.37)	91.02 (80.48, 102.94) [0.1327]	112.89 (99.47, 128.12) [0.0603]
心血管风险因子					
纤维蛋白原/（mg/dL）					
基线	279.19 (266.68, 292.28)	276.16 (259.93, 293.40)	284.47 (268.74, 301.12)	—	—
第90d	275.91 (262.37, 290.14)	286.14 (267.36, 306.24)	277.63 (262.27, 293.88)	94.58 (87.87, 101.80) [0.1360]	99.39 (91.98, 107.40) [0.8764]
同型半胱氨酸/（pmol/L）					
基线	10.39 (9.30, 11.61)	10.94 (9.39, 12.75)	11.34 (9.41, 13.68)	—	—
第90d	11.57 (10.37, 12.90)	12.05 (10.31, 14.08)	12.89 (10.74, 15.46)	100.66 (93.35, 108.54) [0.8638]	97.03 (89.75, 104.91) [0.4463]
高敏C-反应蛋白/（mg/L）					
基线	0.20 (0.15, 0.25)	0.17 (0.13, 0.23)	0.22 (0.14, 0.34)		

续表

	转抽加热卷烟组	持续抽吸卷烟组	戒烟组	转抽加热卷烟组/持续抽吸卷烟组 差异分析（95% CI）[P]	转抽加热卷烟组/戒烟组 差异分析（95% CI）[P]
第90d	0.24 (0.18, 0.32)	0.25 (0.16, 0.37)	0.23 (0.16, 0.33)	93.59 (62.23, 140.75) [0.7487]	110.74 (72.67, 168.76) [0.6328]
代谢综合征					
葡萄糖/（mg/dL）					
基线	84.9 (83.0, 86.9)	85.4 (83.5, 87.3)	85.3 (82.9, 87.8)	—	—
第90d	89.8 (87.7, 91.8)	91.1 (89.1, 93.1)	87.6 (85.1, 90.1)	98.98 (96.42, 101.60) [0.4370]	102.80 (100.06, 105.61) [0.0447]
算术平均值（95% CI）					
炎症：白细胞计数/（GI/L）					
基线	5.90 (5.60, 6.19)	5.76 (5.34, 6.20)	6.40 (5.75, 7.04)	—	—
第90d	5.54 (5.24, 5.83)	6.04 (5.54, 6.54)	5.94 (5.44, 6.44)	-0.57 (-1.03; -0.1) [0.0173]	-0.16 (-0.65, 0.33) [0.5113]
低密度脂蛋白/（mg/dL）					
基线	121.3 (113.0, 129.7)	123.3 (111.3, 135.2)	111.1 (102.6, 119.6)	—	—

续表

	转抽加热烟组	持续抽吸卷烟组	戒烟组	转抽加热烟组/持续抽吸卷烟组 差异分析（95%CI）[P]	转抽加热烟组/戒烟组 差异分析（95%CI）[P]
第90d	113.4 (104.7, 122.1)	114.1 (104.7, 123.6)	110.5 (102.3, 118.7)	0.9 (-6.6, 8.3) [0.8162]	-4.7 (-12.5, 3.0) [0.2270]
高密度脂蛋白/(mg/dL)					
基线	56.9 (53.8, 60.0)	60.0 (55.0, 65.1)	58.4 (53.8, 63.0)	—	—
第90d	60.3 (56.5, 64.2)	58.5 (53.8, 63.3)	63.5 (58.4, 68.6)	4.5 (1.1, 7.9) [0.0084]	-1.8 (-5.3, 1.7) [0.2944]
甘油三酯/(mg/dL)					
基线	139.5 (123.1, 156.0)	131.5 (115.3, 147.7)	112.8 (98.8, 126.8)	—	—
第90d	138.5 (120.4, 156.7)	137.2 (123.0, 151.5)	133.1 (110.5, 155.7)	-6.3 (-21.2, 8.7) [0.4095]	-18.7 (-34.4, -2.9) [0.0199]
总胆固醇/(mg/dL)					
基线	197.5 (188.9, 206.1)	201.4 (188.2, 214.6)	184.4 (174.8, 194.0)	—	—
第90d	191.1 (181.9, 200.3)	192 (181.7, 202.3)	189.9 (180.8, 199.1)	2.0 (-6.7, 10.7) [0.6499]	-8.3 (-17.35, 0.75) [0.0719]

续表

	转抽加热烟组	持续抽吸卷烟组	戒烟组	转抽加热烟组/持续抽吸卷烟组 差异分析（95% CI）[P]	转抽加热烟组/戒烟组 差异分析（95% CI）[P]
代谢综合征					
糖化血红蛋白/%					
基线	5.17 (5.10, 5.25)	5.23 (5.14, 5.32)	5.22 (5.13, 5.32)	—	—
第90d	5.17 (5.09, 5.26)	5.20 (5.09, 5.32)	5.18 (5.08, 5.27)	0.02 (−0.06, 0.10) [0.5866]	0.04 (−0.04, 0.12) [0.2981]
体重/kg					
基线	62.35 (59.70, 65.01)	62.01 (58.74, 65.29)	62.24 (58.56, 65.91)	—	—
第90d	62.67 (60.00, 65.34)	62.41 (59.12, 65.71)	63.79 (60.05, 67.53)	−0.09 (−0.75, 0.57) [0.7926]	−1.24 (−1.92, −0.56) [0.0004]
腰围/cm					
基线	87.1 (81.0, 93.1)	91.0 (81.3, 100.7)	86.0 (77.6, 94.4)	—	—
第90d	81.0 (77.6, 84.5)	80.2 (77.9, 82.6)	80.8 (77.5, 84.1)	1.6 (−2.4, 5.6) [0.4251]	0.1 (−4.0, 4.2) [0.9684]
心血管风险因子					
收缩压/mmHg					

续表

	转抽加热烟组	持续抽吸卷烟组	戒烟组	转抽加热烟组/持续抽吸卷烟组 差异分析（95% CI）[P]	转抽加热烟组/戒烟组 差异分析（95% CI）[P]
基线	110.2 (107.4, 112.9)	111.0 (107.8, 114.2)	104.7 (102.2, 107.3)	—	—
第90d	104.2 (101.5, 106.9)	105.5 (101.3, 109.6)	102.2 (99.3, 105.2)	-0.59 (-3.80, 2.62) [0.7157]	-0.76 (-4.16, 2.65) [0.6607]
舒张压/mmHg					
基线	67.0 (64.8, 69.3)	67.5 (65.2, 69.8)	64.0 (62.0, 66.0)	—	—
第90d	62.8 (60.7, 64.9)	63.9 (61.0, 66.8)	62.7 (60.5, 64.9)	-0.68 (-3.04, 1.69) [0.5705]	-1.68 (-4.16, 0.79) [0.1800]
肺功能					
第1s用力呼气的容积占预计值的百分比					
基线	94.08 (92.25, 95.92)	93.46 (89.94, 96.96)	92.65 (89.46, 95.84)	—	—
第90d	95.54 (93.63, 97.44)	94.02 (91.18, 96.85)	94.18 (90.38, 97.97)	1.91 (-0.14, 3.97) [0.0669]	-0.02 (-2.15, 2.11) [0.98481]

代谢综合征：与基线相比，自由抽吸 90d 时，三组的葡萄糖浓度均增加，而 HbA1c、体重和腰围三组与基线相比均无显著差异。

肺功能：自由抽吸第 90d，转抽组与持续吸烟组相比，FEV 增加 1.91%/pred，与戒烟组持平。

九、研究结论

从薄荷卷烟转抽薄荷加热卷烟，有害成分暴露量，致癌性成分显著降低，降低程度与戒烟组类似；疾病风险因子，特别是 HDL-C、sICAM-1、8-epi-PGF$_{2\alpha}$、11-DTX-B2 和 FEV1 显著改善，改善水平与戒烟一致。

参考文献

［1］Tricker A R, Stewart A J, Leroy C, et al. Reduced exposure evaluation of an electrically heated cigarette smoking system. 3 Part 3：Eight-day randomized clinical trial in the UK ［J］. Regulatory Toxicology and Pharmacology, 2012, 64 (Suppl 2)：35-44.

［2］Tricker A R, Jang I J, Leroy C M, et al. Reduced exposure evaluation of an electrically heated cigarette smoking system. Part 4：Eight-day randomized clinical trial in Korea ［J］. Regulatory Toxicology and Pharmacology, 2012, 64 (Suppl 2)：45-53.

［3］Tricker A R, Kanada S, K Takada, et al. Reduced exposure evaluation of an electrically heated cigarette smoking system. Part 5：8-Day randomized clinical trial in Japan ［J］. Regulatory Toxicology and Pharmacology, 2012, 64 (Suppl 2)：54-63.

［4］Tricker A R, Kanada S, Takada K, et al. Reduced exposure evaluation of an electrically heated cigarette smoking system. Part 6：6-day randomized clinical trial of a menthol cigarette in Japan ［J］. Regulatory Toxicology and Pharmacology, 2012, 64 (Suppl 2)：64-73.

［5］Leroy C M, Dziedzic K J, Ancerewicz J, et al. Reduced exposure evaluation of an electrically heated cigarette smoking system. Part 7：A one-month, randomized, ambulatory, controlled clinical study in Poland ［J］. Regulatory Toxicology and Pharmacology, 2012, 64 (Suppl 2)：74-84.

［6］Roethig H J, Kinser R D, Lau R W, et al. Short-term clinical exposure evaluation of a second-generation electrically heated cigarette smoking system ［J］. Journal of Clinical Pharmacology, 2007, 47：518-530.

［7］Pineda K F, Zedler B K, Oliveri D, et al. 12-Week clinical exposure evaluation of a third-generation electrically heated cigarette smoking system (EHCSS) in adult smokers ［J］. Regulatory Toxicology and Pharmacology, 2008, 52：111-117.

［8］ Pineda K F, Zedler B K, Oliveri D, et al. Short－term clinical exposure evaluation of a third－generation electrically heated cigarette smoking system (EHCSS) in adult smokers ［J］. Regulatory Toxicology and Pharmacology, 2008, 52: 104－110.

［9］ Roethig H J, Feng S X, Liang Q W, et al. A 12－month, randomized, controlled study to evaluate exposure and cardiovascular risk factors in adult smokers switching from conventional cigarettes to a second－generation electrically heated cigarette smoking system ［J］. Journal of Clinical Pharmacology, 2008, 48: 580－591.

［10］ Roethig H J, Kinser R D, Lau R W, et al. Short－term exposure evaluation of adult smokers switching from conventional to first－generation electrically heated cigarettes during controlled smoking ［J］. Journal of Clinical Pharmacology, 2005, 45: 133－145.

［11］ Roethig H J, Koval T, Kah R M, et al. Short term effects of reduced exposure to cigarette smoke on white blood cells, platelets and red blood cells in adult cigarette smokers ［J］. Regulatory Toxicology and Pharmacology, 2010, 57: 333－337.

［12］ Breland A B, Kleykamp B A, Eissenberg T. Clinical laboratory evaluation of potential re－ duced exposure products for smokers ［J］. Nicotine & Tobacco Research, 2006, 8: 727－738.

［13］ Bowman D L, Smith C J, Bombick B R, et al. Relationship between FTC 'tar' and urine mutagenicity in smokers of tobacco－burning or Eclipse cigarettes ［J］. Mutation Re－ search, 2002, 521: 137－149.

［14］ Smith C J, McKarns S C, Davis R A, et al. Human urine mutagenicity study comparing cigarettes which burn or primarily heat tobacco ［J］. Mutation Research, 1996, 361: 1－9.

［15］ Rennard S I, Umino T, Millatmal T, et al. Evaluation of subclinical respiratory tract in－ flammation in heavy smokers who switch to a cigarette－like nicotine delivery device that pri－ marily heats tobacco ［J］. Nicotine & Tobacco Research, 2002, 4: 467－476.

［16］ Stewart J C, Hyde R W, Boscia J, et al. Changes in markers of epithelial permeability and inflammation in chronic smokers switching to a nonburning tobacco device (Eclipse) ［J］. Nicotine & Tobacco Research, 2006, 8: 773－783.

［17］ Christelle H, Guillaume de La B, Dimitra S, et al. Evaluation of the tobacco heating sys－ tem 2. 2. Part 8: 5－Day randomized reduced exposure clinical study in Poland ［J］. Regulatory Toxicology and Pharmacology, 2016, 81: 139－150.

［18］ Christelle H, Guillaume de La B, Sarah M, et al. Assessment of the reduction in levels of exposure to harmful and potentially harmful constituents in Japanese subjects using a novel tobacco heating system compared with conventional cigarettes and smoking abstinence: A randomized controlled study in confinement ［J］. Regulatory Toxicology and Pharmacology, 2016, 81: 489－499.

［19］Christelle H，Guillaume de La B，Andrea D，et al. Reduction in exposure to selected harmful and potentially harmful constituents approaching those observed upon smoking abstinence in smokers switching to the menthol tobacco heating system 2. 2 for 3 months（Part 1）［J］. Nicotine & Tobacco Research，2020，22（4）：539-548.

［20］Haziza C，de La Bourdonnaye G，Donelli A，et al. Favorable changes in biomarkers of potential harm to reduce the adverse health effects of smoking in smokers switching to the menthol tobacco heating system 2. 2 for 3 months（Part 2）［J］. Nicotine and Tobacco Research，2020，22（4）：549-559.

［21］Lüdicke F，Ansari S M，Lama N，et al. Effects of switching to a heat-not-burn tobacco product on biologically relevant biomarkers to assess a candidate modified risk tobacco product：A randomized trial［J］. Cancer Epidemiology and Prevention Biomarkers，2019，28（11）：1934-1943.

［22］Lüdicke F，Picavet P，Baker Gizelle，et al. Effects of switching to the tobacco heating system 2. 2 menthol，smoking abstinence，or continued cigarette smoking on biomarkers of exposure：A randomized，controlled，open-label，multicenter study in sequential confinement and ambulatory settings（Part 1）［J］. Nicotine & Tobacco Research，2018，20（2）：161-172.

［23］Lüdicke F，Picavet P，Baker G，et al. Effects of switching to the menthol tobacco heating system 2. 2，smoking abstinence，or continued cigarette smoking on clinically relevant risk markers：a randomized，controlled，open-label，multicenter study in sequential confinement and ambulatory settings（Part 2）［J］. Nicotine and Tobacco Research，2018，20（2）：173-182.

［24］Lüdicke F，Baker G，Magnette J，et al. Reduced exposure to harmful and potentially harmful smoke constituents with the tobacco heating system 2. 1［J］. Nicotine & Tobacco Research，2017，19：168-175.

［25］Sakaguchi C，Kakehi A，Minami N，et al. Exposure evaluation of adult male Japanese smokers switched to a heated cigarette in a controlled clinical setting［J］. Regulatory Toxicology and Pharmacology，2014，69（3）：338-347.

第六章
生物标志物在无烟气烟草制品评估中的应用

第一节　无烟气烟草制品的发展及健康风险

　　无烟气烟草制品（STPs）是一类不经过燃烧、以产品的原始形式使用的烟草制品[1]。无烟气烟草制品的种类繁多，分类方法尚不统一。WHO 国际癌症研究机构根据无烟气烟草制品的使用形式，将其分为口用型和鼻用型两大类[2]。其中，口用形式有吮吸、咀嚼及其他形式。2009 年烟草研究合作中心（CORESTA）无烟气烟草制品分学组对世界范围内销售的无烟气烟草制品进行了汇总，并根据无烟气烟草制品的消费方式将其分为口用和鼻用两大类。其中，口用型产品种类较多，主要有瑞典含烟、美国湿含烟、含化烟草、烟草膏、牙粉、嚼烟、干含烟 7 类[3]。口用型使用方式是放入牙龈与嘴唇间，进行吮吸、咀嚼等，鼻用型是通过嗅闻吸食。欧盟烟草指令 2014 40/EU 中[4]，依据消费形式将无烟气烟草制品分为 3 大类：鼻烟（通过嗅闻吸食）、嚼烟（通过咀嚼形式进行消费）和其他口用型无烟气烟草制品。

　　消费无烟气烟草制品是许多国家的传统，如瑞典、挪威、美国和印度，尤其是在瑞典，Snus 从 20 世纪 70 年代流行，并于 90 年代中期超越卷烟。在全球控烟力度不断增强的背景下，由于消费无烟气烟草制品不会产生"二手烟"以及烟草燃烧所生成的有害成分，已逐渐成为烟草消费的重要补充形式以及国际烟草领域的重要发展趋势。十多年前，国外研究者已针对无烟气烟草制品开展了系统的健康风险研究，生物标志物在其中发挥了重要作用。

第二节　生物标志物在无烟气烟草制品评估中的应用研究

　　吸烟者抽吸传统卷烟时，有害成分暴露量与吸烟者每天抽吸卷烟数量、抽吸行为、样品化学成分之间有一定的相关性。对于无烟气烟草制品，研究表明，消费者有害成分的暴露量与使用时间、使用行为、使用品牌甚至社会因素（年龄、性别、职业等）有一定的相关性[5-7]。Hecht 等[5] 发现无烟气烟草制品消费者尿液中可替宁和总 NNAL 的含量与产品使用时间显著相关。Ferketich[6] 等对 199 名鼻烟使用者唾液中可替宁进行分析，发现使用者烟碱暴露与年龄、婚姻状况、职业、戒烟意愿、使用品牌之间有一定的相关性，从而证实无烟气烟草制品使用和抽吸卷烟在烟草依赖性方面具有一致性。Lemmonds[7] 的研究表明，无烟气烟草制品使用者尿液中的可替宁和总 NNAL 含量和使用者的使用习惯，包括使用频率、口含时间特别是口腔中的浸润时间显著相关。

采用暴露生物标志物对无烟气烟草制品与其他烟草制品的健康风险进行比较，也有相当多的文献报道[8-22]，包括消费者在不同类型烟草制品转换过程中生物标志物的变化情况及不同烟草制品消费者生物标志物的比较。但不同研究结果存在一定差异。

Kotlyar 等[8] 考察了吸卷烟者转抽 Camel 鼻烟和 Taboka 鼻烟过程中生物标志物的变化情况，结果显示，吸烟者转换产品后，吸烟者呼出 CO 和尿液中可替宁、总 NNAL、总 NNN 下降。Sarkar 等[9] 将 120 名吸烟者随机分为四组，第一组继续抽吸习惯性品牌卷烟；第二组减少抽吸卷烟数量 50% 以上，可以抽万宝路鼻烟；第三组，停止抽吸卷烟，抽万宝路鼻烟；第四组在 8d 内禁止使用烟草制品。然后对这四组吸烟者多个生物标志物（包括 CO-Hb、24h 尿液中亚硝胺、烟碱、芳香胺、苯、多环芳烃生物标志物，尿液致突变性）的变化情况进行了研究，结果表明，吸烟者改用鼻烟后，生物标志物含量下降，如果全部使用鼻烟，生物标志物下降程度和停止使用烟草制品组一样，因此推断鼻烟可降低消费者有害成分暴露量。Mendoza-Baumgart 等[10] 考察了吸卷烟者转用两种无烟气烟草制品（Exalt 鼻烟和 Ariva 含化型）后，尿液中可替宁和总 NNAL 的变化情况。结果显示，转成无烟气烟草制品后，志愿者可替宁和总 NNAL 含量下降，转抽 Exalt 的志愿者有害成分暴露量高于转抽 Ariva 的。Naufal 等[11] 采用 1999—2008 年美国国家健康与营养调查数据，比较了不同人群（吸卷烟者、非吸烟者、无烟气烟草制品使用者）体液中生物标志物含量水平，结果显示无烟气烟草制品消费者有 18 种生物标志物含量水平明显低于吸卷烟者，10 种生物标志物没有明显差异，总 NNAL 和 4 种氯代芳烃高于吸卷烟者。以上文献表明，吸卷烟者转用无烟气烟草制品后，大部分有害成分暴露量降低。

Stepanov 等[12] 发现无烟气烟草制品消费者尿液中总 NNN、NAT 和 NAB 的含量都高于吸卷烟者，比总 NNAL 差异更大。Hecht 等[14] 考察了 420 名吸卷烟者和 182 名无烟气烟草制品使用者尿液中总 NNAL 和可替宁的含量差异。结果显示，无烟气烟草制品使用者尿液中总 NNAL 和可替宁均高于吸卷烟者，无烟气烟草制品使用同样存在致癌物暴露风险，并不是安全的卷烟替代产品。Benowitz 等[16] 对吸卷烟者、无烟气烟草制品使用者、20 名 iqmik（一种自制的无烟气烟草制品）使用者、传统卷烟和无烟气烟草制品同时使用者和非烟草制品使用者血样、尿液烟碱、烟草特有亚硝胺和多环芳烃的生物标志物进行了比较，结果表明，无烟气烟草制品和吸卷烟者的烟碱暴露接近，iqmik 使用者烟碱暴露量最大，相比于吸卷烟者，无烟气烟草制品使用者的亚硝胺暴露量最大。Cok 等[17] 发现 Maras 粉末使用者尿液中可替宁含量是吸卷烟者的 3 倍。这些文献表明，使用无烟气烟草制品并不能降低有害成分暴露量。

造成这些研究结果差异的原因可能是由于无烟气烟草制品种类较多，各种产品之间差异较大，目前开展的相关生物标志物研究覆盖的产品范围还不全面，用于评估的生物标志物种类和数量也低于传统卷烟和加热非燃烧卷烟，要全面地评估无烟气烟草制品的健康风险，还需要针对各种不同的产品，开展全面的、系统的生物标志物评估。

许多效应生物标志物也被用于评价无烟气烟草制品[23-29]。Wallenfeldt 等[23] 考察了鼻烟使用者和动脉粥样硬化、心血管风险因子和 C–反应蛋白（炎症生物标志物）之间的相关性。结果表明，与非烟草制品使用者相比，鼻烟使用者的动脉粥样硬化、C–反应蛋白无明显差异，但甘油三酯较高。Bansal 等[24] 发现无烟气烟草制品消费者微核数高于吸烟者和非吸烟者。Gyllén 等[25] 发现无烟气烟草制品和卷烟一样都会引起免疫球蛋白的降低。

第三节　无烟气烟草制品生物标志物评估案例详解

以 Sarkar 等[9] 的研究为例，对口含烟的生物标志物暴露评估进行介绍。

一、研究目的

评估成年吸烟者使用某品牌口含烟（2007 年 6 月市场流通的一种产品）后有害成分暴露量的变化情况。

二、志愿者招募方法

通过网站在美国招募健康吸烟者。

三、吸烟者纳入标准

12 个月内每天抽吸 10~40 支卷烟（非薄荷型，任何焦油量均可），3 个月内未抽吸除卷烟外的其他烟草制品。

四、志愿者排除标准

口腔病变，肾、肝、代谢、心脏和肺疾病和非法药物的使用的志愿者，怀孕、待孕或哺乳等。

五、实验产品

某公司生产的轻含烟和薄荷含烟，两种产品除香味成分外其他均相同。每一袋含大约 0.3g 填充物，包括烟叶和添加成分。实验中使用的口含烟产品的化学成分分析结果如下（两种产品的含量范围）：水分，9.58%~13.22%；烟碱，1.52%~2.9%；pH，6.80~7.19；NNK，0.094~0.224mg/kg；NNN，0.682~1.117mg/kg；总亚硝胺，1.375~2.019mg/kg；苯并［a］芘，0.37~0.67ng/g；游离态烟碱测定值大约为 9%。实验中使用的卷烟为志愿者习惯性抽吸卷烟。

六、实验设计及分组

招募 137 名志愿者，120 名志愿者随机分为四组。共 115 名志愿者完成了实验。志愿者分组及完成情况如图 6-1 所示。按每天吸烟量（CPD）和性别进行随机分组，以确保所有研究组的平均分布。志愿者签署知情同意书后，给予两种口含烟产品进行选择。最终约 60% 志愿者选择薄荷含烟，40% 选择轻含烟。实验开始前两天（第-2d 和第-1d），志愿者抽吸自己习惯性卷烟，记录抽吸支数，第 1d 志愿者开始抽吸选择的口含烟产品。

持续吸卷烟组：30 人，持续抽吸自己习惯性卷烟，每天 7：00—23：00，平均 32min 抽吸一支卷烟，抽吸支数每天最多 30 支。

口含烟和加热卷烟双重使用组：60 人，减少平时抽吸卷烟支数的 50% 或以下，允许使用万宝路口含烟，只允许在 7：00—9：07，11：48—13：56 和 17：08—19：15 抽吸卷烟，口含烟则是在 7：00—23：00 约每 32min 使用一次。不允许同时抽吸卷烟和使用口含烟。

完全转抽口含烟组：15 人，停止抽吸卷烟，在 7：00—23：00 每约 32min 使用一次万宝路口含烟。

戒烟组：8d内禁止抽吸任何烟草制品。

限制吸烟者抽吸卷烟时间是为了确保受试者之间的差异最小，尤其是与血浆中的烟碱半衰期相对较短有关。研究人员对每个受试者的抽吸间隔时间进行监测，确保每一支烟都来自受试者自己的卷烟盒中。卷烟由实验人员使用统一的打火机点燃。晚上11点至早上7点不允许抽烟。

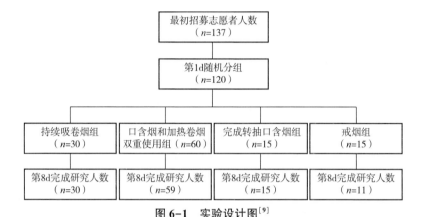

图6-1 实验设计图[9]

七、样品收集

在第-2，-1，7和8d，在7：00，9：07，11：48，13：55和19：15收集血样用于测试烟碱、可替宁和反-3′-羟基可替宁，19：00收集志愿者血样用于测试CO血红蛋白加合物。收集志愿者24h尿液用于暴露生物标志物的测定。

八、暴露生物标志物检测指标

烟碱暴露代谢物：尿液中烟碱及其5种代谢物（烟碱糖苷、可替宁及其糖苷、反-3′-羟基可替宁及其糖苷）。通过5种代谢物总量以及尿液体积，计算24h以烟碱计的代谢总量；血浆中烟碱、可替宁和反-3′-羟基可替宁及其糖苷。

烟草特有亚硝胺生物标志物：尿液中总NNAL、总NNN。

多环芳烃生物标志物：3-羟基苯并［a］芘。

苯生物标志物：苯巯基尿酸。

芳香胺生物标志物：尿液中邻甲苯胺、2-氨基萘、4-氨基联苯。

尿液致突变性。

CO暴露生物标志物：CO血红蛋白加合物。

九、研究结果

志愿者的基本信息如表6-1所示，各组志愿者之间无显著性差异。

表 6-1　志愿者基本信息[9]

参数	组别			
	持续吸卷烟组 (n=30)	口含烟和加热卷烟双重使用组 (n=60)	完全转抽口含烟组 (n=15)	戒烟组 (n=15)
年龄/岁	35.3±8.1 (22~52)	32.6±9.8 (21~61)	35.7±8.3 (23~53)	34.6±11.1 (21~52)
性别男/女/(%)	21/9 (70/30)	46/14 (77/23)	12/3 (80/20)	8/7 (53/47)
BMI/(kg/m²)	25.9±4.7 (19.5~37.4)	26.3±4.3 (19.8~39.5)	29.9±4.6 (22.0~39.5)	26.6±4.3 (21.7~37.8)
使用年限/年				
<9	7	17	3	—
10~20	11	31	9	1
>20	9	12	3	5
抽吸卷烟支数				
基线	16.7±3.8 (10~25)	17.6±4.2 (10~29)	17.8±5.3 (10~30)	18.5±5.8 (10~29)
试验后基线	15.6±4.6 (0~22)	8.4±1.9 (5~12)	NA	NA
口含烟使用				
n^2	NA	38	10	NA
每天使用量	NA	2.2±2.6 (0~14)	3.5±3.2 (0~10)	NA
使用时间/min	NA	61.3±31.0 (4.15~135.42)	53.9±32.2 (11.92~121.65)	NA

最初，四组志愿者每天抽吸卷烟支数为 16.7~18.5 支。第 8d，持续吸卷烟组抽吸卷烟支数为（15.6±4.6）支，口含烟和加热卷烟双重使用组抽吸卷烟支数为（8.4±1.9）支，双重使用组和完全转抽口含烟组第 1d 使用的口含烟分别为（3.2±2.3）支和（4.5±2.5）支，第 8d 分别为（2.2±2.6）支和（3.5±3.2）支，第 1d 比第 8d 多。双重使用组和完全转抽口含烟组使用口含烟的人数第 1d（双重使用组 54/60，完全使用组 13/15）多于第 8d（双重使用组 38/59，完全使用组 10/15）。

暴露生物标志物的变化情况如表 6-2 所示。与持续吸卷烟组相比，双重使用组和完全转抽口含烟组生物标志物的含量显著降低（$P<0.05$），戒烟组降低率更高（$P<0.001$）。与基线相比，烟草特异的 24h 烟碱代谢量，双重使用组、完全转抽口含烟组、戒烟组分别降低 34%、71% 和 99%。24h 总 NNAL 平均值，双重使用组、完全转抽口含烟组、戒烟组分别降低 30%、62% 和 69%，24h 总 NNN 平均值，双重使用组、完全转抽口含烟组、戒烟组分别降低 47%、81% 和 94%，非烟草特异性的生物标志物含量也有同等程度的降低。

采用戒烟组最终生物标志物的含量对其他组生物标志物的变化量进行校正后结果如图 6-2 所示。对于总 NNAL、总 NNN 和烟碱总代谢物，双重使用组的降低率为 36%~59%，完全转抽口含烟组降低率为 78%~89%，其他生物标志物，双重使用组降低率约为 50%（除甲苯胺 24%，CO 血红蛋白加合物 29%，3-羟基苯并芘 71%），完全转抽口含烟组降低率为 60%~99%。

第 8d 7∶00，9∶07，11∶48，13∶55，17∶08 和 19∶15 测试的血浆中烟碱变化情况如图 6-3 所示。双重使用组和持续吸烟组的烟碱浓度在 9∶07，13∶55 和 19∶15 时间点时无显著性差异。双重使用组在 11∶48 和 17∶08 两个时间点只使用口含烟时，血浆烟碱浓度显著降低。除此之外，只使用口含烟组的血浆中烟碱平均浓度每一时间点均低于持续吸烟组或双重使用组。

数据分析表明：烟碱暴露量和每天吸烟支数和使用的万宝路口含烟数目显著相关（$P<0.001$），但总 NNAL 排出量和每日抽烟支数显著相关（$P=0.0025$），和使用的口含烟数量相关性不强（$P=0.7924$）。

十、研究结论

在设计的实验条件下，当吸烟者部分使用（50% 或更高）或者全部使用口含烟，大部分烟气有害成分暴露量降低 50% 以上，说明使用口含烟不会导致补偿抽吸。全部转使用口含烟有害成分暴露量下降水平和戒烟差不多。

表6-2　不同组别基线以及实验后生物标志物数据[9]

生物标志物	组别							
	持续吸卷烟组		口含烟和加热卷烟双重使用组		完全转抽口含烟组		戒烟组	
	基线	试验后基线	基线	试验后基线	基线	试验后基线	基线	试验后基线
总NNAL/(ng/124h)	693.24±339.86	599.95±294.56	548.35±258.27	370.58±171.86	752.85±401.77	278.25±156.99	683.61±598.03	198.25±167.16
变化率/%	—	-13.86±15.73	—	-30.36±14.77[a]	—	-61.52±12.96[a,b]	—	-69.41±7.46[a]
总NNN/(ng/24h)	18.92±11.74	15.22±11.53	18.44±13.24	9.39±7.62	26.61±17.76	4.52±7.14	28.20±33.71	0.83±0.42
变化率/%	—	-24.26±25.13	—	-47.16±24.58[a]	—	-81.20±20.72[a,b]	—	-3.87±6.73
烟碱总代谢物/(mg/24h)	20.76±6.79	17.77±6.56	17.79±6.50	11.30±5.06	21.47±8.35	553±521	18.00±9.33	0.08±0.04
变化率/%	—	-14.01±24.84	—	-34.33±25.36	—	-71.19±25.87[a,b]	—	-99.48±0.16
邻甲苯胺/(ng/24h)	266.43±188.71	278.26±222.95	274.07±257.35	220.59±251.75	329.51±351.72	162.82±330.65	192.22±75.52	54.38±16.31
变化率/%	—	10.98±67.49	—	-21.42±51.31[a]	—	-60.81±27.39[a,b]	—	-64.99±24.01[a]
2-氨基萘/(ng/24h)	37.76±14.67	31.85±12.38	30.70±12.25	15.55±6.31	38.61±17.21	2.74±1.08	33.50±17.65	3.81±4.74
变化率/%	—	-13.88±24.53	—	-48.10±11.49[a]	—	-91.71±4.68[a]	—	-81.42±36.83[a]

续表

生物标志物	持续吸卷烟组		口含烟和加热卷烟双重使用组		完全转抽口含烟组		戒烟组	
	基线	试验后基线	基线	试验后基线	基线	试验后基线	基线	试验后基线
4-氨基联苯/(ng/24h)	22.13±7.77	19.22±7.29	18.72±7.55	9.88±3.79	23.04±10.43	2.91±0.92	19.61±10.67	2.25±0.88
变化率/%	—	-13.81±22.18	—	-44.86±16.58[a]	—	-85.92±5.19[a]	—	-87.24±4.52[a]
S-PMA/(ng/24h)	1.24±0.56	1.03±0.48	0.98±0.51	0.58±0.26	1.06±0.46	0.24±0.05	0.99±0.31	0.23±0.11
变化率/%	—	-12.71±28.56	—	-37.10±18.72[a]	—	-73.18±12.92[a]	—	-76.30±9.89[a]
3-羟基苯并芘/(pg/24h)	193.10±100.63	155.03±91.03	132.95±72.22	78.01±45.21	192.27±128.35	78.89±51.15	162.70±126.33	55.93±21.71
变化率/%	—	-15.36±31.48	—	-36.75±23.04[a]	—	-44.56±36.84[a]	—	-55.70±21.74[a]
COHb/(%sat)	6.96±2.30	6.37±2.07	6.13±1.78	4.74±1.30	6.99±2.45	1.53±0.19	5.62±1.89	1.35±0.44
变化率/%	—	-6.45±19.84	—	-21.03±15.90[a]	—	-75.19±10.16[a]	—	-74.64±7.98[a]
血浆中烟碱(AUC)c/(ng/mL×h)	195.67±73.05	170.34±83.54	202.02±71.41	132.94±48.28	225.55±90.10	40.31±49.29	201.78±87.04	—
变化率/%	—	-14.03±23.06	—	-32.51±17.48	—	-75.69±32.49	—	—
血浆中可替宁(AUC)c/(ng/mL×h)	3566.71±1415.98	3139.96±1441.78	3142.33±911.08	2008.00±798.18	3617.91±1546.29	78.7±822.12	3287.14±1134.86	—

续表

生物标志物	组别											
	持续吸卷烟组			口含烟和加热卷烟双重使用组			完全转抽口含烟组			戒烟组		
	基线	试验后基线	变化率/%	基线	试验后基线	变化率/%	基线	试验后基线	变化率/%	基线	试验后基线	变化率/%
变化率/%	—	−12.19±26.15		—	−34.32±29.08		—	−72.17±31.82[a]		—	—	
血浆中反-3'-羟基可替宁(AUC)[c]/(ng/mL×h)	1374.52±595.65	1273.29±555.34		1173.17±539.42	827.61±448.43		1187.42±587.60	286.76±322.41		1362.71±746.22	—	
变化率/%	—	−4.57±30.66		—	−25.38±39.14		—	−66.17±40.04[a]		—	—	
致突变性/(24h相对)[d]	25929	23810		19863	11416		36946	1192		32118	1249	
变化率/%	—	9.89		—	−50.61[a]		—	−97.34[a]		—	−96.6[a]	

注：a—CS组，$P<0.05$；b—NT组，$P<0.05$；c—浓度-时间曲线下面积；d—均值。起始时间为7：00，结束时间为19：15。

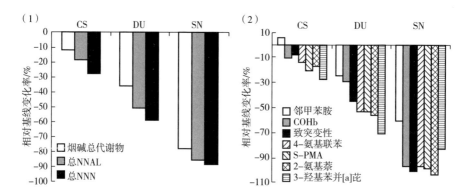

图6-2　不同组别生物标志物（总烟碱、总 NNAL、总 NNN、邻甲苯胺、COHb、致突变性、4-氨基联苯、S-PMA、2-氨基萘、3-羟基苯并［a］芘）变化情况[9]

CS—持续吸卷烟组　　DU—口含烟和加热卷烟双重使用组　　SN—完全转抽口含烟组

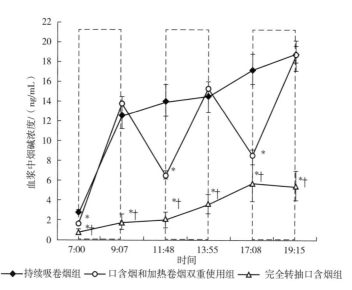

图6-3　成年吸烟者在第 8d 不同时间间隔的血浆烟碱浓度

参考文献

［1］ Asthana S, Vohra P, Labani S. Association of smokeless tobacco with oral cancer： A review of systematic reviews ［J］. Tobacco Prevention & Cessation, 2019, 5 (10)： 34.

［2］ World Health Organization. IARC monographs on the evaluation of carcinogenic risks to humans： Smokeless tobacco and some tobacco-specific N-nitrosamines ［M］. Lyon： World Health Organization.

［3］ http：//www. coresta. org/Reports/CSTS_ Smokeless-Tobacco-Glossary, odf.

［4］ European smokeless tobacco council. Manufacturing and production ［EB/OL］. (2014-04-29) http：//www. estoc. org/about-smokeless-tobacco/production.

［5］ Hecht SS, Carmella S G, Edmonds A, et al. Exposure to nicotine and a tobacco-specific carcinogen increase with duration of use of smokeless tobacco ［J］. Tobacco Control, 2008, 17： 128-131.

［6］ Ferketich A K, Wee A G, Shultz J, et al. Smokeless tobacco use and salivary cotinine concentration ［J］. Addiction Behavevior, 2007, 32： 2953-2962.

［7］ Lemmonds C A, Hecht S S, Jensen J A, et al. Smokeless tobacco topography and toxin exposure ［J］. Nicotine & Tobacco Research, 2005, 7： 469-474.

［8］ Kotlyar M, Hertsgaard L A, Lindgren B R, et al. Effect of oral snus and medicinal nicotine in smokers on toxicant exposure and withdrawal symptoms： A feasibility study ［J］. Cancer Epidemiology, Biomarkers and Prevention, 2011, 20： 91-100.

［9］ Sarkar M, Liu J M, Koval T, et al. Evaluation of biomarkers of exposure in adult cigarette smokers using Marlboro Snus ［J］. Nicotine & Tobacco Research, 2010, 12： 105-116.

［10］ Mendoza-Baumgart M I, Tulunay O E, Hecht S S, et al. Pilot study on lower nitrosamine smokeless tobacco products compared with medicinal nicotine ［J］. Nicotine & Tobacco Research, 2007, 9： 1309-1323.

［11］ Naufal Z S, Marano K M, Kathman S J, et al. Differential exposure biomarker levels among cigarette smokers and smokeless tobacco consumers in the national health and nutrition examination survey 1999-2008 ［J］. Biomarkers, 2011, 16： 222-235.

［12］ Stepanov I, Hecht SS. Tobacco-specific nitrosamines and their pyridine-N-glucuronides in the urine of smokers and smokeless tobacco users ［J］. Cancer Epidemiology and Prevention Biomarkers, 2005, 14 (4)： 885-891.

［13］ Hatsukami D K, Ebbert J O, Edmonds A, et al. Smokeless tobacco reduction： preliminary study of tobacco-free snuff versus no snuff ［J］. Nicotine & Tobacco Research, 2008, 10 (1)： 77-85.

［14］ Hecht S S, Carmella S G, Murphy S E, et al. Similar exposure to a tobacco-specific car-cinogen in smokeless tobacco users and cigarette smokers ［J］. Cancer Epidemiology and Prevention Biomarkers, 2007, 16 (8): 1567-1572.

［15］ Hatsukami D K, Lemmonds C, Zhang Y, et al. Evaluation of carcinogen exposure in peo-ple who used "reduced exposure" tobacco products ［J］. Journal of the National Cancer In-stitute, 2004, 96 (11): 844-852.

［16］ Benowitz N L, Renner C C, Lanier A P, et al. Exposure to nicotine and carcinogens among Southwestern Alaskan Native cigarette smokers and smokeless tobacco users ［J］. Cancer Epidemiology and Prevention Biomarkers, 2012, 21 (6): 934-942.

［17］ Cok I, Ozturk R. Urinary cotinine levels of smokeless tobacco (MaraE powder) users1 ［J］. Human & Experimental Toxicology, 2000, 19 (11): 650-655.

［18］ Stepanov I, Carmella S G, Briggs A, et al. Presence of the carcinogen N′-nitrosonornico-tine in the urine of some users of oral nicotine replacement therapy products ［J］. Cancer research, 2009, 69 (21): 8236-8240.

［19］ Mendoza-Baumgart M I, Tulunay O E, Hecht S S, et al. Pilot study on lower nitrosamine smokeless tobacco products compared with medicinal nicotine ［J］. Nicotine & Tobacco Re-search, 2007, 9: 1309-1323.

［20］ Hatsukami D K, Ebbert J O, Anderson A, et al. Smokeless tobacco brand switching: A means to reduce toxicant exposure? ［J］. Drug and Alcohol Dependence, 2007, 87: 217-224.

［21］ Post A, Gilljam H, Rosendahl I, et al. Validity of self-reports in a cohort of Swedish ad-olescent smokers and smokeless tobacco (snus) users ［J］. Tobacco Control, 2005, 14: 114-117.

［22］ Gray J N, Breland A B, Weaver M, et al. Potential reduced exposure products (PREPs) for smokeless tobacco users: Clinical evaluation methodology ［J］. Nicotine & Tobacco Re-search, 2008, 10: 1441-1448.

［23］ Wallenfeldt K, Hulthe J, Bokemark L, et al. Carotid and femoral atherosclerosis, cardio-vascular risk factors and C-reactive protein in relation to smokeless tobacco use or smoking in 58-year-old men ［J］. Journal of Internal Medicine, 2001, 250: 492-501.

［24］ Bansal H, Simarpreet V S, Bhandari R, et al. Evaluation of micronuclei in tobacco users: A study in Punjabi population ［J］. Contemporary Clinical Dentistry, 2012, 3 (2): 184-187.

［25］ Gyllén P, Andersson B A, Qvarfordt I. Smokeless tobacco or nicotine replacement therapy has no effect on serum immunoglobulin levels ［J］. Respiratory Medicine, 2004, 98: 108-114.

［26］ Palaskar S, Jindal C. Evaluation of micronuclei using Papanicolaou and may Grunwald-Giemsa stain in individuals with different tobacco habits：A comparative study［J］．Journal of Clinical and Diagnostic Research，2011，4：3607-3613.

［27］ Ozkul Y，Donmez H，Erenmemisoglu A，et al. Induction of micronuclei by smokeless tobacco on buccal mucosa cells of habitual users［J］．Mutagenesis，1997，12：285-287.

［28］ Patel B P，Trivedi P J，Brahmbhatt M M，et al. Micronuclei and chromosomal aberrations in healthy tobacco chewers and controls：A study from Gujrat，India［J］．Archive of Oncology，2009，17：7-10.

［29］ Gyllen P，Andersson B A，Qvarfordt I. Smokeless tobacco or nicotine replacement therapy has no effect on serum immunoglobulin levels［J］．Respiratory Medicine 2004，98：108-114.

第七章
生物标志物在电子烟评估中的应用

第一节　电子烟的发展及健康风险

　　电子烟概念的最先提出可追溯到 1963 年，美国人 Gilbert 在其专利"一种没有烟的非烟草卷烟"中提到了加热卷烟碱溶液产生蒸汽用来吸入的方法。2003 年，韩力重新提出了一种通过雾化烟碱稀释溶液产生类似烟气的装置——"如烟"，随后其作为戒烟产品，进入国际市场。电子烟本质上是一种用来模拟传统卷烟抽吸的电子装置，消费者通过抽吸电子烟产生的气溶胶，达到与使用卷烟相似的生理感受。该产品受烟草管制法规的影响较小，近年来在全球范围内销售增长迅速，已成为重要的新型烟草制品之一。

　　不同于传统卷烟，电子烟烟液中的成分通过雾化方式进入消费者口腔。现有文献研究表明，电子烟烟液中通常含有烟碱、烟草特有亚硝胺、邻苯二甲酸酯、甲醇、苯、乙二醇、二甘醇、甲醛、乙醛、丙烯醛、2，3-丁二酮、重金属等，气溶胶中的化学成分主要包括：甲醛、乙醛、丙烯醛、2，3-丁二酮、重金属等。在正常使用条件下，大部分电子烟气溶胶有害成分如烟草特有亚硝胺、挥发性有机化合物、多环芳烃、芳香胺等释放量显著低于卷烟，烟碱和挥发性羰基物释放量低于或与卷烟释放量相当。

　　世界卫生组织烟草控制框架公约缔约方会议第六届会议报告中明确提出，电子烟尽管可能会对吸烟者有较小的毒性影响，但是减少的风险量目前尚不可知，目前应当禁止对电子烟使用未经证实的健康宣传；欧盟烟草制品指令中也提出电子烟上市前必须开展产品的健康风险评估，作为健康风险评估的重要部分，国内外已有一些研究采用生物标志物方法开展了电子烟有害成分的暴露评估研究，主要用于与传统卷烟有害成分暴露量进行比较。

第二节 生物标志物在电子烟评估中的应用研究

目前，暴露生物标志物和效应生物标志物已用于电子烟的风险评估，在暴露风险评估中以烟碱为主，其他有害成分较少。

一、烟碱暴露评估

Flouris 等[1] 研究了电子烟使用对血清中可替宁及使用者肺功能的影响。15 名未使用电子烟的吸烟者使用习惯性卷烟和电子烟（烟液中烟碱浓度为11mg/mL）后进行检测，研究结果表明：抽吸卷烟和使用电子烟 1h 后，血清中可替宁均迅速升高，但卷烟和电子烟无显著差异。该研究表明，当电子烟释放的烟碱水平与卷烟相当时，人体烟碱暴露量基本一致。

Ramoa 等[2] 开展了电子烟液中烟碱浓度与使用者血浆中烟碱浓度的关系研究。16 名熟练电子烟使用者使用了不同烟碱浓度的同一种电子烟产品（0.8mg/mL、18mg/mL 和 36mg/mL 烟碱），参与者参与了两次实验（间隔30s，抽吸 10 口，中间间隔 1h）。研究结果表明：血浆中烟碱浓度与电子烟液中烟碱浓度有关。0、8mg/mL、18mg/mL 和 36mg/mL 烟碱浓度参与者的血浆中烟碱平均浓度分别为 4.4ng/mL、11.1ng/mL、18.1ng/mL 和 24.1ng/mL。这项研究同时表明，电子烟熟练使用者血液中烟碱浓度和吸烟者相当（图 7-1）。

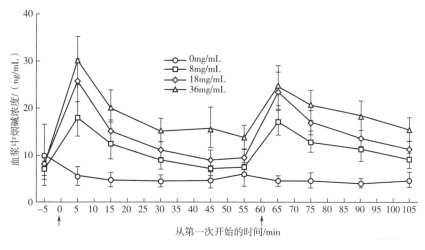

图 7-1 电子烟使用者血浆中烟碱浓度随时间变化情况[2]

Wagener 等[3] 比较了第二代和第三代电子烟使用者的烟碱暴露差异。20 名参与者（9 名第二代使用者和 11 名第三代使用者）用他们自己习惯性电子烟抽吸 10 口（间隔 30s）。使用的第二代电子烟烟液中烟碱平均浓度为（22.3±7.5）mg/mL，平均功率为（8.6±1.9）W；第三代电子烟液烟碱平均浓度为（4.1±2.9）mg/mL，平均功率为（71.6±50.0）W。研究表明，使用者使用第二代电子烟时，抽吸 1 口，5min 后血浆中烟碱浓度为 7.3ng/mL，第三代为 17.5ng/mL。第三代电子烟烟液消耗量高于第二代，使用第三代电子烟和抽吸卷烟后血浆中烟碱浓度相当，这可能是由于其功率较大造成的（图 7-2）。

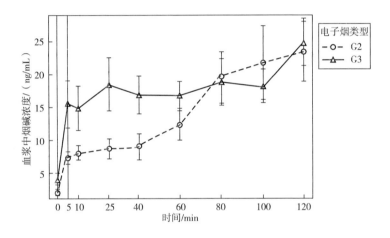

图 7-2　不同类型电子烟使用者血浆中烟碱浓度随时间变化情况[3]

Adriaens 等[4] 将 48 名（含 27 名女性）没有戒烟意向的吸烟者随机分为三组：两组转抽电子烟，另一组为对照组。两组电子烟组被分配使用 Joye eGo-C 或 Kanger T2-CC 电子烟（烟液中烟碱浓度为 18mg/mL），对照组抽吸自己习惯性卷烟。受试者参与实验后的第 1 周、第 4 周和第 8 周到实验室集中采取唾液样本，用于可替宁分析。期间，电子烟组参与者可以自由使用指定的电子烟或自己习惯性卷烟，对照组只能抽吸卷烟。8 周后对照组同样给予电子烟，并在第 8 个月的最后一次随访进行唾液收集和可替宁测定。研究表明，电子烟组及对照组的唾液中的可替宁在前 8 周（对照组未使用电子烟）均显著降低，8 周后，电子烟组可替宁含量显著增加，对照组没有明显变化。在最后一次随访中（8 个月后），电子烟组和对照组（可以使用电子烟 6 个月）之间唾液可替宁浓度没有出现差异。本研究结果显示，吸烟者完全使用电子烟、电子烟和卷烟同时使用、只抽吸卷烟之间的烟碱暴露无显著性差异。

Hecht 等[5] 对电子烟使用者和吸烟者尿液中的烟碱和可替宁进行了分析比较。研究结果表明，最少 2 个月没有抽吸卷烟的电子烟使用者的尿液中可替宁和烟碱含量分别为 1880ng/mL（1420~2480ng/mL）和 869ng/mL（604~1250ng/mL），显著低于其中一组 165 名吸烟者尿液中可替宁和烟碱的含量 3930ng/mL（3500~4400ng/mL）和 1380ng/mL（1190~1600ng/mL），而与另一组 40 名吸烟者的尿液含量则无明显差异［可替宁和烟碱分别为 1930ng/mL（1530~2440ng/mL）和 1270ng/mL（834~1710ng/mL）］。

Goney 等[6] 对 32 名电子烟使用者、33 名吸烟者、33 名暴露于二手烟的非吸烟者的尿液进行了分析。结果表明，电子烟使用者尿液中可替宁的含量为 1755±1848ng/g 肌酐，与吸烟者的（1720±1335ng/g 肌酐）无明显差异，高于暴露于二手烟的非吸烟者（81.4±97.9ng/g 肌酐）。

Strasser 等[7] 研究了 28 名吸卷烟的志愿者转抽第一代电子烟后烟碱的暴露情况。志愿者第 1d 抽吸自己习惯性品牌卷烟，然后随机分配抽吸 5 种市场上较流行的不同的电子烟产品（产品烟碱浓度范围为 18~24 mg）。实验过程中，收集志愿者第 1d，第 5d 和第 10d 的唾液，进行烟碱生物标志物分析。研究结果表明，转抽电子烟的所有志愿者唾液中的可替宁均显著下降，到第 10d，下降比例为 23.4%~56.3%，表明吸卷烟者转抽电子烟后，烟碱暴露降低。此外，唾液中的可替宁在第 5d 与第 10d 时无显著性差异，说明使用电子烟过程中烟碱暴露无明显变化。

D'Ruiz 等[8] 将 105 名吸烟者分为 7 组，3 组完全转抽电子烟组，3 组双重使用者组，1 组戒烟组。研究结果表明：完全转抽电子烟组，尿液中总烟碱代谢物基线为 14.5~17.6mg/24h，第 5d 为 10.5~12.7mg/24h，显著下降；双重使用者组，从 15.7~16.6mg/24h 变化至 15.8~18.4mg/24h，无显著性差异；戒烟组从 20.0mg/24h 下降至 0.5mg/24h。完全转抽电子烟组，血液中的可替宁和烟碱也显著下降，双重使用者组血浆中的可替宁无明显变化，烟碱有一组显著降低。戒烟组血液中烟碱和可替宁显著下降。

现有文献研究表明[1-11]，电子烟给使用者带来的烟碱暴露受产品特征（设备、烟液组成等）、设备操作方法的影响，产品间存在较大差异。但已有足够证据证实，电子烟熟练使用者的烟碱暴露和传统卷烟使用者无显著差异。

二、其他有害成分暴露评估

Kotandeniya 等[12] 对电子烟使用者和吸卷烟者尿液中的总 NNN 和总 NNAL 进行了分析研究，结果表明，电子烟使用者尿液中的总 NNN、总 NNAL 的含量远低于吸烟者。

Hecht 等[5] 对 28 名电子烟使用者尿液中的 1-羟基芘、总 NNAL、丙烯醛生物标志物 HPMA 和 2-HPMA、巴豆醛生物标志物 HMPMA、苯生物标志物 SPMA、烟碱和可替宁进行了分析研究，并与文献报道的吸烟者尿液中这些生物标志物的含量进行了分析比对。结果表明，电子烟使用者尿液中的 1-羟基芘、总 NNAL、HPMA、HMPMA 和 SPMA 的含量远低于吸卷烟者，但烟碱、可替宁的含量低于 Hatsukami 的报道结果[13]，高于 Zarth 的报道值[14]。

Goniewicz 等[15] 研究了 20 名吸卷烟者转抽笔式 201 电子烟 1 周后尿液中 NNK、1,3-丁二烯、丙烯醛、巴豆醛、苯、丙烯酰胺、丙烯腈、环氧乙烷、环氧丙烷、芴、菲、萘生物标志物的变化情况。研究结果表明，烟碱总代谢物和部分多环芳烃暴露水平未改变，1,3-丁二烯、苯、丙烯腈暴露量显著降低，总 NNAL 1 周后下降 43%，2 周后下降 36%。3-羟基芴 1 周后下降 54%，2 周后下降 56%（本研究结果如图 7-3 所示）。

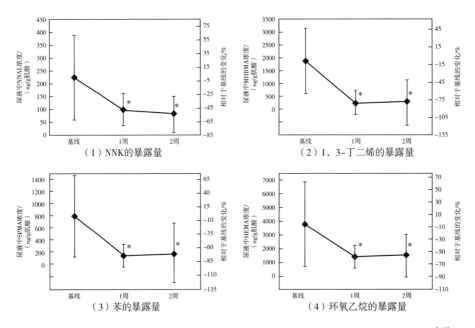

图 7-3   20 名吸卷烟者转抽电子烟 2 周过程中致癌性化学成分暴露量的变化情况[15]

McRobbie 等[16] 测量了 40 名吸传统卷烟者转抽电子烟（烟弹式，标注2.4%烟碱）前后，呼出 CO、尿可替宁 3-HPMA 含量变化情况。4 周后，33 名参与者使用电子烟，48%的戒掉传统卷烟而只使用电子烟，52%的人同时使用电子烟和卷烟（双重使用者）。使用电子烟后，呼出 CO 显著降低，只使用电子烟的参与者降低 80%，双重使用者降低 52%。可替宁的含量也有所下降，但下降程度较小（只使用电子烟的下降 17%，双重使用者降低 44%。只使用电子烟的参与者 HPMA 含量平均下降 79%，双重使用者平均下降 60%）。

Pulvers 等[17] 招募了 40 名吸传统卷烟者，进行电子烟转抽实验。研究人员给参与者提供了一支 e-Go 可续液电子烟，有 8 种口味，含 12mg 或 24mg 烟碱。92.5%的参与者报告使用研究中的电子烟。2 周后，40%的人表示已经戒掉传统卷烟。4 周后，烟碱暴露量无显著变化（$P = 0.90$），但 CO（$P < 0.001$）、NNAL（$P < 0.01$、苯（$P < 0.01$）和丙烯腈（$P = 0.001$）的暴露物显著降低，吸烟者完全改用电子烟后，至少有一半的研究期内，环氧乙烷（$P = 0.03$）和丙烯酰胺（$P < 0.01$）代谢物显著降低。

Shahab 等[18] 比较了只抽卷烟者、卷烟和烟碱替代疗法同时使用者、烟碱替代疗法的使用者、卷烟和电子烟双重使用者、只抽吸电子烟的使用者尿液和唾液中有害成分暴露量的差异如图 7-4 所示。研究结果表明，扣除混杂因素后，尿液和唾液中各组别烟碱暴露量没有明显差异，对于 NNK、丙烯醛、丙烯酰胺、丙烯腈、1,3-丁二烯和环氧乙烷，只抽吸电子烟的使用者、烟碱替代疗法的使用者的暴露量显著低于只抽卷烟者、卷烟和电子烟双重使用者、卷烟和烟碱替代疗法同时使用者。只抽吸电子烟的使用者的 NNK 暴露量最低，只抽卷烟者、卷烟和电子烟双重使用者、卷烟和烟碱替代疗法同时使用者的亚硝胺和 VOC 暴露量无显著性差异。

现有的文献研究基本证实，吸传统卷烟者完全转换抽吸电子烟可以显著降低挥发性醛类、挥发性有机化合物、丙烯酰胺、烟草特有亚硝胺等多种有害成分的暴露量。

三、疾病风险评估

目前，国外主要通过对传统卷烟转抽电子烟后体内效应生物标志物（疾病风险因子）的变化考察了电子烟疾病风险与传统卷烟的差异。

Carnevale 等[19] 比较了健康吸烟者（20 名）和非吸烟者使用电子烟和卷

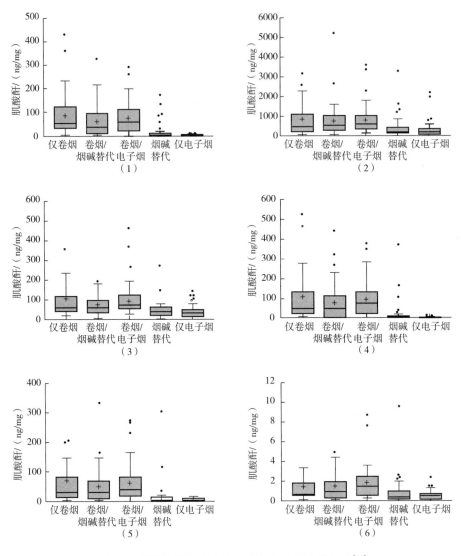

图7-4 不同组别尿液中有害成分生物标志物比对[18]

（1）—NNAL （2）—3HPMA （3）—AAMA （4）—CYMA （5）—MHBMA3 （6）—HEMA

烟对氧化应激和内皮细胞功能的影响。首先，所有的志愿者抽吸卷烟，一周后，转抽同卷烟烟碱量一致的电子烟。抽吸前后，迅速采血，然后对血样中的氧化应激生物标志物、NO 生物活性、维生素 E、流动介导扩张（内皮功能标志物）进行了测定。研究结果表明，抽吸电子烟和卷烟后，可溶性的 NOX2 衍生肽、8-异前列腺素 $F_{2\alpha}$、一氧化氮生物利用度降低率、维生素 E 和流动介导扩张显著增加。数据分析显示，电子烟和卷烟对产生的维生素 E 和流动介导扩张产生的影响无明显差异，但是，电子烟对可溶性的 NOX2 衍生肽、8-异前列腺素 $F_{2\alpha}$、NO 生物利用率的影响显著小于卷烟。

Cibella 等[20] 评估了 300 名吸卷烟者完全转抽、部分转抽电子烟及持续抽吸卷烟对肺活量指标和呼吸症状的变化。研究结果表明，部分转抽电子烟组、完全转抽电子烟组、持续吸烟组肺活量指标（FEV1，用力肺活量 FVC，FEV1/FVC）没有明显差异，但完全转抽电子烟组的志愿者随使用电子烟时间的增加，FEF25-75 比例显著增加（85.7%±15.6% 至 100.8%±14.6%，$P=$ 0.034）。

Yan 和 D'Ruiz 等[21] 研究了电子烟对血压、心率的影响，并与卷烟进行了比对。研究表明，抽吸万宝路卷烟 20min 后，志愿者的收缩压和舒张压会明显增加，使用电子烟则无明显变化。

D'Ruiz 等[22] 将 105 名吸卷烟者随机分为完全转抽电子烟组、部分转抽电子烟组、戒烟组。研究表明，部分转抽电子烟组使用电子烟 5d 后，吸烟者的血压、心率没有增加，也未出现呼吸系统负面效应。戒烟组和完全转抽电子烟组的大部分志愿者血压、心率下降。完全转抽或者部分转抽电子烟组的肺功能中 FVC 和 FEV1 指标稍有改善。

Flouris 等[23] 考察了电子烟、卷烟使用对全细胞计数的影响。研究发现，使用电子烟对全细胞计数没有影响，而吸烟则会导致白细胞、淋巴细胞和粒细胞增加。

Polosa 等[24] 研究了患有慢性阻塞性肺病吸烟者转抽电子烟 12 和 24 个月后的变化，发现这些吸烟者完全转抽电子烟后，慢性阻塞性肺病（COPD）急性加重减轻，得分从 2.3（±1）降低至 1.8（±1），双重使用者 COPD 的急性加重也有所减轻。此外，COPD 的症状和可以从事的活动能力增强，而持续抽烟组无明显变化。

Cravo 等[25] 进行了一项随机、平行组临床研究，以评估 420 名吸卷烟者改用 EVP 电子烟产品（烟液烟碱含量：2.0%）12 周过程中的安全性。在研究过程中，未观察到生命体征、心电图、肺功能测试和标准临床实验室参数等方面的异常。在改用 EVP 后的第一周，受试者使用的电子烟报告的不良事件较为频繁。此后，不良事件发生率降低，在报告的 1515 例不良事件中，495 例被判定与烟碱戒断症状有关，包括头痛、喉咙痛、吸烟意愿和咳嗽，分别占受试者的 47.4%、27.8%、27.5%和 17.0%。

Poulianiti 等[26] 考察了电子烟、卷烟使用前后 1h 部分氧化应激生物标志物的变化，研究指标包括总抗氧化能力、血液中过氧化氢酶活性和还原型谷胱甘肽。结果表明，电子烟、卷烟使用前后 1h，这些指标均无显著变化（$P>$ 0.05）。

Szoltysek-Boldys 等[27] 比较了卷烟和电子烟对实际心血管疾病指标的影响。参与者为 15 名女性吸烟者，每天抽吸卷烟 5 支以上，烟龄 2 年以上。对参与者抽吸卷烟、使用电子烟前后测量了动脉硬化程度、血压和心率。研究表明，抽吸卷烟和使用电子烟后，参与者的动脉硬化程度、血压和心率没有显著变化，血压和心率都会增加，但均没有显著变化。

Wadia 等[28] 比较了 20 名吸卷烟者转抽电子烟 2 周后的牙龈健康状况。研究结果发现，使用电子烟代替卷烟两周后，牙龈炎症明显增加。

由于电子烟出现时间相对较短，其使用对健康的影响还不清楚，但目前的证据基本表明，电子烟的危害比卷烟小。大部分人群实验的研究都显示，从抽吸卷烟转向使用电子烟，健康状况在短期内有显著改善。尽管大多数开展的人群研究受试者人数较少，但所有研究均表明电子烟在改善呼吸、心血管和口腔健康结果方面是一致的。

第三节　电子烟消费者暴露评估案例详解

近年来，电子烟的销售增长极其迅速，已成为全世界市场上最重要的新型烟草产品之一。作为电子烟的发明国，中国电子烟产业发展非常迅速，全球大部分电子烟产品及其配件产自中国，是世界最大的电子烟出口国。与此同时，国内消费者对电子烟的认知也逐步提升，国内市场电子烟销量的增加非常显著。

大部分消费者选择电子烟的初衷是为了降低吸烟风险、辅助戒烟等，但目前电子烟有害成分暴露和健康风险研究仅处于起始阶段。电子烟是否能有效降低卷烟消费者的烟碱及其他有害成分实际暴露量，有害成分暴露风险与非吸烟者相比究竟有多大差异尚无明确结论。对于电子烟健康风险的客观评价，消费者有害成分暴露评估研究是关键评估环节。

本部分内容是基于郑州烟草研究院在 2018 年开展的电子烟消费者吸烟行

为和暴露风险研究成果。

一、实验设计

本研究为电子烟消费者横断面调查，目的是掌握目前我国电子烟消费者吸烟暴露风险状况。采用问卷调查研究了参与者的基本人口信息、电子烟使用行为等，同时收集志愿者晨尿样品，通过对样品中烟碱、挥发性成分等有害成分的生物标志物分析，考察电子烟使用者有害成分暴露情况及与吸烟者、非吸烟者的差异，并结合问卷调查结果，考察了有害成分暴露情况的影响因素。

结合电子烟百度搜索指数中地域分布和百度搜索指数城市排名，项目选择我国北京、上海、广州、深圳为典型电子烟区，在这些地区招募电子烟消费人群作为实验对象，另外选取部分吸烟者、非吸烟者作为对照人群。

以北京、上海、广州、深圳为我国典型电子烟消费区，通过网络销售平台和电子烟体验馆征集，结合"滚雪球调查"等征集方式，选取电子烟消费人群作为实验对象，另外选取部分吸烟者、非吸烟者作为对照人群。

研究对象要求：18 周岁以上，无严重心血管、呼吸系统疾病患者；签署知情同意书。研究对象排除标准：非法药物滥用、哺乳或怀孕、重度抑郁症或其他精神疾病、严重心血管疾病患者、慢性阻塞性肺疾病、肺癌及其他肿瘤患者、严重的生理畸形患者。除满足上述要求外，研究对象具体需要满足如下标准：

电子烟消费者纳入标准：最近持续抽吸电子烟 3 个月以上，且每周抽吸电子烟的频次在 3 天及以上；要求携带自用电子烟具在指定时间内到现场抽吸。

吸烟者纳入标准：最近持续抽吸卷烟 6 个月以上；每天抽吸卷烟 15 支以上；近六个月内没有使用过卷烟以外的烟草制品，如口含烟、电子烟等。

非吸烟者纳入标准：从未使用过电子烟、卷烟、口含烟等烟草制品。

目前国内尚无电子烟调查问卷可以参考。作为研究者与研究对象传递信息的中介，问卷设计的好坏影响真实性和应答率，进而影响抽样调查的代表性及调查结果的重要因素。通过调研国际上电子烟的问卷调查文献，在广泛征求流行病学研究人员、市场销售人员、产品研发人员意见的基础上，参阅大量中外文献，项目组针对电子烟消费者设计适合的问卷调查表，调查内容包括电子烟消费者的使用量、消费偏好、消费趋势和健康认知等。

二、消费者基本情况分析

共发放 511 份调查问卷，回收 511 份调查问卷。对回收的调查问卷进行了详细的数据分析。利用 SPSS17.0 对问卷录入结果进行分析，定量资料采用 t 检验、单因素方差分析方法；分类资料采用卡方检验分析方法。

调查的电子烟消费者的年龄分布如图 7-5 所示，统计分析结果如表 7-1 所示。调查对象最小者 19 岁，最大者 62 岁，平均年龄 31 岁，中位年龄 30 岁。19~29 岁的消费者占比 47.6%，30~39 岁的消费者占比 34.2%，40~49 岁的消费者占比 13.1%，总体上电子烟消费者以年轻人为主。北京、上海、广州电子烟消费者无明显差异，深圳电子烟消费者的年龄小于其他城市。

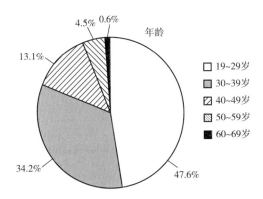

图 7-5　电子烟消费者年龄分布情况

表 7-1 　　　　　　　　　　　　调查对象年龄分布　　　　　　　　　　（单位：岁）

年龄	平均值	SD	中位数	最小值	最大值
全国	31.2	9.6	30	19	62
北京	32.1	10.1	30	19	61
上海	33.3	8.3	32	20	62
广州	34.6	8.7	32	20	61
深圳	26.0	9.0	22	19	58

四个城市电子烟消费者的性别分布如表 7-2 所示。消费者以男性为主，占比 90.6%，女性仅占比 9.4%。各城市之间的男女比例略有差异，上海的女性比例最高，为 15.4%。

表 7-2　　　　　　　　　　电子烟消费者性别分布

性别	总占比/%	北京/%	上海/%	广州/%	深圳/%
男	90.6	92.7	84.6	87.9	96.8
女	9.4	7.3	15.4	12.1	3.2

四个城市的电子烟消费者的职业分布如表 7-3 所示。占比较高的职业为企业一般职员、企业中层或高层、学生、自由职业及私营企业主，占比分别为 28.4%，23.3%，13.7%，10.0% 和 8.6%。不同城市的职业分布差异不明显。

表 7-3　　　　　　　　　　电子烟消费者职业分布

职业	全国	北京	上海	广州	深圳
企业的一般职员/%	28.4	29.3	35.0	28.9	22.3
企业的中层或高层管理人员/%	23.3	19.5	33.3	31.5	9.6
学生/%	13.7	8.5	2.4	1.3	36.9
自由职业者/%	10.0	15.9	8.1	8.1	10.2
私营企业主/企业合伙人/%	8.6	8.5	8.9	10.7	6.4
政府部门/事业单位的一般职员/%	4.7	2.4	4.9	8.1	2.5
服务行业（如饭店、商铺）的蓝领服务人员/%	2.3	3.7	0.8	1.3	3.8
政府部门/事业单位的中层或高层管理人员/%	2.2	2.4	2.4	0.7	3.2
小商铺/饭店等的业主/%	2.0	0.0	0.8	4.0	1.9
工人/蓝领/体力劳动者/%	2.0	2.4	0.0	2.7	1.9
中高级专业人士（如律师、医生、科学家等）/%	1.8	3.7	1.6	2.0	0.6
退休/%	0.6	1.2	0.8	0.7	0.0
无业/下岗/%	0.6	2.4	0.0	0.0	0.6

调查的电子烟消费者的受教育程度分布如表 7-4 所示。本科学历消费者占比 45.2%，专科学历占比 36.0%，高中/职高学历占比 16.8%，初中、硕士、博士占比较低。总体上，消费者学历集中于专科、本科学历人群。各城市消费者的受教育程度存在一定差异，北京、上海本科学历占比超过 60%，广州本科占比 45.6%，而深圳 50% 的消费者则集中于专科学历水平。

表 7-4   电子烟消费者受教育程度分布

教育程度	全国	北京	上海	广州	深圳
博士及以上/%	0.2	1.2	0.0	0.0	0.0
硕士研究生/%	1.2	6.1	0.8	0.0	0.0
大学本科/%	45.2	67.1	61.8	45.6	20.4
专科/%	36.0	15.9	29.3	38.3	49.7
高中/职高/%	16.8	9.8	8.1	14.8	29.3
初中/%	0.6	0.0	0.0	1.3	0.6

三、消费行为

调查问卷中涉及的电子烟的消费行为主要包括：电子烟龄、使用类型、品牌、口味偏好、烟碱浓度等。

调查的志愿者的电子烟龄分布如表 7-5 所示。由表中数据可以看出，总体上，电子烟龄为 1~2 年的消费者占比 34.8%，6~12 个月的消费者占比 30.5%。不同城市消费者的烟龄存在一定的差异，但总体上烟龄为 6~12 个月以及 1~2 年的志愿者人数较多。

表 7-5   消费者电子烟龄统计分析

烟龄	全国	北京	上海	广州	深圳
3~6 个月/%	15.7	22.0	17.1	10.1	16.6
6~12 个月/%	30.5	30.5	26.0	16.8	47.1
1~2 年/%	34.8	26.8	35.8	48.3	25.5
2~3 年/%	11.4	13.4	11.4	14.8	6.4
3~5 年/%	4.7	3.7	7.3	4.7	3.2
5 年以上/%	3.1	3.7	2.4	5.4	1.3

调查的志愿者的电子烟使用类型如表 7-6 所示。由数据可以看出，四个城市均以续液式电子烟为主，占比超过 90%，烟弹式电子烟略高于一次性电子烟。

表 7-6		志愿者电子烟类型统计分析	
使用类型	一次性/%	烟弹式/%	续液式/%
全国	1.0	2.9	96.1
北京	0.0	2.4	97.6
上海	0.8	7.3	91.9
广州	0.0	1.3	98.7
深圳	2.5	1.3	96.2

　　对消费者使用的电子烟的烟碱量进行了统计分析，结果如表7-7所示。由表中数据可以看出：低烟碱（1~5mg/mL）的消费人群最多，占比58.3%，其次为无烟碱和中烟碱（6~11mg/mL）电子烟。四个城市全部以低烟碱含量电子烟为主，北京、上海志愿者的中烟碱人数比无烟碱多，广州、深圳志愿者的无烟碱人数比中烟碱多。按照消费者使用的电子烟的类型，对电子烟烟液中的烟碱量进行了统计分析，结果如表7-8所示。由表中数据可以看出，续液式电子烟中，低烟碱量的占比最高为57.8%，其次为无烟碱和中烟碱，占比分别为17.3%和15.7%。烟弹式电子烟中低烟碱占比最高，为80.0%。

表 7-7		消费者电子烟烟碱量统计分析			
烟碱量	全国/%	北京/%	上海/%	广州/%	深圳/%
无	17.2	8.5	11.4	22.1	21.7
1~5mg/mL	58.3	61.0	61.0	51.7	61.1
6~11mg/mL	15.3	14.6	19.5	20.8	7.0
12~20mg/mL	2.7	3.7	0.8	0.7	5.7
20mg/mL 及以上	0.4	0.0	1.6	0.0	0.0
不清楚	6.1	12.2	5.7	4.7	4.5

表 7-8		不同类型电子烟消费者烟液烟碱量统计分析		
烟碱量	全部类型/%	续液式/%	烟弹式/%	一次性/%
无	17.2	17.3	6.7	40.0
1~5mg/mL	58.3	57.8	80.0	40.0
6~11mg/mL	15.3	15.7	6.7	0

续表

烟碱量	全部类型/%	续液式/%	烟弹式/%	一次性/%
12~20mg/mL	2.7	2.6	0.0	20.0
20mg/mL 及以上	0.4	0.2	6.7	0.0
不清楚	6.1	6.3	0.0	0.0

四、消费者烟草使用历史和现状

对消费者当前电子烟使用状况，包括只抽电子烟和双重使用（电子烟、卷烟同时使用）进行了统计，结果如表 7-9 所示。由表中数据可以看出，目前的消费者以双重使用为主，占比 73.2%，只抽电子烟的消费者占比 26.8%。各个城市使用状况一致。

表 7-9 当前电子烟使用状况

当前电子烟使用状况	全国/%	北京/%	上海/%	广州/%	深圳/%
只抽电子烟	26.8	25.6	25.2	28.2	27.4
双重使用	73.2	74.4	74.8	71.8	72.6

五、消费人群烟碱暴露评估

664 名志愿者中，实际收集尿液样品 660 个，样品收集率为 99.4%。不同城市样品收集情况为：北京（122 人）和深圳（195 人）志愿者，全部收集了样品，上海（160 人）缺失电子烟志愿者尿液样品 3 个，广州（183 人）缺失只抽卷烟者尿样 1 人。

采用消费者尿液中烟碱生物标志物含量（经肌酐校正）对电子烟消费人群烟碱的暴露水平进行评估。首先对生物标志物测试数据进行异常值筛选，然后采用方差分析对不同组别人群数据进行差异性分析。

（一）异常值筛选

由于消费者饮食、代谢、依从性等方面存在比较大的差异，为防止个别极端差异对整体分析结果的影响，首先对分析数据进行异常数据筛选，所采取的原则为：检测值 X 检测值与第 75 分位数 P_{75} 之差大于第 75 分位数 P_{75} 与第 25 分位数值 P_{25} 之差的 3 倍，即是（X 检测值 $-P_{75}$）>3（$P_{75}-P_{25}$），如图 7-6 所示。

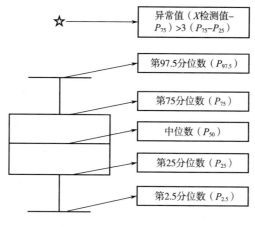

图 7-6　异常值筛选箱式图

（二）不同城市烟碱暴露量比较

对北京、上海、广州、深圳四个城市电子烟消费者的烟碱暴露量进行比对，结果如表 7-10 所示。由表中数据可以看出，不同消费状态消费者烟碱暴露量在不同城市中基本处于同一数量级水平，但也存在一定差异，这种差异可能与个体差异，卷烟、电子烟消费习惯，饮食习惯有关。整体上看，4 个城市不同消费状态消费者烟碱暴露量的差异基本趋势一致，双重使用者略高于吸烟者，明显高于只抽电子烟的消费者，非吸烟者烟碱暴露量显著低于其他消费人群。

表 7-10　　　　　不同城市电子烟消费者烟碱暴露差异　　　　（μg/mg 肌酐）

城市和消费者	CNO	NNO	NICG	COTG	OHCOTG	—
北京	**5340.5**	**926.4**	**912.4**	**48.4**	**18.0**	**1910.5**
非吸烟者	112.1	4.8	64.9	16.1	2.6	5.2
双重使用	7323.4	1192.9	1094.0	57.5	21.2	2619.9
吸烟者	6272.3	1329.8	1337.6	65.5	28.2	2238.2
只抽电子烟	2205.6	343.1	484.1	25.1	8.0	745.6
广州	**5737.5**	**946.5**	**861.0**	**53.5**	**20.6**	**1985.7**
非吸烟者	188.5	6.6	132.8	20.0	2.9	12.8
双重使用	7281.6	1292.1	1106.2	62.0	25.0	2442.5

续表

城市和消费者	CNO	NNO	NICG	COTG	OHCOTG	—
吸烟者	4289.7	628.5	791.7	45.2	15.4	1394.9
只抽电子烟	3901.6	421.2	424.0	44.0	16.5	1622.9
上海	**4653.0**	**788.6**	**692.6**	**52.0**	**16.9**	**1717.1**
非吸烟者	116.5	7.4	57.3	14.3	2.7	170.5
双重使用	5996.1	990.5	814.8	60.6	20.6	2260.2
吸烟者	4182.6	807.2	841.4	63.3	17.4	1415.4
只抽电子烟	3101.1	539.1	498.6	36.1	11.9	1092.4
深圳	**3855.9**	**655.6**	**557.6**	**37.1**	**12.8**	**1290.7**
非吸烟者	54.8	1.1	31.4	6.5	1.1	6.7
双重使用	4136.1	749.7	637.5	40.2	13.2	1386.7
吸烟者	4935.3	778.1	664.2	48.4	17.1	1869.9
只抽电子烟	3528.0	503.9	420.6	30.4	12.8	1038.6
城市和消费者	CNO	NNO	NICG	COTG	OHCOTG	—
北京	**250.7**	**314.6**	**531.3**	**988.7**	**1235.8**	**—**
非吸烟者	9.9	0.9	1.5	0.0	7.8	—
双重使用	349.6	423.1	767.0	1445.3	1656.0	—
吸烟者	314.7	421.0	499.3	1043.5	1428.4	—
只抽电子烟	59.3	101.9	262.9	303.5	742.9	—
广州	**300.6**	**351.8**	**655.0**	**1179.0**	**1367.2**	**—**
非吸烟者	11.5	0.0	3.5	0.0	5.9	—
双重使用	387.3	449.9	845.8	1551.0	1736.8	—
吸烟者	219.9	289.8	554.8	952.3	1164.7	—
只抽电子烟	187.2	214.4	367.7	605.4	849.8	—
上海	**255.2**	**277.9**	**585.3**	**970.1**	**1073.6**	**—**
非吸烟者	9.3	0.4	5.2	0.0	10.4	—
双重使用	319.4	347.1	718.4	1191.9	1421.6	—

续表

城市和消费者	CNO	NNO	NICG	COTG	OHCOTG	—
吸烟者	271.0	271.7	585.1	1099.2	962.5	—
只抽电子烟	164.5	209.2	461.1	653.8	622.5	—
深圳	**200.0**	**266.8**	**471.6**	**784.2**	**908.0**	**—**
非吸烟者	4.6	0.1	2.6	0.0	7.3	—
双重使用	223.9	318.1	544.0	866.0	1005.6	—
吸烟者	257.0	295.0	594.4	1153.5	1320.7	—
只抽电子烟	156.6	188.4	336.1	562.9	644.8	—

为减少个体差异对评估结果的影响，将 4 个城市消费者数据进行合并，并按照只抽吸电子烟、双重使用、吸烟者和非吸烟者进行分类，统计电子烟消费者与吸烟者、非吸烟者烟碱暴露差异。各组人数如表 7-11 所示。志愿者共 660 人，包括只抽电子烟者 136 人、双重使用者 372 人、吸烟者 100 人和非吸烟者 52 人。

表 7-11　　　　　　　　不同抽吸情况志愿者数量分布

抽吸情况	数量/人
只抽电子烟	136
双重使用	372
吸烟者	100
非吸烟者	52

（三）不同抽吸情况消费者烟碱暴露比较

图 7-7 所示为不同抽吸情况志愿者尿样中烟碱暴露生物标志物差异统计结果。由图可知，非吸烟者烟碱暴露很低，少量检测到的生物标志物可能来源于环境烟气；只抽电子烟的消费者各烟碱生物标志物含量显著低于双重使用者和吸烟者；双重使用者尿液中烟碱暴露量与吸烟者虽然无显著差异，但烟碱总代谢物的平均值要高于吸烟者的，这可能是由于双重使用者同时使用卷烟，烟碱暴露量与吸烟相比没有降低，反而有增加的趋势。这种结果提示卷烟消费者只有完全转抽电子烟才有可能降低烟碱暴露风险，双重使用电子烟和卷烟可能会增加电子烟的暴露风险。

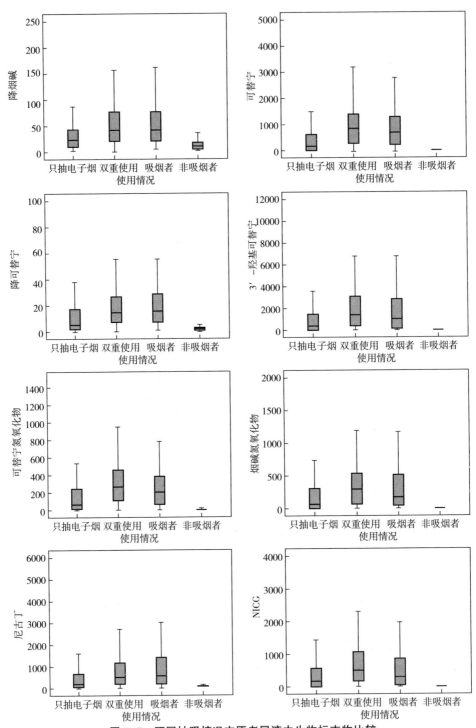

图7-7 不同抽吸情况志愿者尿液中生物标志物比较

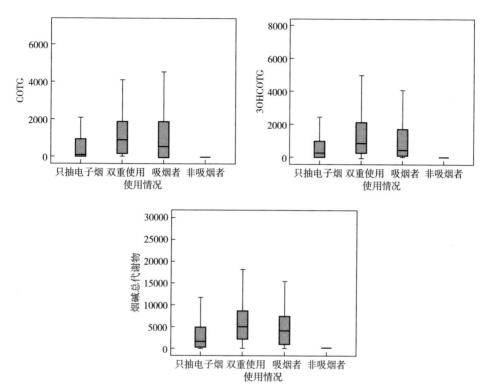

图7-7 不同抽吸情况志愿者尿液中生物标志物比较（续）

（四）不同类型电子烟消费者烟碱暴露比较

对不同类型烟具消费者的烟碱暴露量进行了差异性分析，分析结果如图 7-8所示。不同烟具类型电子烟志愿者尿样中生物标志物暴露量差异无统计学意义。

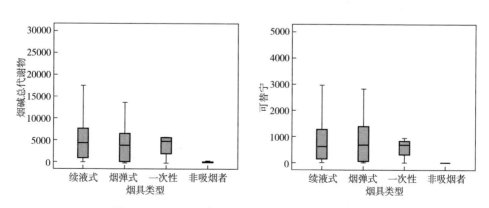

图7-8 不同烟具类型志愿者尿液中生物标志物比较

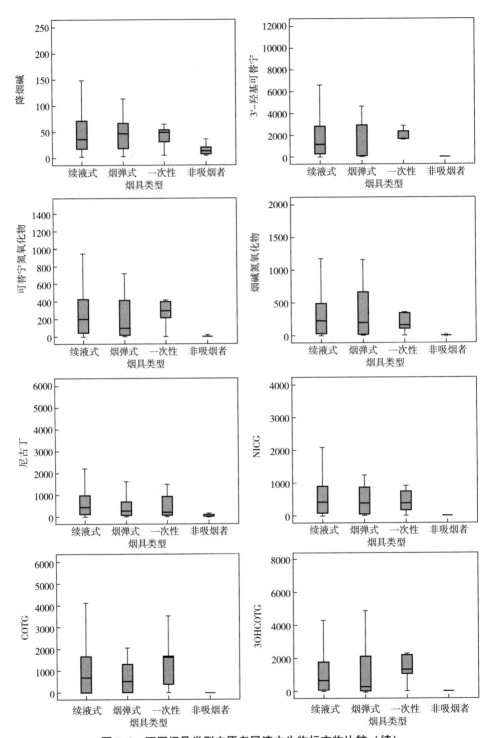

图7-8　不同烟具类型志愿者尿液中生物标志物比较（续）

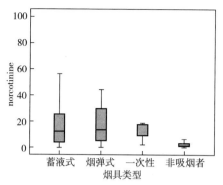

图7-8 不同烟具类型志愿者尿液中生物标志物比较（续）

（五）不同烟碱浓度烟液消费者烟碱暴露量比较

对不同烟碱浓度烟液消费者的烟碱暴露量进行了差异分析，由于双重使用者同时使用卷烟，对烟碱暴露量有较大影响。对只抽吸电子烟者和双重使用者分开进行统计。

只抽吸电子烟消费者组中，烟液中无烟碱、低浓度（1~5mg/mL）、中浓度（6~11mg/mL）的电子烟消费者人数分别为24人、83人和20人。分析结果表明（图7-9），烟液中无烟碱、低烟碱、中烟碱浓度的消费者的烟碱总代谢物均值逐渐增加，无烟碱志愿者烟碱总代谢物显著低于中烟碱组，其他则没有显著差异。该结果显示标注为无烟碱的电子烟烟液也会带来显著的烟碱暴露风险。

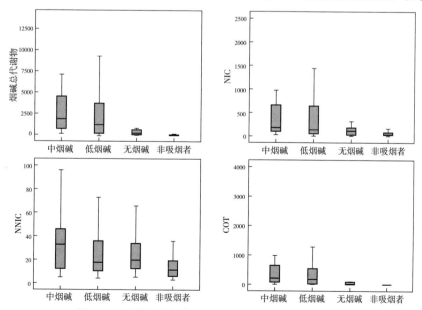

图7-9 只抽电子烟者不同烟碱浓度生物标志物结果

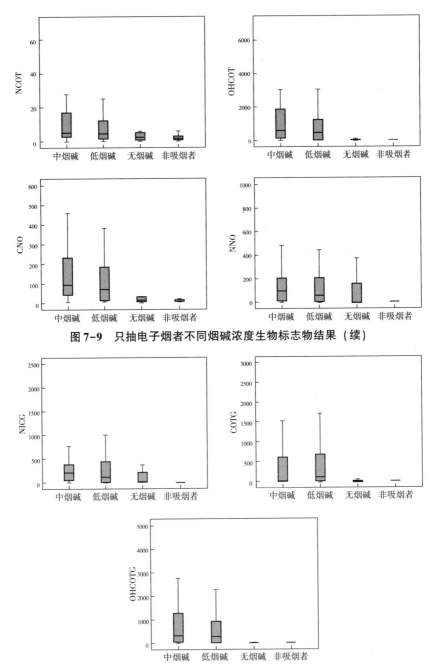

图7-9 只抽电子烟者不同烟碱浓度生物标志物结果（续）

图7-9 只抽电子烟者不同烟碱浓度生物标志物结果（续）

图7-10所示为双重使用者烟液的烟碱浓度分布情况。由数据可知，烟液中无烟碱、低浓度（1~5mg/mL）、中浓度（6~11mg/mL）、高浓度（≥12mg/mL）

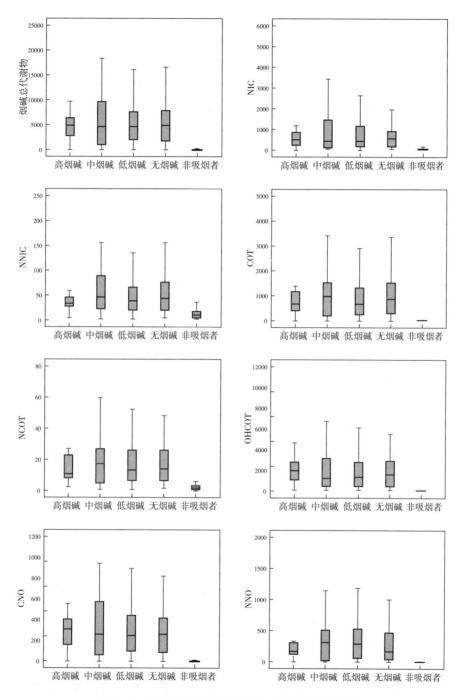

图 7-10　双重使用者不同烟碱浓度生物标志物差异

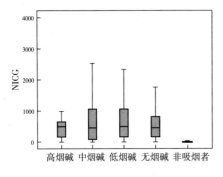

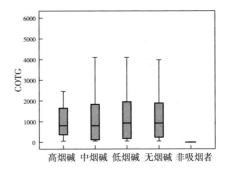

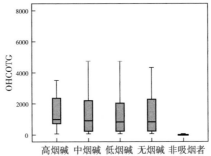

图7-10　双重使用者不同烟碱浓度生物标志物差异（续）

的电子烟消费者人数分别为60人、210人、58人和15人。分析结果表明，在双重使用者中，不同烟碱浓度的志愿者烟碱暴露无统计学差异。这可能也是由于这些志愿者同时抽吸卷烟造成的。

六、消费人群挥发性醛类、挥发性有机化合物、丙烯酰胺、HCN暴露评估

在进行统计分析时，依据异常值筛选原则，筛选确定了各生物标志物指标的异常值。对各生物标志物指标进行数据分析时，各指标的异常值未纳入统计分析。

（一）不同城市电子烟消费者暴露差异

对北京、上海、广州、深圳四个城市电子烟消费者的挥发性醛类、挥发性有机化合物、丙烯酰胺、HCN暴露量进行了比较，结果如表7-12所示。由表中数据可以看出，由于挥发性醛类、挥发性有机化合物、丙烯酰胺、HCN的暴露量受到个体差异和饮食习惯的影响比较大，导致非吸烟者尿液中这些有害成分也有一定的暴露量水平，不同城市消费者的暴露量也存在较大的差异。但总体上看，4个城市不同消费状态消费者这些暴露量的差异基本趋势一致，吸烟者与双重使用者暴露量较为接近，高于只抽电子烟的消费者，非吸烟者暴露量最低。

表7-12　不同城市电子烟消费者挥发性醛类、挥发性有机化合物、
丙烯酰胺、HCN暴露差异

城市和消费者	ATCA	GAMA	AAMA	HEMA	DHBMA	HPMA	CEMA	MHBMA	HMPMA	SPMA
北京	**179.8**	**10.7**	**83.4**	**2.1**	**355.5**	**1598.1**	**559.0**	**131.4**	**354.1**	**1.2**
非吸烟者	137.7	5.3	58.3	0.0	329.1	672.4	323.8	152.9	119.4	0.8
吸烟者	229.1	11.3	86.8	1.3	347.9	1848.7	594.1	141.3	468.5	1.6
双重使用	180.8	13.3	98.9	3.6	404.5	1976.7	690.3	131.0	430.6	1.3
只抽电子烟	146.1	6.1	52.3	0.0	245.5	909.5	309.9	103.6	155.7	0.6
广州	**234.0**	**8.5**	**73.9**	**1.1**	**299.6**	**1637.0**	**566.3**	**68.4**	**310.0**	**1.3**
非吸烟者	312.9	4.9	42.5	0.0	294.8	1094.1	694.1	94.9	197.5	1.1
吸烟者	314.1	8.9	74.1	0.5	313.6	1410.2	450.4	57.5	353.2	1.4
双重使用	222.9	9.1	83.9	1.2	298.8	1746.1	593.1	77.4	342.5	1.1
只抽电子烟	194.7	7.5	53.2	1.3	294.6	1604.2	531.6	45.4	223.3	1.1
上海	**242.7**	**7.5**	**65.9**	**1.5**	**306.6**	**1215.7**	**425.0**	**64.5**	**270.4**	**1.2**
非吸烟者	187.3	3.1	37.4	0.0	176.8	532.7	222.2	71.3	141.5	0.7
吸烟者	299.2	6.5	81.8	0.8	368.4	1717.5	526.4	63.8	366.0	1.7
双重使用	245.8	8.9	72.2	1.5	325.1	1314.3	449.8	59.5	294.7	1.2
只抽电子烟	216.1	6.3	48.0	3.0	265.8	830.9	366.5	76.8	180.9	1.0
深圳	**122.0**	**4.7**	**45.3**	**0.5**	**194.1**	**949.0**	**336.2**	**63.8**	**182.6**	**0.8**
非吸烟者	124.7	4.3	34.8	0.0	213.2	1202.9	460.3	71.4	123.2	0.4
吸烟者	198.2	9.9	79.0	2.4	324.4	1692.5	561.9	91.5	306.6	1.3
双重使用	118.4	4.2	42.0	0.2	175.1	871.7	300.1	63.3	181.1	0.8
只抽电子烟	84.6	3.0	37.3	0.0	160.0	650.9	260.6	47.8	131.3	0.7

（二）电子烟消费者与吸烟者、非吸烟者暴露量差异

为减少个体差异对评估结果的影响，将4个城市消费者数据进行合并，并按照只抽吸电子烟、双重使用、吸烟者和非吸烟者进行分类，统计电子烟消费者与吸烟者、非吸烟者挥发性醛类、挥发性有机化合物、丙烯酰胺、HCN暴露差异。实验人群共660人，包括只抽电子烟者135人、双重使用者

372 人、吸烟者 100 人和非吸烟者 52 人。

表 7-13 所示为不同抽吸情况志愿者尿样中挥发性成分暴露生物标志物差异统计结果。

表 7-13 不同抽吸情况志愿者尿样中生物标志物差异统计分析

标志物	吸烟情况	均值/ （μg/mg 肌酐）	标准差	与只抽电子烟组比	与非吸烟者比
ATCA	非吸烟者	178.3	152.8	0.77	—
	吸烟者	258.6	233.2	0.00	0.017
	双重使用者	188.6	160.5	0.15	0.933
	电子烟	155.3	149.2	—	0.676
GAMA	非吸烟者	4.4	5.9	0.76	—
	吸烟者	9.2	11.7	0.01	0.004
	双重使用者	8.2	9.1	0.01	0.008
	电子烟	5.5	6.9	—	0.672
AAMA	非吸烟者	43.8	30.3	0.97	—
	吸烟者	80.4	54.9	0.00	0.000
	双重使用者	70.6	50.6	0.00	0.000
	电子烟	46.7	31.2	—	0.943
DHBMA	非吸烟者	251.0	171.6	0.95	—
	吸烟者	338.3	220.9	0.00	0.013
	双重使用者	284.1	181.6	0.03	0.396
	电子烟	237.5	150.9	—	0.908
HPMA	非吸烟者	836.5	858.4	0.74	—
	吸烟者	1670.2	1443.3	0.00	0.001
	双重使用者	1407.1	1368.4	0.01	0.010
	电子烟	1022.1	1253.4	—	0.646
CEMA	非吸烟者	394.8	351.0	0.98	—
	吸烟者	536.2	435.2	0.01	0.082
	双重使用者	483.6	397.9	0.02	0.252
	电子烟	374.1	354.7	—	0.963

续表

标志物	吸烟情况	均值/ (μg/mg 肌酐)	标准差	与只抽电子烟组比	与非吸烟者比
MHBMA	非吸烟者	100.6	93.8	0.01	—
	吸烟者	88.3	85.7	0.03	0.620
	双重使用者	77.4	78.8	0.12	0.112
	电子烟	61.4	70.7	—	0.008
HMPMA	非吸烟者	141.0	115.5	0.78	—
	吸烟者	373.2	294.2	0.00	0.000
	双重使用者	294.5	260.9	0.00	0.000
	电子烟	172.9	164.1	—	0.687
SPMA	非吸烟者	0.7	0.5	0.72	—
	吸烟者	1.5	1.2	0.00	0.000
	双重使用者	1.1	1.0	0.02	0.013
	电子烟	0.9	0.9	—	0.626

注：显著性水平为 0.05。

（三）挥发性醛类暴露量差异

（1）丙烯醛 HPMA 是丙烯醛最主要的生物标志物，HPMA 的分析结果表明，吸烟者和双重使用者显著高于只抽吸电子烟的消费者；吸烟者略高于双重使用者；只抽吸电子烟的消费者略高于非吸烟者，但无显著性差异。

（2）巴豆醛 HMPMA 是巴豆醛最主要的代谢产物，HMPMA 分析结果与 HPMA 类似，吸烟者和双重使用者显著高于只抽吸电子烟的消费者；吸烟者略高于双重使用者；只抽吸电子烟的消费者略高于非吸烟者，但无显著性差异。

因此，消费者完全转换抽吸电子烟可以显著降低丙烯醛和巴豆醛等挥发性醛类成分的暴露风险，但双重抽吸者暴露风险降低并不明显。不同消费人群丙烯醛、巴豆醛暴露差异比较如图 7-11 所示。

（四）挥发性有机化合物暴露量差异

（1）1,3-丁二烯 DHBMA 和 MHBMA 是 1,3-丁二烯的两种主要生物标志物，DHBMA 的分析结果表明，吸烟者暴露量最高，双重使用者其次，只抽吸电子烟消费者与非吸烟者无显著性差异。MHBMA 的分析结果为非吸烟者最高，这可能与 MHBMA 受个体差异和环境饮食影响较大有关。

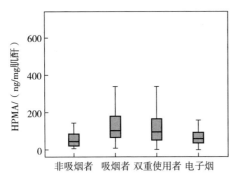
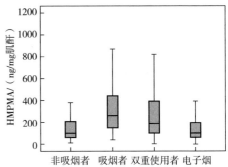

图7-11 不同消费人群丙烯醛、巴豆醛暴露差异比较

（2）丙烯腈 CEMA是丙烯腈的主要生物标志物，分析结果表明，与非吸烟者相比，吸烟者和双重使用者这种化合物的含量显著高，而电子烟消费者和非吸烟者的则无显著差异。

（3）苯 SPMA是苯的主要生物标志物，分析结果表明，相比于非吸烟者，吸烟者和双重使用者的苯暴露量显著增加，电子烟使用者的暴露量显著低于吸烟者和双重使用者，和非吸烟者没有显著差异。

（4）环氧乙烷 HEMA是环氧乙烷的生物标志物，但其含量很低，在很多样品中含量低于检测限，差异统计分析时，仅以检出概率进行分析。52名非吸烟者中，HEMA全部未检出；100名吸烟者中，10名吸烟者可检出HEMA，检出率10%；372名双重使用者中，28名可检出，检出率7.5%；136名电子烟使用者中，3名可检出，检出率2.2%。

以上结果表明，消费者完全转换抽吸电子烟可以显著降低1,3-丁二烯、丙烯腈、苯和环氧乙烷等挥发性有害化合物的暴露风险，但双重抽吸者暴露风险降低并不明显。不同消费人群1,3-丁二烯、丙烯腈、苯暴露差异比较如图7-12所示。

（五）丙烯酰胺暴露量差异

丙烯酰胺的两种主要生物标志物是AAMA和GAMA，其分析结果表明，吸烟者、双重使用者的暴露量均高于非吸烟者，电子烟使用者的暴露量显著低于吸烟者和双重使用者，与非吸烟者没有显著差异。以上结果表明，消费者完全转换抽吸电子烟可以显著降低丙烯酰胺的暴露风险，但双重抽吸者暴露风险降低并不明显。不同消费人群丙烯酰胺暴露差异比较如图7-13所示。

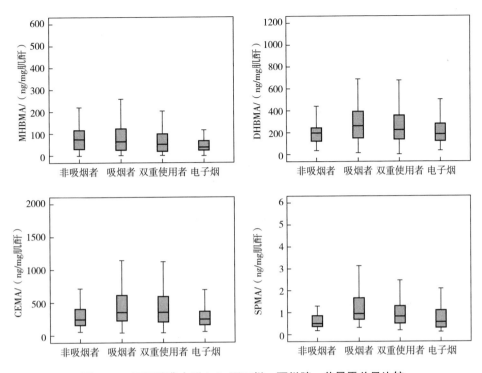

图 7-12　不同消费人群 1,3-丁二烯、丙烯腈、苯暴露差异比较

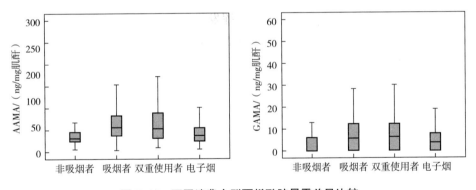

图 7-13　不同消费人群丙烯酰胺暴露差异比较

（六）氰化氢暴露量差异

HCN 的主要生物标志物是 ATCA，结果表明四组人群间 ATCA 含量没有明显差异，这可能是由于环境和饮食是 HCN 的主要来源，烟草制品改变所导致的差异不会对氰化氢的暴露量产生显著的影响。不同消费人群 HCN 暴露差异

比较如图 7-14 所示。

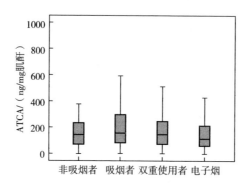

图 7-14　不同消费人群 HCN 暴露差异比较

七、中国电子烟消费者有害成分暴露结果总结

本项研究采用尿液生物标志物对电子烟消费者烟碱、挥发性醛类、挥发性有机化合物、丙烯酰胺、HCN 暴露量进行了评估研究，研究结果表明：

（1）只有完全转抽电子烟才有可能降低烟碱暴露风险，双重使用电子烟和卷烟可能会增加电子烟的暴露风险。对于只抽吸电子烟的消费者，降低烟液烟碱含量有可能降低烟碱的暴露风险，但标注为无烟碱的电子烟烟液也会带来显著的烟碱暴露风险；电子烟类型对于消费者烟碱暴露水平无显著影响。

（2）4 个城市不同消费状态消费者挥发性醛类化合物、挥发性有机化合物等暴露量的差异基本趋势一致，吸烟者与双重使用者暴露量较为接近，高于只抽电子烟的消费者，非吸烟者暴露量最低。因此，消费者完全转换抽吸电子烟可以显著降低丙烯醛和巴豆醛等挥发性醛类成分、1,3-丁二烯、丙烯腈、苯和环氧乙烷等挥发性有机化合物和丙烯酰胺的暴露风险，但同时使用卷烟和电子烟并不能明显降低这些有害成分的暴露风险。

参考文献

［1］Flouris A D，Chorti M S，Poulianiti K P，et al. Acute impact of active and passive electronic cigarette smoking on serum cotinine and lung function［J］. Inhalation Toxicology，2013，25（2）：91-101.

［2］Ramoa C P，Hiler M M，Spindle T R，et al. Electronic cigarette nicotine delivery can exceed that of combustible cigarettes：A preliminary report［J］. Tobacco Control，2016，25

（1）：6-9.

[3] Wagener T L, Floyd E L, Stepanov I, et al. Have combustible cigarettes met their match? The nicotine delivery profiles and harmful constituent exposures of second generation and third-generation electronic cigarette users [J]. Tobacco Control, 2017, 26（1）：23-28.

[4] Adriaens K, Gucht D Van, Declerck P, et al. Effectiveness of the electronic cigarette：An eight-week Flemish study with six-month follow-up on smoking reduction, craving and experienced benefits and complaints [J]. International Journal of Environmental Research and Public Health, 2014, 11（11）：11220-11248.

[5] Hecht S S, Carmella S G, Kotandeniya D, et al. Evaluation of toxicant and carcinogen metabolites in the urine of e-cigarette users versus cigarette smokers [J]. Nicotine & Tobacco Research, 2015, 17（6）：704-709.

[6] Goney G, Cok I, Tamer U, et al. Urinary cotinine levels of electronic cigarette（e-cigarette）users [J]. Toxicology Mechanisms and Methods, 2016, 26（6）：414-418.

[7] Strasser A A, Souprountchouk V, Kaufmann A, et al. Niootine replacement, topography, and smoking phenotypes of e-cigarettes [J]. Tobacco Regulatory Sciene, 2016, 2（4）：352-362.

[8] D'Ruiz C D, Graff D W, Robinson E. Reductions in biomarkers of exposure, impacts on smoking urge and assessment of product use and tolerability in adult smokers following partial or complete substitution of cigarettes with electronic cigarettes [J]. BMC Public Health, 2016, 16（1）：1-16.

[9] Staden S R, Groenewald M, Engelbrecht R, et al. Carboxyhaemoglobin levels, health and lifestyle perceptions in smokers converting from tobacco cigarettes to electronic cigarettes [J]. South African Medical Journal, 2013, 103：865-868.

[10] Etter J F, Bullen C. Saliva cotinine levels in users of electronic cigarettes [J]. European Respiratory Journal, 2011, 38（5）：1219-1236.

[11] Cravo A S, Bush J, Sharma G, et al. A randomised, parallel group study to evaluate the safety profile of an electronic vapour product over 12 weeks [J]. Regulatory Toxicology and Pharmacology, 2016, 81（suppl）：1-14.

[12] Kotandeniya D, Carmella S G, Pillsbury M E, et al. Combined analysis of N'-nitrosornicotine and 4-（methylnitrosamino）-1-（3-pyridyl）-1-butanol in the urine of cigarette smokers and e-cigarette users [J]. Journal of Chromatography B, 2015, 1007：121-126.

[13] Hatsukami D K, Kotlyar M, Hertsgaard, L A, et al. Reduced nicotine content cigarettes：Effects on toxicant exposure, dependence and cessation [J]. Addiction, 2010, 105：343-355.

[14] Zarth A, Carmella S G, Le C T, et al. Effect of cigarette smoking on urinary 2-

hydroxypropylmercapturic acid, a metabolite of propylene oxide [J]. Journal of Chromatography B, 2014, 953-954: 126-131.

[15] Goniewicz M L, Gawron M, Smith D M, et al. Exposure to nicotine and selected toxicants in cigarette smokers who switched to electronic cigarettes: A longitudinal within-subjects observational study [J]. Nicotine & Tobacco Research, 2017, 19 (2): 160-167.

[16] McRobbie H, Phillips A, Goniewicz M L, et al. Effects of switching to electronic cigarettes with and without concurrent smoking on exposure to nicotine, carbon monoxide, and acrolein [J]. Cancer Prevention Research, 2015, 8 (9): 873-878.

[17] Pulvers K, Emami A S, Nollen N L, et al. Tobacco consumption and toxicant exposure of cigarette smokers using electronic cigarettes [J]. Nicotine & Tobacco Research, 2018, 20 (2): 206-214.

[18] Shahab L, Goniewicz M L, Blount B C, et al. Nicotine, carcinogen, and toxin exposure in long-term e cigarette and nicotine replacement therapy users: A cross-sectional study [J]. Annals of Internal Medicine, 2017, 21, 166 (6): 390-400.

[19] Carnevale R, Sciarretta S, Violi F, et al. Acute impact of tobacco vs electronic cigarette smoking on oxidative stress and vascular function [J]. Chest, 2016, 150 (3): 606-612.

[20] Cibella F, Campagna D, Caponnetto P, et al. Lung function and respiratory symptoms in a randomized smoking cessation trial of electronic cigarettes [J]. Clinical Science, 2016, 130 (21): 1929-1937.

[21] Yan X S, D'Ruiz C. Effects of using electronic cigarettes on nicotine delivery and cardiovascular function in comparison with regular cigarettes [J]. Regulatory Toxicology and Pharmacology, 2015, 71 (1): 24-34.

[22] D'Ruiz C D, O'Connell G, Graff D W, et al. Measurement of cardiovascular and pulmonary function endpoints and other physiological effects following partial or complete substitution of cigarettes with electronic cigarettes in adult smokers [J]. Regulatory Toxicology and Pharmacology, 2017, 87: 36-53.

[23] Flouris A D, Poulianiti K P, Chorti M S, et al. Acute effects of electronic and tobacco cigarette smoking on complete blood count [J]. Food and Chemical Toxicology, 2012, 50 (10): 3600-3603.

[24] Polosa R, Morjaria J B, Caponnetto P, et al. Evidence for harm reduction in COPD smokers who switch to electronic cigarettes [J]. Respiratory Research, 2016, 17 (1): 166.

[25] Cravo A S, Bush J, Sharma G, et al. A randomised, parallel group study to evaluate the safety profile of an electronic vapour product over 12 weeks [J]. Regulatory Toxicology and Pharamacology, 2016, 81 (suppl): S1-S14.

［26］Poulianiti K, Karatzaferi C, Flouris A D, et al. Antioxidant responses following active and passive smoking of tobacco and electronic cigarettes［J］. Toxicology Mechanisms and Methods, 2016, 26（6）: 455-461.

［27］Szołtysek-Bołdys I, Sobczak A, Zielińska-Danch W, et al. Influence of inhaled nicotine source on arterial stiffness［J］. Przeglad lekarski, 2014, 71（11）: 572-575.

［28］Wadia R, Booth V, Yap H F, et al. A pilot study of the gingival response when smokers switch from smoking to vaping［J］. British Dental Journal, 2016, 221（11）: 722-726.

缩略语

英文简称	英文全称	中文全称
AADLLME	Air-assisted DLLME	空气辅助分散液液微萃取
AAMA	N-Acetyl-S-(2-carbamoylethyl)-L-cysteine	N-乙酰基-S-(氨基甲酰基乙基)-L-半胱氨酸
Ace	Acenaphthene	苊
ACOS	Asthma and chronic obstructive pulmonary disease overlap syndrome	哮喘-慢性阻塞性肺病重叠综合征
Acy	Acenaphthylene	二氢苊
AgNP	Ag Nanoparticle	银纳米颗粒
Ant	Anthracene	蒽
APCI	Atmospheric pressure chemical ionization	大气压化学电离
ApoA$_1$	Apolipoprotein A$_1$	载脂蛋白 A$_1$
ApoB	Apolipoprotein B	载脂蛋白 B
AS	Atherosclerosis	动脉粥样硬化
ASAP	Atmospheric pressure solid analysis probe	大气压力固体分析探针
ATP	Adenosine triphosphate	三磷酸腺苷
ATS	The American thoracic society	美国胸科学会
AuNP	Au Nanoparticle	金纳米颗粒
B (a) P	Benzo (a) pyrene	苯并 [a] 芘
B (a) A	Benedict (a) anthracene	苯并 [a] 蒽
BAT	British American Tobacco	英美烟草公司
BbFlu	Benzo (b) fluoranthene	苯并 [b] 荧蒽
BD	1,3-Butadiene	1,3-丁二烯
B (ghi) P	1,12-Benzoperylene	苯并 [ghi] 苝
BHMT	Betaine-homocysteine S-methyltransferase	甜菜碱-同型半胱氨酸 S-甲基转移酶
B (k) Flu	Benzo (k) fluoranthene	苯并 [k] 荧蒽

BMI	Body mass index	体重指数
BQ	β-Quantification	β-定量法
BSTFA	Bis (trimethylsilyl) trifluoroacetamide	N,O-双（三甲基硅烷基）三氟乙酰胺
BT	Blend treatment	烟叶混合处理技术
CAD	Coronary atherosclerotic heart disease	冠心病
CBS	Cystathionine β-synthase	胱硫醚 β-合成酶
CCD	Charge-coupled device	电荷耦合器件
CD	Circular dichroism	圆二色性
CE	Capillary electrophoresis	毛细管电泳
CEA	Cavity en hanced absorption	腔增强吸收
CEMA	N-Acetyl-S-(2-cyanoethyl)-L-cysteine	N-乙酰基-S-（2-羟乙基）-L-半胱氨酸
cGMP	Cyclicguanosinc monophosphate	环鸟苷酸
Chr	Chrysene	屈
CL	Cystathionine-γ-lyase	胱硫醚 γ-裂解酶
CLIA	Chemiluminescent immunoassay	化学发光免疫分析法
CMEMA	2-Carboxyl-1-methylethyl mercapturic acid	2-羧基-1-甲基乙基巯基尿酸
CNH	Carbonnanohorns	碳纳米角
COF	Covalent organic framework	有机共价骨架
COHb	Carboxyhemoglobin	碳氧血红蛋白
COPD	Chronic obstructivepulmoriary disease	慢性阻塞性肺病
CORESTA	Cooperationcentre for scientific research relative to tobacco	国际烟草科学研究合作中心
CPD	Cigarette per day	每天吸烟量
CRP	C-reactive protein	C-反应蛋白
CTX	Cerebrotendinous xanthomatosis	脑腱黄瘤病
CYP1A$_2$	Cytochrome 1 A$_2$	细胞色素 P450 家族成员 1 A$_2$
CZE	Capillary zone electrophoresis	毛细管区带电泳
DAD	Diode array detector	二极管阵列检测器
DBA	Barbituric acid	巴比妥酸
DBTBA	1,3-Dibutyl-2-thiobarbituric acid	1,3-二丁基-2-硫代巴比妥酸
DCM	Dichloromethane	二氯甲烷

DETBA	1,3-Diethyl-2-thiobarbituric acid	1,3-二乙基-2-硫代巴比妥酸
DHBMA	N-Acetyl-S-(3, 4-dihydroxybutyl)-L-cysteine	N-乙酰-S-（3，4-二羟基丁基）-L-半胱氨酸
DiBahA	Dibenz (a,h) anthracene	二苯并［a,h］蒽
DI-SDME	Direct immerson single-drop microextraction	直接浸入式单滴微萃取
DI-SPME	Direct immersion SPME	直接浸入式固相微萃取
DLLME	Dispersive liquid-liquid microextraction	分散液液微萃取
DLLME-SFOD	DLLME based on solidification of floating organic droplet	悬浮固化分散液液微萃取
DMF	N,N-Dimethylformamide	N,N-二甲基甲酰胺
DNA	Deoxyribonucleic acid	脱氧核糖核酸
DOPA	L-3,4-dihydroxyphenylalanine	L-3,4-二羟基苯丙氨酸
DPV	Differential pulse voltammetry	差分脉冲伏安法
DTT	Dithiothreitol	二硫苏糖醇
11-DTX-B2	11-Dehydrothromboxane B_2	11-脱氢血氧烷 B_2
EASDA	Enzyme assistedderivatisation for sterol analysis	酶辅助甾醇衍生化分析
EGOFET	Electrolyte-gated organic field-effect transistors	电解质门控场效应晶体管
EIA	Enzyme immunoassay	酶免疫测定法
ELISA	Enzyme-linked immunosorbent assay	酶联免疫测定法
8-epi-PGF$_{2\alpha}$	8-epi-Prostaglandin.F$_{2\alpha}$	8-异构前列腺素 F$_{2\alpha}$
ERS	European respiratory society	欧洲呼吸学会
ESI	Electrospray ionization	电喷雾离子化
ETS	Environmental tobacco smoke	环境烟草烟气
FCTC	Framework convention on tobacco control	烟草控制框架公约
FDA	Food and drug administration	美国食品与药物管理局
FeNO	Fractional exhaled nitric oxide	呼出气一氧化氮
FEV 1% pred	FEV1 as a percentage of predicted value	FEV1 占预计值的百分比
FEV1	Forced expiratory volume in first second	第一秒用力呼气量
FIA	Fluorescence immunoassay	荧光免疫分析
Fib	Fibrinogen	纤维蛋白原
FID	Hydrogen flame detector	火焰离子化检测器
Flu	Fluorene	芴
Fluo	Fuoranthene	荧蒽

FNs	Fluorescent nanoparticles	荧光纳米球
FPIA	Fluorescence polarization immunoassay	荧光偏振免疫分析法
F-SPME	Fiber SPME	纤维固相微萃取
FSPTCA	Family smoking prevention and tobacco control act	家庭吸烟预防与烟草控制法案
FVC	Forced vital lung capacity	用力肺活量
GAMA	N-Acetyl-S-(2-carbamoyl-2-hydroxyethyl)-L-cysteine	N-乙酰基-S-(2-氨基甲酰基-2-羟乙基)-L-半胱氨酸
GC	Gas chromatography	气相色谱
GC×GC-MS	Gaschromatography×gas chromatography-mass spectrometry	全二维气相色谱-质谱法
GCE	Glassy carbon electrode	玻碳电极
GC-FID	Gas chromatography hydrogen flame ionization detector	气相色谱-氢火焰离子化
GC-HRMS	Gas chromatography-high resolutionmass spectrometry	气相色谱-高分辨质谱法
GC-MS	Gas chromatography-mass spectrometry	气相色谱-质谱联用
GC-MS/MS	Gas chromatography tandem mass spectrometry	气相色谱串联质谱
GC-NICI-MS	Gas chromatography-negativeion chemical ionization/mass spectrometry	气相色谱-负离子化学电离-质谱
GC-TEA	Gas chromatography-thermal energy analyzer	气相色谱-热能分析仪
GMR	Guided-mode resonant	引导模式共振
GSH	Glutathione	谷胱甘肽
H_2O_2-ABTS	hydrogen peroxide - 2, 2'- azino - bis (3 - ethyl-benzothiazoline-6-sulfonic acid)	过氧化氢-2,2'-联氮-双-3-乙基苯并噻唑啉-6-磺酸
HbA1c	Glycated hemoglobin	糖化血红蛋白
Hcy	Homocysteine	同型半胱氨酸
HDL-C	High density lipoprotein cholesterol	高密度脂蛋白胆固醇
HEMA	N-Acetyl-S-(2-hydroxyethyl)-L-cysteine	N-乙酰基-S-(2-羟乙基)-L-半胱氨酸
hemin	Hematin chloride	氯高铁血红素
HFBA	Heptafluorobutyric acid	七氟丁酸
HILIC	Hydrophilic interaction chromatography	亲水作用色谱
HIV	Human immunodeficiency virus	人类免疫缺陷病毒

HMPMA	N-Acetyl-S-(3-hydroxypropyl-1-methyl)-L-cysteine	N-乙酰基-S-(3-羟基丙基-1-甲基)-L-半胱氨酸
HPHC	Harmful and potentially harmful constituent	潜在危害物质
HPLC	High performance liquid chromatography	高效液相色谱
HPLC-FLD	High performance liquid chromatography-fluorescence detector	高效液相色谱-荧光检测器
HPLC-UVD	High performance liquid chromatography-ultraviolet detection	高效液相色谱-紫外检测
HPMA	N-Acetyl-S-(3-hydroxypropyl)-L-cysteine	N-乙酰基-S-(3-羟基丙基)-L-半胱氨酸
HRAM-MS	High-resolution accurate mass spectrometry	高分辨率精确质谱
HR-HPV	High risk human papillomavirus	高危型人乳头状瘤病毒
HRP	Horseradish peroxidase	辣根过氧化物酶
hs-CRP	Hypersensitive C-reactive protein	超敏C-反应蛋白
HS-SPME	Headspace SPME	顶空固相微萃取
IAC	Immunoaffinity chromatography	免疫亲和层析
IARC	International agency for research on cancer	国际癌症研究机构
IDE	Interdigitated electrode	叉指电极
IgG1	Immunoglobulin G_1	免疫球蛋白 G_1
IL-6	Interleukin-6	白细胞介素-6
IL-DLLME	Ionic liquid DLLME	离子液体分散液液微萃取
iNOS	Inducibie nitric oxide synthase	诱导型一氧化氮合酶
InP	Indeno [1,2,3-c,d] Pyrene	茚并 [1,2,3-cd] 芘
IOM	Institute of Medicine	美国医学研究院
ISO	International organization for standardization	国际标准化组织
8-iso-$PGF_{2\alpha}$	$F_{2\alpha}$ 8-Isoprostane	8-异前列腺素 $F_{2\alpha}$
IT-SPME	In-tube-SPME	管内固相微萃取
KinExA	Kinetic exclusion assay	动力学排斥分析
LC-MS/MS	liquid chromatography tandem mass spectrometry	液相色谱-串联质谱
LDL-C	Low density lipoprotein cholesterol	低密度脂蛋白胆固醇
LDS-DLLME	Low-density solvent DLLME	低密度溶剂分散液液微萃取
LLE	Liquidliquid extraction	液液萃取

LOQ	Limit ofqutification	定量限
LSPR	Localized surface plasmon resonance	局域表面等离激元共振
MAAP	Methylacryloylamidepyrene	甲基丙烯酰胺基芘
MALDI-TOF MS	Matrix-assisted laser desorption/ionization time-of-flight mass spectrometry	基质辅助激光解吸电离飞行时间质谱
MBIC	Methylbenzilsocyanate	甲基苄基异氰酸
MHBMA	N-Acetyl-S-(1-hydroxymethyl-2-propenyl)-L-cysteine	丁烯醇巯基尿酸
mmLDL	Minimally modified low density lipoprotein	弱氧化的低密度脂蛋白
MOF	Metal organic framework	金属有机骨架化合物
MRM	Multi reactive ion monitoring	多反应离子监测
MRTP	Modified risk tobacco product	风险改良烟草制品
MSPE	Magnetic SPE	磁固相萃取
MSTFA	N-Methyl-N-(trimethylsilyl) trifluoroacetamide	N-甲基-N-(三甲基硅烷) 三氟乙酰胺
MTBSTFA	N-(tert-Butyldimethylsilyl)-N-methyl-trifluoroacetamide	N-甲基-N-叔丁基二甲基甲硅烷基三氟乙酰胺
MTHFR	N-5,10-Methylenetetrahydrofolate reductase	N-5,10-亚甲基四氢叶酸还原酶
NAB	N-Nitrosoanabasine	N'-亚硝基假木贼碱
NADPH	Nicotinamide adenine dinucleotide phosphate	烟酰胺腺嘌呤二核苷酸磷酸
Nap	Naphthalene	萘
NAT	N'-Nitrosoanatabine	N'-亚硝基新烟草碱
NCEP	National cholesterol education program	美国国家胆固醇教育计划
NCS	Tetraazacalix Arene Triazine-modified Silica Gel	四氮杂杯-芳烃-三嗪改性硅胶
n-DLLME	Normal DLLME	常规分散液液微萃取
NHANES	National health and nutrition examination survey	美国健康与营养调查
NNAL	3-Pyridinemethanol, a-[3-(methylnitrosoamino) propyl]	4-(甲基亚硝胺基)-1-(3-吡啶基)-1-丁醇
NNK	4-(Methylnitrosamino)-1-(3-pyridyl)-1-butanone	4-(甲基亚硝胺基)-1-(3-吡啶基)-1-丁酮
NNN	N'-Nitrosonornicotine	N'-亚硝基去甲基烟碱
NPC_1	Niemann-pick C_1 disease	鞘磷脂沉积 C_1 型病, 尼曼-匹克 C_1 型病
NPD	Nitrogen phosphorus detector	氮磷检测器

NSE	Neuron-specific enolase	神经元特异性烯醇化酶
NTS	Non-targeted screening	非靶向筛选
1-OHBaP	1-Hydroxybenzo（a）Pyrene	1-羟基苯并［a］芘
2-OHBaP	2-Hydroxybenzo（a）Pyrene	2-羟基苯并［a］芘
3-OHBaP	3-Hydroxybenzo（a）Pyrene	3-羟基苯并［a］芘
8-OHBaP	8-Hydroxybenzo（a）Pyrene	8-羟基苯并［a］芘
9-OHBaP	9-Hydroxybenzo（a）Pyrene	9-羟基苯并［a］芘
OHBaP	Hydroxybenzo（a）Pyrene	羟基苯并［a］芘
8-OHdA	8-Hydroxy-deoxyadenosine	8-羟基脱氧腺苷
8-OHdG	8-Hydroxy-deoxyguanosine	8-羟基脱氧鸟苷
OH-PAH	Hydroxypolycyclic aromatic hydrocarbon	羟基多环芳烃
OMC	Ordered mesoporous carbon	有序介孔碳
Ox-LDL	Oxidized low density lipoprotein	氧化低密度脂蛋白
PAH	Polycyclic aromatic hydrocarbon	多环芳烃
PBS	Phosphate buffered saline	磷酸盐缓冲生理盐水
Pc	Critical pressure	临界压力
PCA	Principal component analysis	主成分分析
pCB	Poly（carboxylbetaine）	聚羧基甜菜碱类
PFB-TMS	Pentafluorobenzyl trimethylsilyl ester	三甲基硅醚
PFPA	Pentafluoropropionic anhydride	五氟丙酸酐
PFPI	Pentafluoropropionll-imidazole	五氟丙酰-咪唑
Phe	Phenanthrene	菲
PMTA	Premarket tobacco application	新烟草制品上市前申请
POC	Point-of-care	即时护理
PT-Fg	Prothrombin time-fibrinogen	纤维蛋白原凝血酶原时间
PY	Pyronin Y	吡啰红 Y
Pyr	Pyrene	芘
Q-TOF-MS	Quadrupole time-of-flight mass spectrometry	四极杆飞行时间质谱
rGO	Reduced graphene oxide	还原氧化石墨烯
RIA	Radioimmunoassay	放射免疫分析
RNA	Ribonucleic acid	核糖核酸
ROC	Receiver operator characteristics curves	受试者工作特征曲线
RSD	Relative standard deviation	相对标准偏差

SAH	*S*-adenosylhomocysteine	*S*-腺苷-L-同型半胱氨酸
SAM	*S*-adenosylmethionine	*S*-腺苷-L-甲硫氨酸
SBD-F	Ammonium 7-fluorobenzo-2-oxa-1,3-diazole-4-sulphonate	7-氟-苯并-2-氧杂-1,3-二唑-4-磺酸铵
SDME	Single-drop microextraction	单滴微萃取
SERRS	Surface enhanced resonance Raman scattering	表面增强共振拉曼散射
SFE	Supercritical fluid extraction	超临界流体萃取
sICAM-1	Soluble intercellular adhesion molecule1	可溶性细胞间黏附分子-1
SIM	Selective ion scanning	选择性离子扫描
sLDL	Small denselow density lipoprotein	小而密低密度脂蛋白
SLE	Solid supported liquid-liquid extraction	固相支持液液萃取
SOD	Superoxide dismutase	超氧化物歧化酶
SPCE	Screen-printed carbon electrode	丝网印刷碳电极
SPE	Solid phase extraction	固相萃取
SPE-HPTLC	SPE-High performance thin layer chromatography	固相萃取-高效薄层色谱法
SPMA	N-Acetyl-S-(phenyl)-L-cysteine	苯巯基尿酸
SPME	Solid phase micro-extraction	固相微萃取
STPS	Smokeless tobacco products	无烟气烟草制品
t, *t*-MA	trans, trans-Mucofuranic acid	黏糠酸
TBP	Tributylphosphine	三正丁基膦
Tc	Critical temperature	临界温度
TC	Total cholesterol	总胆固醇
TCL	Thin layer chromatography	薄层色谱
TFAA	Trifluoroacetic anhydride	三氟醋酐
TFT	Thin film transistor	薄膜晶体管
TG	Triglyceride	甘油三酯
THBMA	Trihydroxybutyl mercapturic acid	2,3,4-三羟基丁基巯基尿酸
TMB	3,3',5,5'-Tetramethylbenzidine	3,3',5,5'-四甲基联苯胺
TMCS	Chlorotrimethylsilane	氯三甲基硅烷;
TNFα	Tumor necrosis factor α	肿瘤坏死因子 α
TSI-LC-MS	Thermo spray ionization liquid chromatography mass spectrometry	热喷雾电离液质联用技术
TSNA	Tobacco specific nitrosamine	烟草特有亚硝胺

TSS	Tobacco substitute sheet	烟叶薄片
UA-DLLME	Ultrasound-assisted DLLME	超声辅助分散液液微萃取
UPLC-MS-MS	Ultrahigh performance liquid chromatography tandem mass spectrometry	超高效液相色谱串联质谱
USEPA	U. S. Environmental Protection Agency	美国国家环境保护局
UVD	Ultraviolet detector	紫外检测器
VA-DLLME	Vortes assisted DLLME	涡旋辅助分散液液微萃取
VLDL-C	Verylow density lipoprotein cholesterol	极低密度脂蛋白胆固醇
WBC	White blood cell count	白细胞计数
WHO	World health organization	世界卫生组织